會計學原理

(第二版)

主　編　王竹萍、詹毅美
副主編　黃靜如、方水明

第二版前言

會計學原理是高等院校經濟管理類相關專業的基礎必修課，是會計知識的入門課程。為了更好地滿足會計學專業和其他經濟、管理類專業學生瞭解會計、學習會計的需要，也為后續會計專業課程的學習奠定基礎，我們組織編寫了《會計學原理》一書。本教材以《企業會計準則》《會計基礎工作規範》及最新的財務會計法規為指導，系統地闡述了會計核算的基本理論、基本方法和基本技能，包括總論、會計核算基礎理論、會計科目與帳戶、複式記帳、企業主要經濟業務的核算、帳戶的分類、會計憑證、會計帳簿、財產清查、財務會計報告、會計核算組織程序、會計工作組織與管理等。在編寫過程中我們參閱了大量的國內外最新出版的會計學原理教材，吸取了很多會計理論研究的新成果，並融會到了豐富的具體實例中。在內容組織上，本教材在每章的開篇提出學習的目的和要求、學習的重點和難點，作為學生預習的基礎，幫助學生理順學習知識時的思路；每章的最后都附有一定數量的有針對性的複習思考題、練習題及參考答案，便於學生鞏固每章所學的知識。

本書於 2012 年出版發行，經過三年時間的檢驗，得到了許多任課教師和學生的認同。為了更好地滿足教師的教學和學生的自學，我們在保持原版教材大綱結構基本不變的基礎上，進行了一定的修改。

本次修訂主要體現在以下兩個方面：

第一，豐富了課后習題。為了讓學生課后充分吸收和理解相關知識，我們在原版教材的基礎上又增加了一些課后的練習題，如補充了部分單選題和多選題，每章都增加了判斷題，使學生能從不同的角度來認知會計。同時，為了讓學生將所學的會計理論知識運用到實務中，我們在每章習題的最后增加了一個案例分析題，這樣有助於學生自主學習，豐富學生的知識面，全面提升學生分析問題、解決問題的能力。

第二，為了加強學生對會計核算理論與方法的感性認識，本次修訂我們增加了會計學原理課程實驗一章的內容。以廈門網中網軟件有限公司開發的「基礎會計實訓教學平臺」為藍本，詳細介紹了會計學原理課程的實驗內容和方法。學生通過實

際案例操作，能直觀地掌握會計憑證（原始憑證、記帳憑證）、會計帳簿（總帳、明細帳、日記帳）的填製與登記方法，錯帳的更正方法及銀行存款余額調節表的編製方法；掌握帳務處理程序與會計報表（資產負債表、利潤表）的編製方法等，著重培養學生的實際動手能力與基本技能，為學習其他專業會計課程打下堅實的基礎。

除此之外，本次修訂還針對第一版教材在使用過程中發現的錯誤與問題進行了更正，使全書內容更加準確。

本教材修訂版由王竹萍、詹毅美任主編，黃靜如、方水明任副主編。具體分工如下：第一章、第二章、第八章、第九章、第十一章由王竹萍執筆；第三章、第四章、第五章由詹毅美執筆；第六章、第七章由黃靜如執筆；第十章、第十二章由方水明執筆。最后由主編王竹萍副教授負責對全書進行統籌、修改和定稿。

在此次修訂過程中，我們參閱了大量文獻，多數已經在參考文獻中列出。對於這些文獻的作者，我們在此表示衷心的感謝。

雖然此次修訂我們已盡了最大努力，但由於編者水平有限，教材中仍難免存在許多缺點、錯誤和不足之處，懇請同行專家和廣大讀者批評指正。

編者

目　錄

第一章　總論 …………………………………………………… (1)

第一節　會計的產生與發展 ……………………………………… (1)
第二節　會計的涵義 ……………………………………………… (3)
第三節　會計的職能與目標 ……………………………………… (6)
第四節　會計信息質量特徵 ……………………………………… (11)
複習思考題 ………………………………………………………… (15)

第二章　會計核算的基礎理論 ………………………………… (19)

第一節　會計假設 ………………………………………………… (19)
第二節　會計對象和會計要素 …………………………………… (21)
第三節　會計等式 ………………………………………………… (32)
第四節　會計記帳基礎 …………………………………………… (35)
第五節　會計核算的基本程序和方法 …………………………… (38)
複習思考題 ………………………………………………………… (41)

第三章　會計科目與帳戶 ……………………………………… (47)

第一節　會計科目 ………………………………………………… (47)
第二節　會計帳戶 ………………………………………………… (54)
複習思考題 ………………………………………………………… (59)

第四章　複式記帳 ……………………………………………… (64)

第一節　複式記帳原理 …………………………………………… (64)
第二節　借貸記帳法 ……………………………………………… (66)
複習思考題 ………………………………………………………… (84)

第五章　企業主要經濟業務的核算 ……………………………… (90)

　　第一節　資金籌集業務的核算 …………………………………… (90)

　　第二節　供應過程業務的核算 …………………………………… (99)

　　第三節　生產過程業務的核算 …………………………………… (108)

　　第四節　銷售過程業務的核算 …………………………………… (115)

　　第五節　財務成果業務的核算 …………………………………… (122)

　　第六節　帳戶按用途和結構分類 ………………………………… (130)

　　複習思考題 ………………………………………………………… (141)

第六章　會計憑證 …………………………………………………… (150)

　　第一節　會計憑證的意義與種類 ………………………………… (150)

　　第二節　原始憑證的填製與審核 ………………………………… (159)

　　第三節　記帳憑證的填製與審核 ………………………………… (162)

　　第四節　會計憑證的傳遞與保管 ………………………………… (165)

　　複習思考題 ………………………………………………………… (168)

第七章　會計帳簿 …………………………………………………… (172)

　　第一節　會計帳簿的意義與種類 ………………………………… (172)

　　第二節　會計帳簿的設置與登記 ………………………………… (176)

　　第三節　會計帳簿的啟用與登記規則 …………………………… (182)

　　第四節　會計帳簿的更換與保管 ………………………………… (186)

　　複習思考題 ………………………………………………………… (187)

第八章　編製報表前的準備工作 …………………………………… (192)

　　第一節　編製報表前準備工作概述 ……………………………… (192)

　　第二節　期末帳項調整 …………………………………………… (193)

　　第三節　財產清查 ………………………………………………… (198)

　　第四節　對帳與結帳 ……………………………………………… (214)

　　複習思考題 ………………………………………………………… (217)

第九章　財務會計報告 …………………………………… (223)

　　第一節　財務會計報告概述 ………………………………… (223)
　　第二節　資產負債表的編製 ………………………………… (229)
　　第三節　利潤表的編製 ……………………………………… (238)
　　第四節　財務會計報告的報送、審批和匯總 ……………… (243)
　　複習思考題 …………………………………………………… (244)

第十章　會計核算組織程序 ………………………………… (250)

　　第一節　會計核算組織程序概述 …………………………… (250)
　　第二節　手工環境下的會計核算組織程序 ………………… (252)
　　第三節　IT環境下的會計核算組織程序 …………………… (264)
　　複習思考題 …………………………………………………… (267)

第十一章　會計工作組織與管理 …………………………… (272)

　　第一節　會計工作組織與管理概述 ………………………… (272)
　　第二節　會計機構與會計人員 ……………………………… (274)
　　第三節　會計法律規範 ……………………………………… (281)
　　第四節　會計職業道德 ……………………………………… (284)
　　第五節　會計檔案管理 ……………………………………… (286)
　　複習思考題 …………………………………………………… (289)

第十二章　課程實驗指導 …………………………………… (293)

複習思考題參考答案 ………………………………………… (310)

參考文獻 ……………………………………………………… (348)

第一章
總　論

　　本章主要介紹了會計的基本概念、會計職能、會計目標和會計信息質量特徵。通過本章的學習，使學生對會計的基本概念和基本理論有一個初步的認識。要求正確理解會計的概念、職能和目標；掌握會計信息的質量特徵；瞭解會計的發展歷程和會計學科體系的構成。本章學習的重點是會計的涵義、會計的職能、會計的目標和會計信息質量特徵。學習的難點是如何正確理解會計目標中的決策有用觀和受託責任觀；如何認識會計信息質量特徵。

第一節　會計的產生與發展

一、會計的產生

　　會計誕生在何時、發源於何地，至今尚無定論。但有更多的觀點認為「會計」一詞遠在我國西周時代就已經出現了，當時是指對收支的計算和記錄，也有考核的意思。最初的會計只是作為生產職能的附帶部分，發展到目前，會計不僅是一門專門學科，而且還是一大職業。

　　從另外一方面來說，人類要生存，社會要發展，就要進行物質資料的生產。生產活動一方面創造物質財富，取得一定的勞動成果；另一方面要發生勞動耗費，包括人力、物力的耗費。在一切社會形態中，人們進行生產活動時，總是力求以盡可能少的勞動耗費，取得盡可能多的勞動成果，做到所得大於所費，提高經濟效益。為此，就必須在不斷改革生產技術的同時，採用一定的方法對勞動耗費和勞動成果進行記錄、計算，並加以比較和分析，這就產生了會計。可見，會計是隨著社會生產的發展和經濟管理的需要而產生、發展並不斷完善的。

二、會計的發展

　　早期的會計是比較簡單的，只是對財物的收支進行計算和記錄。但隨著社會生產的日益發展和生產規模的日益擴大，以及生產、分配、交換、消費活動愈來愈複雜，會計也從簡單的計算、記錄財物收支，逐漸發展成為用貨幣單位來綜合反應和

監督經濟活動過程，以及參與企業預測、決策、控制、考核等各個方面。會計的技術和方法，經過長期的實踐，以及吸收先進的科學技術成果，也逐漸發展和完善起來。會計的發展過程主要經過了以下三個階段：

(一) 古代會計 (產生———複式簿記的出現)

在我國，遠在原始社會末期，即有「結繩記事」「刻契記數」等原始計算記錄的方法，這是會計的萌芽階段。到了西周 (公元前 1100—前 770 年) 才有了「會計」的命名和較為嚴格的會計機構，並開始把會計提高到管理社會經濟的地位上來認識，由此「會計」的意義也隨之明確。根據西周「官廳會計」核算的具體情況考察，「會計」兩字在西周時代開始運用，其基本含義是既有日常的零星核算，又有歲終的總合核算，通過日積月累到歲終的核算，達到正確考核王朝財政經濟收支的目的。此時，西周王朝也建立了較為嚴格的會計機構，設立了專管錢糧賦稅的官員，並建立「日成」「月要」和「歲會」等報告文書，初步具備了旬報、月報、年報等會計報表的作用。春秋戰國到秦代，用竹簡木牘刻寫的「籍書」或「簿書」已出現，用「入」「出」作為記帳符號來反應各種經濟入出事項，「籍書」或「簿書」應用的專業化至西漢時代取得了顯著進展。到了宋代，在官廳中，辦理錢糧報銷或移交，要編造「四柱清冊」，通過「舊管 (期初結存) ＋新收 (本期收入) ＝開除 (本期支出) ＋見在 (期末結存)」的平衡公式進行結帳，結算本期財產物資增減變化及其結果，這是中國會計學科發展過程中的一個重大成就。明末清初，隨著手工業和商業的發展，出現了以四柱為基礎的「龍門帳」，它把全部帳目劃分為「進」(各項收入)「繳」(各項支出)「存」(各項資產)「該」(各項負債) 四大類，運用「進－繳＝存－該」的平衡公式進行帳簿核算，設總帳進行「分類記錄」，並編製「進繳表」(即利潤表) 和「存該表」(即資產負債表)，實行雙軌計算盈虧，在兩表上計算得出的盈虧數應當相等，稱為「合龍門」，以此核對全部帳目的正誤。

在這段時間裡，由於生產力水平較低，會計發展也很緩慢，會計經歷了從生產職能的附帶部分到與生產職能相分離的發展過程。為什麼呢？當產生原始的會計行為時，社會生產力水平低下，生產過程簡單，人們不需要也不可能占用較多的生產時間去對生產過程進行記錄計算，僅僅在生產時間之外附帶地把收支「記載下來」；以后隨著生產規模的不斷擴大，生產社會化程度的提高，生產過程日趨複雜，社會生產力不斷提高，這時，上述簡單的會計行為已不能滿足人們管理的需要了。經濟管理過程中對會計信息資料的需求，極大地刺激了會計的發展，於是，會計就從生產職能中分離出來，成為一種特殊的獨立的職能。會計從生產職能的附帶部分到與生產相分離的獨立職能，使會計工作更加專職化，有利於提供更加全面的、系統的經濟資料，從而加強了會計在經濟管理中的地位和作用。

早期的會計是比較簡單的，只是對財產物資的收支活動進行實物數量的記錄和計算，而且是與統計和其他核算融合在一起的。所以嚴格地說，這一階段的會計還不成熟，它還包括了統計等其他經濟核算的工具在內，屬於古代會計時期。這一時

期的會計最大的特點就是單式記帳。

(二) 近代會計 (複式記帳法的運用———20 世紀 40 年代末)

近代會計的時間跨度標誌一般認為應從 1494 年義大利數學家、會計學家盧卡·帕喬利所著《算術、幾何、比及比例概要》一書公開出版開始，直至 20 世紀 40 年代末。該書詳細、系統地論述了借貸複式記帳法的基本理論和方法，被稱為世界第一部會計名著。1581 年威尼斯建立了世界上第一所「會計院」，會計作為一門學科在學校裡被傳授。之后，借貸記帳法便相繼傳至世界各國，並不斷完善，直至今日仍被世界各國廣泛使用。這一時期的會計在技術方法與內容兩個方面有了重大發展：其一是複式記帳法的不斷完善和推廣使會計核算的基本理論日趨成熟，其二是成本會計的產生和迅速發展，成為會計學中管理會計分支的重要基礎。

(三) 現代會計 (20 世紀 50 年代至今)

現代會計的時間跨度是自 20 世紀 50 年代開始到目前。經過兩次世界大戰以後，各國都大力發展生產力，特別是股份制公司的興起，為了保護企業所有者的權益，會計逐漸形成了以對外提供信息為主，接受「公認會計原則」約束的會計，即財務會計。但另一方面，社會競爭更激烈，為了生存，為了發展，就要建立科學的管理體制與方法。為此，管理當局對會計信息提出了新的要求，故管理會計逐漸同財務會計相分離，並形成一個與財務會計相對獨立的領域。

此階段會計方法技術和內容的發展有兩個重要標誌，一是會計核算手段方面出現了質的飛躍，即現代電子技術與會計融合導致的「會計電算化」，二是會計伴隨著生產和管理科學的發展而分化為財務會計和管理會計兩個分支。1946 年在美國誕生的第一臺電子計算機，在會計中得到初步應用，並迅速發展，至 20 世紀 70 年代，發達國家就已經出現了電子計算機軟件方面數據庫的應用，且建立了電子計算機的全面管理系統。從系統的財務會計中分離出來的「管理會計」這一術語在 1952 年的世界會計學會上獲得正式通過。

綜上所述，從會計的發展歷程能夠看出，會計是適應生產活動發展的需要而產生的，是社會生產力水平不斷提高的必然結果。隨著社會的發展和科學技術的進步，會計必將越來越重要。正如馬克思所說：過程越是按社會的規模進行，越是失去純粹個人的性質，作為對過程的控制和觀念總結的簿記就越是必要。因此，簿記對資本主義生產，比對手工業和農民的分散生產更為必要，對公有生產，比對資本主義生產更為必要。

第二節　會計的涵義

一、會計的定義

會計就是記帳、算帳和報帳，這是我國多年來的通俗認識，是最膚淺的認識。

那麼到底什麼是會計？如何給會計下一個確切的定義？國內外會計界歷來存在著不同的認識，至今尚沒有一個統一、明確的定義。之所以產生這種現象，原因在於大家對會計本質有著不同的理解。這裡介紹中外會計學界針對會計本質問題所形成的兩個具有代表性的觀點。

(一) 會計信息系統論

20世紀50年代中期，電子計算機開始應用於工資的管理，此后，很快普及到會計的主要領域。信息科學帶來的新思想和新技術，打開了會計人員的思路，人們開始重新探索和認識會計的本質與作用。1966年，美國會計學會在紀念該學會成立50周年的文獻《論會計基本理論》中提出會計基本上是一個信息系統；1980年，余緒纓教授首先明確提出會計是一個信息系統，后經葛家澍教授等的論文加以闡述，認為會計是一個以提供財務信息為主的經濟信息系統的觀點，逐步被學術界所接受。

會計信息系統論是把會計看成一個以提供財務信息為主的經濟信息系統，是企業經營管理信息系統的組成部分，並且強調會計的目標是向使用者提供他們所需要的信息。會計一方面是為企業外部信息使用者提供財務信息的系統；另一方面是為企業內部管理層作出各種經營決策提供管理會計信息的系統。會計信息系統論視會計為一種工具或一種技術，不承認其具有管理經濟活動的功能，更忽略了會計人員這一重要因素。

(二) 會計管理活動論

會計管理活動論最早是由我國已故著名會計學家楊紀琬教授和閻達伍教授在1980年提出的。該觀點認為：「無論從理論上還是從實踐上看，會計不僅僅是管理經濟的工具，其本身就具有管理的職能，是人們從事管理的一種活動」；「無論從歷史還是現實來看，會計工作都是一種管理工作，處理會計數據和加工會計信息本身也是一種管理工作」；這種管理包括「反應、監督（控制）以至於預測、決策等管理職能」。會計管理活動論吸收了最新的管理科學思想，從而成為在當前國際、國內會計學界中具有重要影響的觀點。該觀點充分肯定了人在會計管理活動中的功能，即會計人員的主觀能動性。

對於會計界提出的各種觀點，學者們爭論不休，通過比較研究，本書更傾向於「會計管理活動論」這種觀點。認為會計是以貨幣為主要計量單位，以提高經濟效益為主要目標，運用專門方法對企業、機關、事業單位和其他組織的經濟活動進行全面、綜合、連續、系統的核算和監督，提供會計信息，並隨著社會經濟的日益發展，逐步開展預測、決策、控制和分析的一種經濟管理活動。

二、會計學及其分支

會計學是在商品生產的條件下，研究如何對再生產過程中的價值活動進行計量、記錄和預測，在取得以財務信息（指標）為主的經濟信息的基礎上，監督、控制價值活動，不斷提高經濟效益的一門經濟管理學科。會計實踐是不斷發展和不斷豐富

的，相應，會計學理論也在不斷地發展和完善，會計實踐的發展和豐富推動了會計學的發展和完善。所以，會計學是人們對會計實踐活動加以系統化和條理化而形成的一套完整的會計理論和方法體系。隨著會計學研究的深入發展，會計學分化出許多分支，每一分支都形成了一個獨立的學科。這些學科相互促進、相互補充，構成了一個完整的會計學科體系。其內容大致如表1-1所示：

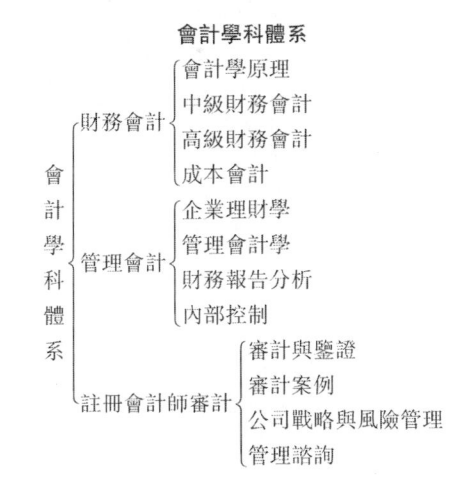

表1-1　　　　　　　　　　會計學科體系

會計學科體系		
	財務會計	會計學原理
		中級財務會計
		高級財務會計
		成本會計
	管理會計	企業理財學
		管理會計學
		財務報告分析
		內部控制
	註冊會計師審計	審計與鑒證
		審計案例
		公司戰略與風險管理
		管理諮詢

（一）財務會計

財務會計是指定期對外提供通用財務會計報告的經濟信息系統，主要為外界使用者呈報企業獲利能力、財務狀況及其變動等有關信息。由於它所呈報的信息是提供給所有的外部使用者，而不是特定的使用者，因而所提供的信息一般都是採用總括的財務會計報告形式。

在實際工作中，財務會計以填製或審核原始憑證為起點，然后根據審核無誤的原始憑證編製記帳憑證，再根據記帳憑證登記帳簿，最后根據帳簿資料編製會計報表。財務會計是傳統意義上的會計，是各種會計的基礎，也是會計人員學習的起點。

在教學過程中，財務會計課程主要包括：會計學原理、中級財務會計、高級財務會計、成本會計等。

（二）管理會計

隨著經濟的不斷發展，企業之間的競爭日趨激烈，會計的服務對象從企業的外部擴展到企業內部組織。將社會上眾多的會計信息使用者分為內部信息使用者和外部信息使用者兩大類，會計分別通過提供對內報告和對外報告，同時為企業內部管理人員（即內部信息使用者）及外界人士（即外部信息使用者）提供服務。這樣，專門提供對內報告的會計，即管理會計，從財務會計中分離出來並日漸完善，這標誌著進入了現代會計階段。

在實際工作中，管理會計和財務會計是很難截然分開的。雖然一些大型單位單獨設置了財務會計科和管理會計科，但它們的工作是相互配合的。管理會計充分利

用了財務會計編製的資產負債表、利潤表、現金流量表和所有者權益變動表的有關資料，為企業內部各部門提供相應的信息，同時也為每月定期編製財務會計報告提供所需信息。

在教學過程中，管理會計課程主要包括：企業理財學、管理會計學、財務報告分析、內部控制等。

(三) 註冊會計師審計

當經濟活動隨著社會生產發展到一定階段，財產的所有權與經營權分離，財產的所有者為了財產的安全與完整，便委託既懂會計又懂管理的人員進行檢查，於是就產生了註冊會計師審計活動。1721年英國爆發了「南海公司」事件，當時南海公司以虛假的財務信息騙取了投資人的投資，使他們蒙受了巨大的經濟損失，英國議會聘請會計師查爾斯·斯耐爾對南海公司進行審查，並以會計師的名義提出了「查帳報告書」，這也宣布了世界上第一位註冊會計師的誕生。從這點可以看出，註冊會計師審計是在會計學的基礎上發展起來的。1853年，蘇格蘭愛丁堡會計師協會的成立標誌著註冊會計師（CPA）職業的誕生，之后，各國紛紛效仿。

在實際工作中，註冊會計師主要扮演的是「公證人」的角色。在資本市場上，上市公司披露的年度財務報告必須經過有證券經營資格的會計師事務所進行審計后才可以報出，註冊會計師對進入資本市場的會計信息進行審計、驗證，目的在於確保會計信息具備必要的質量特徵，防止「假冒偽劣產品」混入資本市場。註冊會計師按照審計準則，對上市公司報出的財務數據承擔合理保證責任，實際上的作用就是增加上市公司財務信息的可信任度。

在教學過程中，註冊會計師審計課程主要包括：審計與鑒證、審計案例、公司戰略與風險管理、管理諮詢等。

第三節　會計的職能與目標

一、會計的職能

會計的職能是指會計本身所固有的功能，即會計在企業經濟管理中能做什麼，起什麼作用。它是伴隨著會計的產生而同時產生的，也必將隨著會計的發展而發展。正確認識會計的職能，對於正確提出會計工作應擔負的任務，確定會計人員的職責和權限，充分發揮會計工作應有的作用，都有重要的意義。

理論界對會計職能的研究一直沒有間斷過，提出了很多看法，比較有代表性的觀點有：反應與控制，反應與監督，反應、監督與分析，考核與評價等。儘管存在很多爭議，但會計的核算職能和監督職能這兩大基本職能是大家公認的。

(一) 會計的核算職能

會計核算職能也稱會計反應職能。會計核算貫穿於經濟活動的全過程。它是指

會計以貨幣為主要計量單位，通過確認、計量、記錄、報告等環節，對特定對象（或稱特定主體）的經濟活動進行記帳、算帳、報帳，為各有關方面提供會計信息的功能。任何經濟實體單位要進行經濟活動，都要對經濟活動信息進行記錄、計算、分類、匯總，將經濟活動信息轉換成客觀準確的會計信息。會計核算就是對經濟活動信息轉換而成的會計信息，進行確認、計量、記錄並報告的工作。會計的反應職能有以下幾個方面的特點：

（1）會計是以貨幣為主要計量單位。會計在對各單位經濟活動進行反應時，主要是從數量而不是從質量方面進行反應；也就是說，會計核算是對各單位的一切經濟業務，以貨幣計量為主，進行記錄、計算，以保證會計記錄的可比性和完整性。

（2）會計反應具有連續性、系統性和全面性。會計反應的連續性，是指對經濟業務的記錄是連續的、逐筆、逐日、逐月、逐年，不能間斷；會計反應的系統性，是指對會計對象要按科學的方法進行分類，進而系統地加工、整理和匯總，以便提供管理所需要的各類信息；會計反應的全面性，是指對每個會計主體所發生的全部經濟業務都應該進行記錄和反應，不能有任何遺漏。

（3）會計核算應對各單位經濟活動的全過程進行反應。隨著商品經濟的發展，市場競爭日趨激烈，會計在對已經發生的經濟活動進行事中、事後的記錄、核算、分析，反應經濟活動的現實狀況及歷史狀況的同時，已發展到事前核算、分析和預測經濟前景。

（二）會計的監督職能

會計監督職能，是指會計具有按照一定的目的和要求，利用會計反應職能所提供的經濟信息，對企業和行政事業單位的經濟活動進行控制，使之達到預期目標的功能。會計的監督職能主要具有以下特點：

（1）會計監督主要通過價值指標進行。會計核算通過價值指標綜合反應經濟活動的過程及其結果，會計監督的主要依據就是這些價值指標。為了便於監督，有時還需要事先制定一些可供檢查、分析用的價值指標，用來監督和控制有關經濟活動，以避免出現大的偏差。由於企事業單位進行的經濟活動，同時都伴隨著價值運動，表現為價值量的增減和價值形態的轉化，因此會計監督與其他各種監督相比，是一種更為有效的監督。會計監督通過價值指標可以全面、及時、有效地控制各個單位的經濟活動。

（2）會計監督具有完整性。會計監督不僅體現在已經發生或已經完成的業務方面，還體現在業務發生過程中及發生之前，包括事前監督、事中監督和事後監督。事前監督是指會計部門或會計人員在參與制定各種決策以及相關的各項計劃或費用預算時，就依據有關政策、法規、準則等的規定對各項經濟活動的可行性、合理性、合法性和有效性等進行審查，它是對未來經濟活動的指導；事中監督是指在日常會計工作中，隨時審查所發生的經濟業務，一旦發現問題，及時提出建議或改進意見，促使有關部門或人員採取措施予以改正；事後監督是指以事先制定的目標、標準和

要求為依據，利用會計反應取得的資料對已經完成的經濟活動進行考核、分析和評價。會計事后監督可以為制訂下期計劃、預算提供資料，也可以預測今后經濟活動的發展趨勢。

(三) 兩職能的關係

反應職能是監督職能的基礎，沒有反應職能提供的可靠、完整的會計信息，監督就沒有客觀依據；監督職能是反應職能強有力的保證，沒有監督職能進行控制，提供有力的保證，就不可能提供真實可靠的會計信息，也就不能發揮會計管理的能動作用，會計反應也就失去了存在的意義。因此，反應職能和監督職能緊密結合，密不可分，相輔相成，辯證統一。

二、會計的目標

(一) 會計目標的定義

所謂會計目標，是指會計想要達到的境地或想要得到的結果，有人又稱它為會計目的。會計目標主要明確為什麼要提供會計信息，向誰提供會計信息，提供哪些會計信息等問題。只有會計目標明確了，才能進一步明確會計應當收集哪些會計數據，從而為會計信息的使用者提供有用的會計信息。有了會計目標，就意味著向會計提出了它應當達到的要求。當然，會計目標不是隨便亂提出來的，不能超越會計的本質功能，只能在會計的職能範圍內提出。會計目標是會計理論體系的基礎，有了會計目標，就為會計工作指明了方向。

(二) 會計目標的兩種學術觀點

1. 決策有用觀

決策有用觀是20世紀70年代美國註冊會計師協會出資成立的特魯彼拉特委員會在對會計信息使用者進行了大量的實證調查研究后得出的結論。決策有用觀是在資本市場日漸發達的歷史背景下形成的。在此條件下，投資者進行投資需要有大量可靠而相關的會計信息，從傳統的關注歷史信息轉向對未來信息的關注，要求披露的信息量和範圍也不斷擴大，不僅要求披露財務信息、定量信息和確定信息，還要求更多地披露非財務信息、定性信息和不確定信息。而這些信息的提供總是要借助於會計系統，因此，會計信息的提供必須以服務於決策為目標取向。決策有用觀強調相關性甚於可靠性。在會計確認上不僅要確認實際發生的經濟事項，還要確認那些雖未發生但對企業有重要影響的事項。

決策有用觀的優點主要體現在：一是堅持決策有用觀有利於提高會計信息的質量；二是在會計計量模式上採用多種計價方式並存，反應了配比原則；三是堅持決策有用觀有利於規範和發展資本市場，促進社會資本的流動和社會資源的有效利用。其局限性也體現在兩個方面：一是對「有用」的評價太主觀，可操作性低；二是「決策有用」與審計目標不協調。從審計產生的背景看，審計的產生在於受託責任，而不是決策有用，如果會計目標定位於「決策有用」，審計就可能達不到目的。

2. 受託責任觀

受託責任觀產生的經濟背景是企業所有權與經營權相分離，並且投資人與經營者之間有明確的委託與受託關係。在受託責任觀下，信息的使用者主要是財產的委託人、投資者、債權人以及其他需要瞭解和評價受託責任履行情況的利害關係人，並且這些使用者是現存的，而不是潛在的。由於是對受託責任的履行結果的評價，使用者所需的信息側重歷史的、已發生的信息，因此要求提供盡可能客觀可靠的會計信息。資產計價傾向於採用歷史成本計量方式。在會計處理上，強調可靠性勝過相關性。

受託責任觀的主要優點是：企業採用受託責任觀，有助於外部投資者和債權人評價企業的經營管理責任和資源使用的有效性。其局限性主要體現在：一是受託責任觀強調真實地反應過去，主要關注企業的歷史信息，而對於未來事項很難得以反應；二是在會計處理上，用現時收入與歷史成本計量的費用進行配比，難以體現真實性的原則；三是在會計信息方面，受託責任觀很少會顧及委託者以外的信息需求，忽略潛在投資者的利益和要求，因而難以進一步提高會計信息的質量；四是適用環境方面，受託責任觀產生的經濟背景是企業所有權與經營權相分離，並且投資人與經營者之間有明確的委託與受託關係，而在現代社會中，兩權不分離的個人獨資企業、合夥企業普遍存在，而且，在現代社會中，委託方並不總是明確的。

3. 兩種觀點的關係

從上述介紹可以看出，受託責任觀重在向委託者報告受託者的受託管理情況，主要是從企業內部來談的，而決策有用觀是從企業會計信息的外部使用者來談的。實際上，兩者並不矛盾，都不約而同地提到了「會計信息觀」，即會計目標是提供信息。在受託責任觀下，會計目標是向資源委託者提供信息；在決策有用觀下，會計的目標是向信息使用者提供決策有用的信息。信息的使用者不僅包括資源委託者，而且還包括債權人、政府等和企業有密切關係的信息使用者。同時，兩者考慮的角度不同，受託責任觀是從監督角度考慮，主要是為了監督受託者的受託責任；決策有用觀從信號角度考慮，即會計信息能夠傳遞信號，即向信息使用者提供決策有用的信息。兩者之間相互聯繫，相互補充。

(三) 我國的會計目標

2007 年 1 月 1 日，我國新的企業會計準則開始實施，其基本準則對會計目標進行了明確定位，即會計的目標就是向財務報告使用者提供與企業財務狀況、經營成果和現金流量等有關的會計信息，反應企業管理層受託責任履行情況，有助於財務報告使用者作出經濟決策。從基本準則對會計目標定位的這段話中我們可以清晰地看到此目標明確回答了會計目標要解決的三個問題，即為什麼要提供會計信息、向誰提供會計信息、提供哪些會計信息。

1. 為什麼要提供會計信息

為什麼要提供會計信息，這是基於受託經濟責任的要求。現代企業制度強調企業所有權和經營權相分離，企業管理層是受委託人之托經營管理企業及其各項資產，

負有受託責任。即企業管理層所經營管理的企業各項資產基本上均為投資者投入的資本（或者留存收益作為再投資），或者是向債權人借入的資金所形成的，企業管理層有責任妥善保管並合理、有效運用這些資產。企業投資者和債權人等也需要及時或者經常性地瞭解企業管理層保管、使用資產的情況，以便於評價企業管理層的責任情況和業績，並決定是否需要調整投資或者信貸政策，是否需要加強企業內部控制和其他制度建設，是否需要更換管理層等。因此，財務報告應當反應企業管理層受託責任的履行情況，以有助於外部投資者和債權人等評價企業的經營管理責任和資源使用的有效性。

2. 向誰提供會計信息

向誰提供會計信息，簡單一句話，就是會計信息的使用者。會計信息的使用者包括投資人、債權人、政府部門、社會公眾、企業員工、企業管理當局等。

（1）投資人。基本準則把為了保護投資者利益、滿足投資者進行投資決策的信息需求放在了突出位置。近年來，我國企業改革持續深入，產權日益多元化，資本市場快速發展，機構投資者及其他投資者隊伍日益壯大，對會計信息的要求日益提高。在這種情況下，投資者更加關心其投資的風險和報酬，他們需要會計信息來幫助其做出決策，比如決定是否應當買進、持有或者賣出企業的股票或者股權，他們還需要信息來幫助其評估企業支付股利的能力等。因此，基本準則將投資者作為企業財務報告的首要使用者，凸顯了投資者的地位，體現了保護投資者利益的要求，是市場經濟發展的必然。

（2）債權人。企業在經營過程中，會經常不斷地發生舉債行為。例如，企業貸款人、供應商等債權人通常十分關心企業的償債能力和財務風險，他們需要信息來評估企業能否如期支付貸款本金及利息，能否如期支付所欠購貨款等；銀行和其他金融機構等債權人為了使自己的利益不受損害，及時收回本金及利息，一般會要求貸款企業在接受貸款時和貸款後，提供其會計信息，以便隨時掌握企業的償債能力。另外，作為潛在的債權人，會根據企業對外提供的會計信息和其他信息，作出是否向企業提供貸款的決策。

（3）政府部門。政府及其有關部門作為經濟管理和經濟監管部門，通常關心經濟資源分配的公平、合理，市場經濟秩序的公正、有序，宏觀決策所依據信息的真實可靠等，他們需要信息來監管企業的有關活動（尤其是經濟活動）、制定稅收政策、進行稅收徵管和國民經濟統計等。

（4）社會公眾。一方面，對於身處企業周圍的公眾及其代表組織來講，企業的環境行為將直接使他們受害或受益，他們有瞭解企業環境信息的強烈意願。另外，從更廣泛的意義上講，社會公眾的態度對於企業具有更深遠的影響。一個企業的環境形象，將會影響到企業的勞動力供應，影響到企業的正常營運、銷售等一系列環節。甚至可以說，社會公眾的態度將決定著他們是否接受一個企業的存在。企業有必要採取一定的方式，為公眾做出相關和真實的環境披露。

（5）企業員工。企業員工與企業是密切相關的，企業經營的好壞，直接影響員工個人的利益。企業員工最關心的是企業為其所提供的勞動報酬高低，職工福利好壞，企業財務狀況是否足以提供長久、穩定的就業機會等方面的情況。他們所要求提供的是有關企業財務結構和獲利能力等方面的信息。利用會計信息可幫助企業員工分析企業的財務狀況和經營能力，以便其作出擇業決策。

（6）企業管理當局。企業是一個自主經營、自負盈虧的商品生產者和經營者，為了使其資本保值增值，提高經濟效益，要加強企業管理。特別是隨著企業規模的擴大，經營管理者也不可能瞭解企業的全部經濟活動，因此，企業管理當局、各職能部門和各級管理人員也需要通過會計信息全面瞭解企業的經營情況，也需要運用會計信息，對日常的經營活動進行控制，進行各種經營決策，例如，制訂企業的計劃和預算，進行理財決策和投資決策，採購、生產、銷售的管理與控制等。

（7）其他。除上述所列投資人、債權人、政府部門、社會公眾、企業職工、企業管理當局外，與企業存在利害關係的其他單位和個人，也會關注企業的會計信息，如供貨單位、銷貨單位、財務分析與諮詢機構等。

3. 會計提供哪些會計信息

會計信息的使用者可以劃分為兩類：一類是企業外部的會計信息使用者，包括政府部門、投資人、債權人、客戶和社會公眾，他們需要根據企業提供的會計信息，作出相應的決策，對這類會計信息使用者來講，一般提供與企業財務狀況、經營成果和現金流量等有關的會計信息；另一類是企業內部的會計信息使用者，主要是企業管理當局，他們需要對企業進行經營管理的信息，對這類會計信息使用者來講，一般是根據不同企業不同的管理要求提供不相同的會計信息。不同類型的會計信息使用者，可能會對會計信息的要求不一致，會計應滿足大部分使用者的需求，提供各方普遍關心的信息。

會計目標要求滿足會計信息使用者決策的需要，體現為會計目標的決策有用觀，會計目標要求反應企業管理層受託責任的履行情況，體現為會計目標的受託責任觀。由此可見，我國會計目標的觀點是兼顧了「決策有用觀」和「受託責任觀」。

第四節　會計信息質量特徵

會計信息質量關係到投資者決策、完善資本市場以及市場經濟秩序等重大問題。何謂高質量會計信息以及如何提高會計信息質量，會計準則進行了明確規定。會計信息質量要求是對企業財務報告中所提供高質量會計信息的基本規範，是使財務報告中所提供會計信息對投資者等使用者決策有用應具備的基本特徵。根據基本準則規定，它包括可靠性、相關性、可理解性、可比性、實質重於形式、重要性、謹慎性和及時性等。其中，可靠性、相關性、可理解性和可比性是會計信息的首要質量

要求，是企業財務報告中所提供會計信息應具備的基本質量特徵；實質重於形式、重要性、謹慎性和及時性是會計信息的次級質量要求，是對可靠性、相關性、可理解性和可比性等首要質量要求的補充和完善，尤其是在對某些特殊交易或者事項進行處理時，需要根據這些質量要求來把握其會計處理原則；另外，及時性還是會計信息相關性和可靠性的制約因素，企業需要在相關性和可靠性之間尋求一種平衡，以確定信息及時披露的時間。

一、可靠性

可靠性也稱真實性，要求企業應當以實際發生的交易或者事項為依據進行確認、計量和報告，如實反應符合確認和計量要求的各項會計要素及其他相關信息，保證會計信息真實可靠、內容完整。可靠性是高質量會計信息的重要基礎和關鍵所在，如果企業以虛假的經濟業務進行確認、計量、報告，屬於違法行為，不僅會嚴重損害會計信息質量，而且會誤導投資者，干擾資本市場，導致會計秩序混亂。為了貫徹可靠性要求，企業應當做到：

（1）以實際發生的交易或者事項為依據進行確認、計量，將符合會計要素定義及其確認條件的資產、負債、所有者權益、收入、費用和利潤等如實反應在財務報表中，不得根據虛構的、沒有發生的或者尚未發生的交易或者事項進行確認、計量和報告。

（2）在符合重要性和成本效益原則的前提下，保證會計信息的完整性，其中包括應當編報的報表及其附註內容等應當保持完整，不能隨意遺漏或者減少應予披露的信息，與使用者決策相關的有用信息都應當充分披露。

（3）在財務報告中的會計信息應當是中立的、無偏的。如果企業在財務報告中為了達到事先設定的結果或效果，通過選擇或列示有關會計信息以影響會計信息使用者決策和判斷的，這樣的財務報告信息就不是中立的。

二、相關性

相關性要求企業提供的會計信息應當與投資者等財務報告使用者的經濟決策需要相關，有助於投資者等財務報告使用者對企業過去、現在或者未來的情況作出評價或者預測。

會計信息是否有用，是否具有價值，關鍵是看其與使用者的決策需要是否相關，是否有助於決策或者提高決策水平。相關的會計信息應當能夠有助於使用者評價企業過去的決策，證實或者修正過去的有關預測，因而具有反饋價值。相關的會計信息還應當具有預測價值，有助於使用者根據財務報告所提供的會計信息預測企業未來的財務狀況、經營成果和現金流量。

會計信息質量的相關性要求，以可靠性為基礎，兩者之間是統一的，並不矛盾，不應將兩者對立起來。也就是說，會計信息在可靠性前提下，盡可能地做到相關性，

以滿足投資者等財務報告使用者的決策需要。

三、可理解性

可理解性要求企業提供的會計信息應當清晰明瞭，便於投資者等財務報告使用者理解和使用。企業編製財務報告、提供會計信息的目的在於使用，而要使使用者有效使用會計信息，首先應當是能讓其瞭解會計信息的內涵，弄懂會計信息的內容，這就要求財務報告所提供的會計信息應當清晰明瞭，易於理解。只有這樣，才能提高會計信息的有用性，實現財務報告的目標，滿足向投資者等財務報告使用者提供決策有用信息的要求。投資者等財務報告使用者通過閱讀、分析、使用財務報告信息，能夠瞭解企業的過去和現狀，以及企業淨資產或企業價值的變化過程，預測未來發展趨勢，從而作出科學決策。

會計信息是一種專業性較強的信息產品，在強調會計信息的可理解性要求的同時，還應假定使用者具有一定的有關企業經營活動和會計方面的知識，並且願意付出努力去研究這些信息。對於某些複雜的信息，如交易本身較為複雜或者會計處理較為複雜，但其與使用者的經濟決策相關的，企業就應當在財務報告中予以充分披露。

四、可比性

可比性要求企業提供的會計信息應當相互可比。這主要包括兩層含義：

（一）同一企業不同時期可比

為了便於投資者等財務報告使用者瞭解企業財務狀況、經營成果和現金流量的變化趨勢，比較企業在不同時期的財務報告信息，全面、客觀地評價過去、預測未來，做出決策，會計信息質量的可比性要求同一企業不同時期發生的相同或者相似的交易或者事項，應當採用一致的會計政策，不得隨意變更。但是，滿足會計信息可比性要求，並非表明企業不得變更會計政策，如果按照規定或者在會計政策變更後可以提供更可靠、更相關的會計信息，可以變更會計政策。有關會計政策變更的情況，應當在附註中予以說明。

（二）不同企業相同會計期間可比

為了便於投資者等財務報告使用者評價不同企業的財務狀況、經營成果和現金流量及其變動情況，會計信息質量的可比性要求不同企業對同一會計期間發生的相同或者相似的交易或者事項，應當採用統一規定的會計政策，確保會計信息口徑一致、相互可比，以使不同企業按照一致的確認、計量和報告要求提供有關會計信息。

可比性要求各類企業執行的會計政策應當統一，比如新企業會計準則於 2007 年 1 月 1 日在所有上市公司執行，實現了上市公司會計信息的可比性；之后新準則實施範圍進一步擴大，實現所有大中型企業實施新準則的目標，解決不同企業之間會計信息的可比性問題。

五、實質重於形式

實質重於形式要求企業應當按照交易或者事項的經濟實質進行會計確認、計量和報告，不僅僅以交易或者事項的法律形式為依據。

企業發生的交易或事項在多數情況下其經濟實質和法律形式是一致的，但在有些情況下也會出現不一致。例如：企業按照銷售合同銷售商品但又簽訂了售後回購協議，雖然從法律形式上看實現了收入，但如果企業沒有將商品所有權上的主要風險和報酬轉移給購貨方，沒有滿足收入確認的各項條件，即使簽訂了商品銷售合同或者已將商品交付給購貨方，也不應當確認銷售收入。

又如：在企業合併中，經常會涉及「控制」的判斷，有些合併，從投資比例來看，雖然投資者擁有被投資企業50%或以下股份，但是投資企業通過章程、協議等有權決定被投資企業財務和經營政策的，就不應當簡單地以持股比例來判斷控制權，而應當根據實質重於形式的原則來判斷投資企業對被投資單位的控制程度。

再如：關聯交易中，通常情況下，關聯交易只要交易價格是公允的，關聯交易屬於正常交易，按照準則規定進行確認、計量、報告；但是，某些情況下，關聯交易有可能會出現不公允，雖然這個交易的法律形式沒有問題，但從交易的實質來看，可能會出現關聯方之間轉移利益或操縱利潤的行為，損害會計信息質量。由此可見，在會計職業判斷中，正確貫徹實質重於形式原則至關重要。

六、重要性

重要性要求企業提供的會計信息應當反應與企業財務狀況、經營成果和現金流量有關的所有重要交易或者事項。

財務報告中提供的會計信息的省略或者錯報會影響投資者等使用者據此做出決策的，該信息就具有重要性。重要性的應用需要依賴職業判斷，企業應當根據其所處環境和實際情況，從項目的性質和金額大小兩方面加以判斷。例如，企業發生的某些支出，金額較小的，從支出受益期來看，可能需要若干會計期間進行分攤，但根據重要性要求，可以一次計入當期損益。

七、謹慎性

謹慎性要求企業對交易或者事項進行會計確認、計量和報告時保持應有的謹慎，不應高估資產或者收益、低估負債或者損失。

在市場經濟環境下，企業的生產經營活動面臨著許多風險和不確定性，如應收款項的可收回性、固定資產的使用壽命、無形資產的使用壽命、售出存貨可能發生的退貨或者返修等。會計信息質量的謹慎性要求，需要企業在面臨不確定性因素的情況下作出職業判斷時，應當保持應有的謹慎，充分估計到各種風險和損失，既不高估資產或者收益，也不低估負債或者損失。例如：對於企業發生的或有事項，通

常不能確認或有資產；相反，相關的經濟利益很可能流出企業而且構成現時義務時，應當及時確認為預計負債，就體現了會計信息質量的謹慎性要求。

謹慎性的應用不允許企業設置秘密準備，如果企業故意低估資產或者收入，或者故意高估負債或者費用，將不符合會計信息的可靠性和相關性要求，損害會計信息質量，扭曲企業實際的財務狀況和經營成果，從而對使用者的決策產生誤導，這是不符合會計準則要求的。

八、及時性

及時性要求企業對於已經發生的交易或者事項，應當及時進行確認、計量和報告，不得提前或者延后。

會計信息的價值在於幫助信息使用者作出經濟決策，具有時效性。即使是可靠的、相關的會計信息，如果不及時提供，就失去了時效性，對於使用者的效用就大大降低，甚至不再具有實際意義。在會計確認、計量和報告過程中貫徹及時性，一是要求及時收集會計信息，即在經濟交易或者事項發生后，及時收集整理各種原始單據或者憑證；二是要求及時處理會計信息，即按照會計準則的規定，及時對經濟交易或者事項進行確認或者計量，並編製財務報告；三是要求及時傳遞會計信息，即按照國家規定的有關時限，及時地將編製的財務報告傳遞給財務報告使用者，便於其及時使用和決策。

複習思考題

一、名詞解釋

1. 會計
2. 會計核算職能
3. 會計監督職能
4. 相關性
5. 實質重於形式

二、單選題

1. 會計的基本職能是（　　）。
   A. 控制與監督　　　　　　　B. 反應與監督
   C. 反應與核算　　　　　　　D. 反應與分析
2. 在會計信息質量特徵要求中，強調不同企業會計信息橫向比較的是（　　）。
   A. 相關性　　　　　　　　　B. 可理解性
   C. 重要性　　　　　　　　　D. 可比性
3. 企業對於融資租入的固定資產作為企業的自有固定資產加以核算符合（　　）。
   A. 可靠性　　　　　　　　　B. 相關性

C. 實質重於形式 D. 重要性

4. 複式記帳法的問世，標誌著( )。
A. 現代會計的開端 B. 近代會計的形成
C. 會計成為一種獨立的職能 D. 會計學科的不斷完善

5. 傳統的會計主要是 ( )。
A. 記帳算帳報帳 B. 預測控制分析
C. 記帳算帳查帳 D. 記帳算帳分析

6. 為了保證企業會計核算方法前后各期保持一致，不隨意變更，要求企業遵循( )。
A. 可靠性 B. 實質重於形式
C. 可比性 D. 相關性

7. 會計目標主要有兩種學術觀點，即 ( )。
A. 決策有用觀與受託責任觀 B. 決策有用觀與信息系統觀
C. 信息系統觀與管理活動觀 D. 管理活動觀與決策有用觀

8. 古代會計階段，記帳方法主要採用 ( )。
A. 複式記帳 B. 單式記帳
C. 四柱結算法 D. 龍門帳

9. 我國《企業會計準則——基本準則》規定「會計信息質量要求」不包括 ( )。
A. 相關性 B. 可比性
C. 歷史成本 D. 實質重於形式

10. 會計核算要求以實際發生的交易或事項為依據進行會計核算的會計信息質量特徵是 ( )。
A. 相關性 B. 謹慎性
C. 可比性 D. 可靠性

三、多選題

1. 會計目標的觀點包括 ( )。
A. 信息系統論 B. 決策有用觀
C. 受託責任觀 D. 管理活動論
E. 複式記帳觀

2. 企業利益相關者包括 ( )。
A. 投資人 B. 經營管理者
C. 員工 D. 債權人
E. 政府

3. 下列各項中，屬於會計基本職能的有 ( )。

A. 會計核算 B. 會計監督
C. 會計預測 D. 會計決策
E. 會計計量

4. 關於會計基本職能的關係，正確的說法有（　　）。
A. 反應職能是監督職能的基礎
B. 監督職能是反應職能的保證
C. 沒有反應職能提供可靠的信息，監督職能就沒有客觀依據
D. 沒有監督職能進行控制，不可能提供真實可靠的會計信息
E. 兩大職能是緊密結合、辯證統一的

5. 下列會計信息質量特徵中，體現可比性要求的有（　　）。
A. 採用一致的會計政策 B. 會計信息的口徑一致
C. 滿足信息使用者的需求 D. 不得隨意變更會計政策
E. 及時進行會計處理

6. 下列會計信息質量特徵中，體現及時性要求的有（　　）。
A. 及時收集原始憑證 B. 及時處理原始憑證
C. 及時進行會計處理 D. 及時傳遞會計信息
E. 及時進行交易

7. 下列各項中，體現會計核算職能特點的有（　　）。
A. 連續性 B. 系統性
C. 全面性 D. 以貨幣為主要計量單位
E. 對經濟活動進行全過程的反應

8. 會計的目標就是為有關方面提供有用的信息，針對企業來說，根據《企業會計準則》的規定，我國會計提供的信息應當（　　）。
A. 符合國家宏觀經濟管理的要求
B. 滿足各方瞭解企業財務狀況和經營成果的需要
C. 滿足企業內部經營管理的需要
D. 提供企業成本核算資料
E. 以上都不對

9. 會計的監督包括（　　）。
A. 事前監督 B. 事中監督
C. 外部監督 D. 事後監督
E. 上級監督

10. 下列說法不正確的有（　　）。
A. 謹慎性原則是指在進行會計核算時應當盡可能地低估企業的資產以及可能發生的費用和損失
B. 按照可比性原則，企業的會計核算方法前後各期應當保持一致，不得變更

C. 可靠性原則要求企業應當以實際發生的交易或事項為依據進行會計確認、計量、記錄和報告

D. 相關性原則是指企業提供的會計信息應當與財務報告使用者的經濟決策需要相關

E. 及時性原則要求企業對於即將發生的交易事項應及時的進行會計核算

四、判斷題

1. 會計是以貨幣為主要計量單位，運用一系列專門方法，核算和監督企事業單位經濟活動的一種經濟管理工作。   （   ）
2. 複式記帳法的問世，標誌著現代會計的開端。   （   ）
3. 沒有會計預測，會計反應便失去了存在的意義。   （   ）
4. 財務會計只是向外部關係人提供有關財務狀況、經營成果、現金流量和成本組成情況的信息。管理會計只是向內部管理者提供進行經營規劃、經濟管理、預測決策所需的相關信息。   （   ）
5. 要使會計信息滿足及時性的要求，企業應該及時收集會計信息，及時加工處理會計信息和及時傳遞會計信息。   （   ）
6. 謹慎性原則要求會計核算工作中做到謙虛謹慎，不誇大企業的資產和負債。
                                                            （   ）
7. 會計核算必須以實際發生的經濟業務及證明經濟業務發生的合法性憑證為依據，表明會計核算應當遵循可靠性原則。   （   ）
8. 及時性原則要求企業對發生的經濟業務要及時處理，不得拖后，但可以提前。   （   ）
9. 企業為減少本年度虧損而少提固定資產折舊，體現了會計信息質量的謹慎性要求。   （   ）
10. 強調不同企業會計信息橫向比較的會計核算原則是相關性原則。（   ）

五、案例分析題

資料：現有甲、乙兩人同時投資一個相同的商店。假設一個月以來，甲取得了20,000元的收入，乙取得了17,500元的收入，都購進了10,000元的貨物，都發生了5,000元的廣告費。假設均沒有其他收支。月末計算收益時，甲將5,000元廣告費全部作為本月費用，本月收益為5,000元（20,000－10,000－5,000）；而乙認為5,000元廣告費在下月還將繼續起作用，因而將它分兩個月分攤，本月承擔一半即2,500元。因而乙本月收益也為5,000元（175,00－10,000－2,500）。

請問：

(1) 根據你所學會計知識，分析甲乙當月收益狀況。
(2) 通過此案例，你掌握了哪些會計信息的質量要求？

第二章
會計核算的基礎理論

　　本章全面介紹了會計核算的基礎理論即會計假設、會計對象、會計要素、會計等式、會計記帳基礎、會計核算的基本程序和方法。通過本章的學習，要求正確理解會計核算的四大假設；掌握會計要素和會計等式的含義及其內容；理解和掌握兩種會計記帳基礎即權責發生制和收付實現制，為深入學習會計的核算方法奠定理論基礎。本章學習的重點是會計假設、會計要素、會計恒等式和記帳基礎。學習的難點是會計等式的基本原理、會計六大要素的確認以及權責發生制的理論與實際運用。

第一節　會計假設

　　會計假設是指會計人員對會計核算所處的變化不定的環境作出的合理判斷，是會計核算的基礎條件。只有規定了這些會計核算的前提條件，會計核算才能得以正常地進行下去，才能據以選擇確定會計處理方法。會計假設是人們在長期的會計實踐中逐步認識和總結形成的，是企業會計確認、計量和報告的前提，是對會計核算所處時間、空間環境等所作的合理設定。會計基本假設包括會計主體假設、持續經營假設、會計分期假設和貨幣計量假設。

一、會計主體假設

　　會計主體是指企業會計確認、計量和報告的空間範圍。為了向會計信息使用者反應企業財務狀況、經營成果和現金流量，提供與其決策有用的信息，會計核算和財務報告的編製應當反應特定對象的經濟活動，才能實現會計的目標。

　　在會計主體假設下，企業應當對其本身發生的交易或者事項進行會計確認、計量和報告，反應企業本身所從事的各項生產經營活動。明確界定會計主體是開展會計確認、計量和報告工作的重要前提。

　　首先，明確會計主體，才能劃定會計所要處理的各項交易或事項的範圍。在會計實務中，只有那些影響企業本身經濟利益的各項交易或事項才能加以確認、計量和報告，那些不影響企業本身經濟利益的各項交易或事項則不能加以確認、計量和

報告。會計工作中通常所講的資產、負債的確認、收入的實現、費用的發生等，都是針對特定會計主體而言的。

其次，明確會計主體，才能將會計主體的交易或者事項與會計主體所有者的交易或者事項以及其他會計主體的交易或者事項區分開來。例如，企業所有者的經濟交易或者事項是屬於企業所有者主體所發生的，不應納入企業會計核算的範圍，但是企業所有者投入到企業的資本或者企業向所有者分配的利潤，則屬於企業主體所發生的交易或者事項，應當納入企業會計核算的範圍。

會計主體不同於法律主體。一般來說，法律主體必然是一個會計主體。例如，一個企業作為一個法律主體，應當建立財務會計系統，獨立反應其財務狀況、經營成果和現金流量。但是，會計主體不一定是法律主體。例如，企業集團中的母公司擁有若干子公司，母、子公司雖然是不同的法律主體，但是母公司對子公司擁有控制權，為了全面反應企業集團的財務狀況、經營成果和現金流量，有必要將企業集團作為一個會計主體，編製合併財務報表，在這種情況下，儘管企業集團不屬於法律主體，但它卻是會計主體。再如，由企業管理的證券投資基金、企業年金基金等，儘管不屬於法律主體，但屬於會計主體，應當對每項基金進行會計確認、計量和報告。

二、持續經營假設

持續經營，是指在可以預見的將來，企業將會按當前的規模和狀態繼續經營下去，不會停業，也不會大規模削減業務。在持續經營前提下，會計確認、計量和報告應當以企業持續、正常的生產經營活動為前提。會計準則體系是以企業持續經營為前提加以制定和規範的，涵蓋了從企業成立到清算（包括破產）的整個期間的交易或者事項的會計處理。一個企業在不能持續經營時就應當停止使用這個假設，否則如仍按持續經營基本假設選擇會計確認、計量和報告原則與方法，就不能客觀地反應企業的財務狀況、經營成果和現金流量，會誤導會計信息使用者的經濟決策。

三、會計分期假設

會計分期，是指將一個企業持續經營的生產經營活動劃分為一個個連續的、長短相同的期間。會計分期的目的在於通過會計期間的劃分，將持續經營的生產經營活動劃分成連續、相等的期間，據以結算盈虧，按期編報財務報告，從而及時向財務報告使用者提供有關企業財務狀況、經營成果和現金流量的信息。

根據持續經營假設，一個企業將按當前的規模和狀態持續經營下去。但是，無論是企業的生產經營決策還是投資者、債權人等的決策都需要及時的信息，需要將企業持續的生產經營活動劃分為一個個連續的、長短相同的期間，分期確認、計量和報告企業的財務狀況、經營成果和現金流量。由於會計分期，才產生了當期與以前期間、以後期間的差別，才使不同類型的會計主體有了記帳的基準，進而出現了

折舊、攤銷等會計處理方法。

在會計分期假設下，企業應當劃分會計期間，分期結算帳目和編製財務報告。中外各國所採用的會計年度一般都與本國的財政年度相同。我國以日曆年度作為會計年度，即從每年的1月1日至12月31日為一個會計年度。會計年度確定后，一般按公歷確定會計半年度、會計季度和會計月度。其中，凡是短於一個完整的會計年度的報告期間均稱為中期。

四、貨幣計量假設

貨幣計量，是指會計主體在財務會計確認、計量和報告時以貨幣作為計量尺度，反應會計主體的生產經營活動。在會計的確認、計量和報告過程中之所以選擇貨幣為基礎進行計量，是由貨幣的本身屬性決定的。貨幣是商品的一般等價物，是衡量一般商品價值的共同尺度，具有價值尺度、流通手段、貯藏手段和支付手段等特點。其他計量單位，如重量、長度、容積、臺、件等，只能從一個側面反應企業的生產經營情況，無法在量上進行匯總和比較，不便於會計計量和經營管理。只有選擇貨幣這一共同尺度進行計量，才能全面反應企業的生產經營情況，所以，基本準則規定，會計確認、計量和報告選擇貨幣作為計量單位。

貨幣本身也有價值，它是通過貨幣的購買力或物價水平表現出來的，但在市場經濟條件下，貨幣的價值也在發生變動，幣值很不穩定，甚至有些國家出現比較惡劣的通貨膨脹，對貨幣計量提出了挑戰。因此，一方面，我們在確定貨幣計量假設時，必須同時確立幣值穩定假設，假設幣值是穩定的，不會有大的波動，或前後波動能夠被抵消。另一方面，如果發生惡性通貨膨脹，就需要採用特殊的會計原則，如物價變動會計原則來處理有關的經濟業務。

第二節　會計對象和會計要素

一、會計對象

會計對象是指會計核算和監督的內容，即會計所要反應和監督的客體。研究會計對象的目的，是要明確會計在經濟管理中的活動範圍，從而確定會計的任務，建立和發展會計的方法體系。

任何企業要從事生產經營活動，首先必須擁有一定數量的財產物資，這些財產物資的貨幣表現，就稱之為經營資金，簡稱資金。隨著企業生產經營活動的不斷進行，企業的資金也在不斷地發生變化，如資金的取得與形成，資金的耗費與收回，資金的分配和累積等，這就是資金的運動。再生產過程是由生產、分配、交換和消費四個相互關聯的環節所構成，它包括多種多樣的經濟活動，會計並不能反應和監督再生產過程的所有方面，而只能反應和監督用貨幣表現的那些方面。會計正是利

用貨幣為主要計量尺度，以企業的資金運動為對象，對企業生產經營活動進行核算和監督的。企業再生產過程中的資金運動具體包括資金的取得與退出，資金的循環與週轉、資金的耗費與收回等方面。

在不同的企業或單位，資金運動的形式和內容各有不同，會計核算和監督的對象也有所不同，即具體會計對象不同。例如，工業企業的會計對象是工業企業再生產過程中的資金（或資本）運動，商品流通企業的會計對象是商品流通企業在商品流通過程中的資金（或資本）運動。

以工業企業為例，這種資金運動可用圖2-1表示：

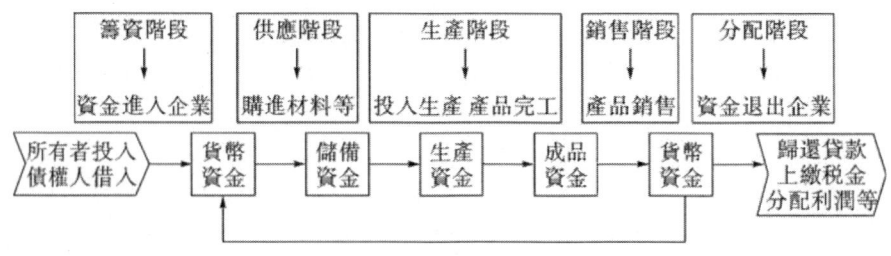

```
┌─────────┐   ┌─────────┐   ┌─────────┐   ┌─────────┐   ┌─────────┐
│ 籌資階段 │   │ 供應階段 │   │ 生產階段 │   │ 銷售階段 │   │ 分配階段 │
│    ↓    │   │    ↓    │   │    ↓    │   │    ↓    │   │    ↓    │
│資金進入企業│  │購進材料等│  │投入生產 產品完工│ │產品銷售│  │資金退出企業│
└─────────┘   └─────────┘   └─────────┘   └─────────┘   └─────────┘
```

```
┌────────┐   ┌────┐   ┌────┐   ┌────┐   ┌────┐   ┌────┐   ┌────────┐
│所有者投入│→ │貨幣│ → │儲備│ → │生產│ → │成品│ → │貨幣│ → │歸還貸款│
│債權人借入│  │資金│   │資金│   │資金│   │資金│   │資金│   │上繳稅金│
└────────┘   └────┘   └────┘   └────┘   └────┘   └────┘   │分配利潤等│
                                                          └────────┘
```

圖2-1　工業企業的資金運動

綜上所述，會計對象可以概括為：企事業單位在日常經營活動或業務活動中所表現出的資金運動。

二、會計要素

前面講述的會計對象是生產過程中的資金運動，但是這個概念太過籠統，太過抽象。在會計實踐中，為了便於會計的分類核算，就有必要把會計對象做進一步的分類，這種對會計對象的具體分類就是會計要素。

企業會計基本準則規定，會計要素按照其性質分為資產、負債、所有者權益、收入、費用和利潤，其中，資產、負債和所有者權益要素側重於反應企業的財務狀況，收入、費用和利潤要素側重於反應企業的經營成果。會計要素的界定和分類可以使財務會計系統更加科學嚴密，為投資者等財務報告使用者提供更加有用的信息。

（一）資產

1. 資產的定義及特徵

資產是指企業過去的交易或者事項形成的、由企業擁有或者控制的、預期會給企業帶來經濟利益的資源。根據資產的定義，資產具有以下特徵：

（1）資產應為企業擁有或者控制的資源

資產作為一項資源，應當由企業擁有或者控制，具體是指企業享有某項資源的所有權，或者雖然不享有某項資源的所有權，但該資源能被企業所控制。

企業享有資產的所有權，通常表明企業能夠排他性地從資產中獲取經濟利益。一般而言，在判斷資產是否存在時，所有權是考慮的首要因素。有些情況下，資產

雖然不為企業所擁有，即企業並不享有其所有權，但企業控制了這些資產，同樣表明企業能夠從資產中獲取經濟利益，符合會計上對資產的定義。例如，某企業以融資租賃方式租入一項固定資產，儘管企業並不擁有其所有權，但是如果租賃合同規定的租賃期相當長，接近於該資產的使用壽命，表明企業控制了該資產的使用及其所能帶來的經濟利益，應當將其作為企業資產予以確認、計量和報告。

(2) 資產預期會給企業帶來經濟利益

資產預期會給企業帶來經濟利益，是指資產直接或者間接導致現金和現金等價物流入企業的潛力。這種潛力可以來自企業日常的生產經營活動，也可以是非日常活動；帶來經濟利益的形式可以是現金或者現金等價物形式，也可以是能轉化為現金或者現金等價物的形式，或者是可以減少現金或者現金等價物流出的形式。

資產預期能否會為企業帶來經濟利益是資產的重要特徵。例如，企業採購的原材料、購置的固定資產等可以用於生產經營過程，製造商品或者提供勞務，對外出售後收回貨款，貨款即為企業所獲得的經濟利益。如果某一項資產預期不能給企業帶來經濟利益，那麼就不能將其確認為企業的資產。前期已經確認為資產的項目，如果不能再為企業帶來經濟利益，也不能再確認為企業的資產。例如，待處理財產損失以及某些財務掛帳等，由於不符合資產定義，均不應當確認為資產。

(3) 資產是由企業過去的交易或者事項形成的

資產應當由企業過去的交易或者事項所形成，過去的交易或者事項包括購買、生產、建造行為或者其他交易或事項。換句話說，只有過去的交易或者事項才能產生資產，企業預期在未來發生的交易或者事項不形成資產。例如，企業有購買某存貨的意願或者計劃，但是購買行為尚未發生，就不符合資產的定義，不能因此而確認存貨資產。

2. 資產的確認條件

將一項資源確認為資產，需要符合資產的定義，還應同時滿足以下兩個條件：

(1) 與該資源有關的經濟利益很可能流入企業

從資產的定義來看，能否帶來經濟利益是資產的一個本質特徵，但在現實生活中，由於經濟環境瞬息萬變，與資源有關的經濟利益能否流入企業或者能夠流入多少實際上帶有不確定性。因此，資產的確認還應與經濟利益流入的不確定性程度的判斷結合起來。如果根據編製財務報表時所取得的證據，與資源有關的經濟利益很可能（會計準則中對「很可能」的發生概率一般定為大於50%以上）流入企業，那麼就應當將其作為資產予以確認；反之，不能確認為資產。

(2) 該資源的成本或者價值能夠可靠地計量

財務會計系統是一個確認、計量和報告的系統，其中可計量性是所有會計要素確認的重要前提，資產的確認也是如此。只有當有關資源的成本或者價值能夠可靠地計量時，資產才能予以確認。在實務中，企業取得的許多資產都是發生了實際成本的，例如企業購買或者生產的存貨，企業購置的廠房或者設備等，對於這些資產，

只要實際發生的購買成本或者生產成本能夠可靠計量，就視為符合了資產確認的可計量條件。在某些情況下，企業取得的資產沒有發生實際成本或者發生的實際成本很小，例如企業持有的某些衍生金融工具形成的資產，對於這些資產，儘管它們沒有實際成本或者發生的實際成本很小，但是如果其公允價值能夠可靠計量的話，也被認為符合了資產可計量性的確認條件。

3. 資產的分類

企業的資產按其流動性的不同可以劃分為流動資產和非流動資產。

（1）流動資產是指可以在一年或者超過一年的一個營業週期內變現或者耗用的資產，主要包括庫存現金、銀行存款、應收及預付款項、存貨等。

①庫存現金是指企業持有的現款，也稱現金。庫存現金主要用於支付日常發生的小額、零星的費用或支出。

②銀行存款是指企業存入某一銀行帳戶的款項。該銀行稱為該企業的開戶銀行。企業的銀行存款主要來自投資者投入資本的款項、負債融入的款項、銷售商品的貨款等。

③應收及預付款項是指企業在日常生產經營過程中發生的各項債權，包括應收款項（應收票據、應收帳款、其他應收款等）和預付帳款等。

④存貨是指企業在日常的生產經營過程中持有以備出售，或者仍然處在生產過程中將消耗，或者在生產或提供勞務的過程中將要耗用的各種材料或物料，包括庫存商品、半成品、在產品以及各類材料等。

（2）非流動資產是指不能在一年或者超過一年的一個營業週期內變現或者耗用的資產，主要包括長期股權投資、固定資產、無形資產等。

①長期股權投資是指持有時間超過一年（不含一年）、不能變現或不準備隨時變現的各種權益性投資。企業進行長期股權投資的目的，是為了獲得較為穩定的投資收益或者對被投資企業實施控制或影響。

②固定資產是指為生產商品、提供勞務、出租或經營管理而持有的，使用壽命超過一個會計期間的有形資產，如房屋、建築物、機器、機械、運輸工具以及其他與生產經營有關的設備、器具、工具等。

③無形資產是指企業擁有或者控制的沒有實物形態的可辨認的非貨幣性資產。無形資產包括專利權、非專利技術、商標權、著作權、土地使用權等。

（二）負債

1. 負債的定義及特徵

負債是指企業過去的交易或者事項形成的，預期會導致經濟利益流出企業的現時義務。根據負債的定義，負債具有以下特徵：

（1）負債是企業承擔的現時義務

負債必須是企業承擔的現時義務，這是負債的一個基本特徵。其中，現時義務是指企業在現行條件下已承擔的義務。未來發生的交易或者事項形成的義務，不屬

於現時義務，不應當確認為負債。這裡所指的義務可以是法定義務，也可以是推定義務。其中法定義務是指具有約束力的合同或者法律法規規定的義務，通常必須依法執行。例如，企業購買原材料形成應付帳款，企業向銀行借入款項形成借款，企業按照稅法規定應當繳納的稅款等，均屬於企業承擔的法定義務，需要依法予以償還。推定義務是指根據企業多年來的習慣做法、公開的承諾或者公開宣布的政策而導致企業將承擔的責任，這些責任也使有關各方形成了企業將履行義務解脫責任的合理預期。

（2）負債預期會導致經濟利益流出企業

預期會導致經濟利益流出企業也是負債的一個本質特徵，只有企業在履行義務時會導致經濟利益流出企業的，才符合負債的定義，如果不會導致企業經濟利益流出，就不符合負債的定義。在履行現時義務清償負債時，導致經濟利益流出企業的形式多種多樣，例如用現金償還或以實物資產形式償還；以提供勞務形式償還；以部分轉移資產、部分提供勞務形式償還；將負債轉為資本等。

（3）負債是由企業過去的交易或者事項形成的

負債應當由企業過去的交易或者事項所形成。換句話說，只有過去的交易或者事項才形成負債，企業將在未來發生的承諾、簽訂的合同等交易或者事項，不形成負債。

2. 負債的確認條件

將一項現時義務確認為負債，需要符合負債的定義，還應當同時滿足以下兩個條件：

（1）與該義務有關的經濟利益很可能流出企業

從負債的定義來看，負債預期會導致經濟利益流出企業，但是履行義務所需流出的經濟利益帶有不確定性，尤其是與推定義務相關的經濟利益通常需要依賴於大量的估計。因此，負債的確認應當與經濟利益流出的不確定性程度的判斷結合起來。如果有確鑿證據表明，與現時義務有關的經濟利益很可能流出企業，就應當將其作為負債予以確認；反之，如果企業承擔了現時義務，但是導致經濟利益流出企業的可能性若已不復存在，就不符合負債的確認條件，不應將其作為負債予以確認。

（2）未來流出的經濟利益的金額能夠可靠地計量

負債的確認在考慮經濟利益流出企業的同時，對於未來流出的經濟利益的金額應當能夠可靠計量。對於與法定義務有關的經濟利益流出金額，通常可以根據合同或者法律規定的金額予以確定，考慮到經濟利益流出的金額通常在未來期間，有時未來期間較長，有關金額的計量需要考慮貨幣時間價值等因素的影響。對於與推定義務有關的經濟利益流出金額，企業應當根據履行相關義務所需支出的最佳估計數進行估計，並綜合考慮有關貨幣時間價值、風險等因素的影響。

3. 負債的分類

負債按照其償還時間長短不同，可分為流動負債和長期負債。

（1）流動負債是指將在一年（含一年）或者超過一年的一個營業週期內償還的債務，包括短期借款、應付帳款、預收款項、應付職工薪酬、應交稅費、應付股利、其他應付款等。

①短期借款是指企業從銀行或其他金融機構借入的期限在一年（含一年）以下的各種借款。例如，企業從銀行取得的、用來補充流動資金不足的臨時性借款。

②應付帳款是指企業由於賒購商品而產生的應向銷售方支付但暫未支付的款項。

③預收款項是指企業由於向購買方銷售商品、提供勞務等，根據有關協議預先向對方收取的款項。

④應付職工薪酬是指企業根據有關規定應付給本企業職工的薪酬等。

⑤應交稅費是指企業按照稅法規定應繳納的各種稅費，如企業所得稅、增值稅等。

⑥應付股利是指企業尚未支付的現金股利。

⑦其他應付款是指企業除應付票據、應付帳款、應付職工薪酬、應交稅費和應付股利等以外的其他各項應付、暫收款項。

（2）非流動負債是指償還期超過一年或者超過一年的一個營業週期以上的債務，包括長期借款、應付債券、長期應付款、預計負債等。

①長期借款是指企業從銀行或其他金融機構借入的期限在一年以上（不含一年）的各項借款。企業借入長期借款，主要是進行建設期比較長的長期工程項目。

②應付債券是指企業為籌集長期資金而實際發行的企業債券。

③長期應付款是指企業除長期借款和應付債券以外的其他長期應付款項，如企業融資租入固定資產時產生的長期應付款等。

④預計負債是指企業因對外提供擔保、未決訴訟、產品質量保證、重組義務、虧損性合同等事項而確認的負債。

（三）所有者權益

1. 所有者權益的定義

所有者權益是指企業資產扣除負債后由所有者享有的剩余權益。公司的所有者權益又稱為股東權益。所有者權益是所有者對企業資產的剩余索取權，它是企業資產中扣除債權人權益后應由所有者享有的部分，既可反應所有者投入資本的保值增值情況，又體現了保護債權人權益的理念。

2. 所有者權益的確認條件

所有者權益的確認、計量主要取決於資產、負債、收入、費用等其他會計要素的確認和計量。所有者權益即為企業的淨資產，是企業資產總額中扣除債權人權益后的淨額，反應所有者（股東）財富的淨增加額。通常企業收入增加時，會導致資產的增加，相應地會增加所有者權益；企業發生費用時，會導致負債增加，相應地會減少所有者權益。因此，企業日常經營的好壞和資產負債的質量直接決定著企業所有者權益的增減變化和資本的保值增值。

3. 所有者權益的分類

所有者權益通常由實收資本（或股本）、資本公積（含資本溢價或股本溢價、其他資本公積）、盈余公積和未分配利潤構成。

(1) 實收資本（或股本）。實收資本是指投資者按照企業章程或合同、協議的約定，實際投入企業的資本。各種資產投到非股份制企業，則形成非股份制企業的實收資本；若投入到股份制企業，則形成股份制企業的股本。

(2) 資本公積。資本公積是指歸企業所有者共有的資本，主要來源於投資者或他人投入企業、所有權屬於投資者並在金額上超過法定資本部分的資本或資產，包括資本（股本）溢價、接受現金捐贈、其他資本公積等。資本公積主要用於轉增資本。

(3) 盈余公積。盈余公積是指企業從稅后利潤中提取的公積金，包括法定盈余公積、任意盈余公積和法定公益金等。

(4) 未分配利潤。未分配利潤是指企業的稅后利潤按照規定進行分配以後的剩余部分，這部分沒有分配的利潤留存在企業，可在以后年度進行分配。

4. 所有者權益和負債的區別

所有者權益和負債是企業取得資產的兩種渠道，因而，債權人和所有者對企業的資產都擁有要求權。但兩者在企業中所享有的權益卻有著本質的不同：

(1) 與企業經營管理的關係不同。債權人一般無權過問企業的經營管理活動，而企業的所有者有權以直接或間接的方式參與企業的選舉、表決等決策活動。

(2) 分享收益的形式不同。債權人享有以利息形式從企業費用中獲得收益的權利；所有者則享有以紅利形式從企業的稅后利潤中獲得收益的權利。利息一般都是定期支付，與企業經營好壞無關；紅利則由企業盈利多少而定，利厚多分，利薄少分，無利則不分。

(3) 對企業資產的要求權不同。負債是債權人對企業資產的索償權，當企業終止時，有權從企業的資產中優先索回其債權；而所有者權益是企業所有者對企業淨資產的所有權，是一種剩余權利。

(4) 企業的負債必須在債務到期時如數歸還，而所有者權益則與企業共存。所有者投入企業的資本除以退伙、出讓股權等方式回收外，一般不能直接從企業抽回。

(四) 收入

1. 收入的定義及特徵

收入是指企業在日常活動中形成的、會導致所有者權益增加的、與所有者投入資本無關的經濟利益的總流入。根據收入的定義，收入具有以下特徵：

(1) 收入是企業在日常活動中形成的

日常活動是指企業為完成其經營目標所從事的經常性活動以及與之相關的活動。例如，工業企業製造並銷售產品、商業企業銷售商品、保險公司簽發保單、諮詢公司提供諮詢服務、軟件企業為客戶開發軟件、安裝公司提供安裝服務、商業銀行對

外貸款、租賃公司出租資產等，均屬於企業的日常活動。明確界定日常活動是為了將收入與利得相區分，日常活動是確認收入的重要判斷標準，凡是日常活動所形成的經濟利益的流入應當確認為收入；反之，非日常活動所形成的經濟利益的流入不能確認為收入，而應當計入利得。比如，處置固定資產屬於非日常活動，所形成的淨利益就不應確認為收入，而應當確認為利得。再如，無形資產出租所取得的租金收入屬於日常活動所形成的，應當確認為收入，但是處置無形資產屬於非日常活動，所形成的淨利益，不應當確認為收入，而應當確認為利得。

（2）收入會導致所有者權益的增加

與收入相關的經濟利益的流入應當會導致所有者權益的增加，不會導致所有者權益增加的經濟利益的流入不符合收入的定義，不應確認為收入。例如，企業向銀行借入款項，儘管也導致了企業經濟利益的流入，但該流入並不導致所有者權益的增加，而使企業承擔了一項現時義務，因此不應將其確認為收入，應當確認一項負債。

（3）收入是與所有者投入資本無關的經濟利益的總流入

收入應當會導致經濟利益的流入，從而導致資產的增加。例如，企業銷售商品，應當收到現金或者在未來有權收到現金，才表明該交易符合收入的定義。但是，經濟利益的流入有時是所有者投入資本的增加所致，而所有者投入資本的增加不應當確認為收入，應當將其直接確認為所有者權益。

2. 收入的確認條件

企業收入的來源渠道多種多樣，不同收入來源的特徵有所不同，其收入確認條件也往往存在一些差別，如銷售商品、提供勞務、讓渡資產使用權等。一般而言，收入只有在經濟利益很可能流入從而導致企業資產增加或者負債減少、經濟利益的流入額能夠可靠計量時才能予以確認。一般而言，收入只有在經濟利益很可能流入從而導致企業資產增加或者負債減少、經濟利益的流入額能夠可靠計量時才能予以確認。收入的確認至少應當符合以下條件：一是與收入相關的經濟利益應當很可能流入企業；二是經濟利益流入企業的結果會導致資產的增加或者負債的減少；三是經濟利益的流入額能夠可靠計量。

3. 收入的分類

收入可以有不同的分類。本書按照企業從事日常活動的性質，將收入分為銷售商品收入、提供勞務收入、讓渡資產使用權收入等。

（1）銷售商品收入是指企業通過銷售商品實現的收入，如工業企業製造並銷售產品、商業企業銷售商品等實現的收入。

（2）提供勞務收入是指企業通過提供勞務實現的收入，如諮詢公司提供諮詢服務、軟件開發企業為客戶開發軟件、安裝公司提供安裝服務等實現的收入。

（3）讓渡資產使用權收入是指企業通過讓渡資產使用權實現的收入，如商業銀行對外貸款、租賃公司出租資產等實現的收入。

（五）費用

1. 費用的定義及特徵

費用是指企業在日常活動中發生的、會導致所有者權益減少的、與向所有者分配利潤無關的經濟利益的總流出。根據費用的定義，費用具有以下特徵：

（1）費用是企業在日常活動中形成的

費用必須是企業在其日常活動中所形成的。這些日常活動的界定與收入定義中涉及的日常活動的界定相一致。因日常活動所產生的費用通常包括銷售成本（營業成本）、管理費用等。將費用界定為日常活動所形成的，目的是為了將其與損失相區分，企業非日常活動所形成的經濟利益的流出不能確認為費用，而應當計入損失。

（2）費用會導致所有者權益的減少

與費用相關的經濟利益的流出應當會導致所有者權益的減少，不會導致所有者權益減少的經濟利益的流出不符合費用的定義，不應確認為費用。

（3）費用是與向所有者分配利潤無關的經濟利益的總流出

費用的發生應當會導致經濟利益的流出，從而導致資產的減少或者負債的增加（最終也會導致資產的減少）。其表現形式包括現金或者現金等價物的流出，存貨、固定資產和無形資產等的流出或者消耗等。企業向所有者分配利潤也會導致經濟利益的流出，而該經濟利益的流出屬於投資者投資回報的分配，是所有者權益的直接抵減項目，不應確認為費用，應當將其排除在費用的定義之外。

2. 費用的確認條件

費用的確認除了應當符合定義外，也應當滿足嚴格的條件，即費用只有在經濟利益很可能流出從而導致企業資產減少或者負債增加、經濟利益的流出能夠可靠計量時才能予以確認。費用的確認至少應當符合以下條件：

（1）與費用相關的經濟利益應當很可能流出企業；

（2）經濟利益流出企業的結果會導致資產的減少或者負債的增加；

（3）經濟利益的流出能夠可靠地計量。

3. 費用的分類

費用按經濟用途的不同，可以分為應計入產品成本的生產費用和不應計入產品成本的期間費用。

（1）生產費用是指應計入產品成本的費用，在產品的生產過程中的作用不一樣，有的直接用於產品生產，有的間接用於產品生產。為了反應生產費用的具體用途，還可以進一步劃分為直接材料費用、直接人工費用和製造費用等產品成本項目。

（2）期間費用與生產的產品沒有直接關係，不屬於生產費用，不能計入產品生產成本，而是直接計入發生當期的損益。期間費用包括管理費用、銷售費用和財務費用。

（六）利潤

1. 利潤的定義及特徵

利潤是指企業在一定會計期間的經營成果。通常情況下，如果企業實現了利潤，

表明企業的所有者權益將增加，業績得到了提升；反之，如果企業發生了虧損（即利潤為負數），表明企業的所有者權益將減少，業績下降。利潤是評價企業管理層業績的指標之一，也是投資者等財務報告使用者進行決策時的重要參考。利潤最大的特徵就是它不是一個獨立的會計要素，是要依賴於收入和費用兩大要素而存在的。

2. 利潤的確認條件

利潤反應收入減去費用、利得減去損失后的淨額。利潤的確認主要依賴於收入和費用以及利得和損失的確認。其金額的確定也主要取決於收入、費用、利得、損失金額的計量。利潤的計算公式是：利潤＝收入－費用。

3. 利潤的分類

利潤是收入減去費用后的淨額。我國企業會計準則將企業利潤分為三個層次即營業利潤、利潤總額、淨利潤。其具體內容及核算將在第五章第五節詳細闡述，故在此不再討論。

三、會計要素計量屬性及其應用原則

(一) 會計要素的計量屬性

會計計量是為了將符合確認條件的會計要素登記入帳並列報於財務報表而確定其金額的過程。企業應當按照規定的會計計量屬性進行計量，確定相關金額。計量屬性是指所予計量的某一要素的特性方面，如桌子的長度、鐵礦的重量、樓房的面積等。從會計角度，計量屬性反應的是會計要素金額的確定基礎，主要包括歷史成本、重置成本、可變現淨值、現值和公允價值等。

1. 歷史成本

歷史成本，又稱為實際成本，就是取得或製造某項財產物資時所實際支付的現金或其他等價物。在歷史成本計量下，資產按照其購置時支付的現金或者現金等價物的金額，或者按照購置資產時所付出的對價的公允價值計量。負債按照其因承擔現時義務而實際收到的款項或者資產的金額，或者承擔現時義務的合同金額，或者按照日常活動中為償還負債預期需要支付的現金或者現金等價物的金額計量。

2. 重置成本

重置成本又稱現行成本，是指按照當前市場條件，重新取得同樣一項資產所需支付的現金或現金等價物金額。在重置成本計量下，資產按照現在購買相同或者相似資產所需支付的現金或者現金等價物的金額計量。負債按照現在償付該項債務所需支付的現金或者現金等價物的金額計量。在實務中，重置成本多應用於盤盈固定資產的計量等。

3. 可變現淨值

可變現淨值，是指在正常生產經營過程中，以資產預計售價減去進一步加工成本和預計銷售費用以及相關稅費后的淨值。在可變現淨值計量下，資產按照其正常對外銷售所能收到的現金或者現金等價物的金額扣減該資產至完工時估計將要發生

的成本、估計的銷售費用以及相關稅費后的金額計量。可變現淨值通常應用於存貨資產減值情況下的后續計量。

4. 現值

現值是指對未來現金流量以恰當的折現率進行折現后的價值，是考慮貨幣時間價值的一種計量屬性。在現值計量下，資產按照預計從其持續使用和最終處置中所取得的未來淨現金流入量的折現金額計量。負債按照預計期限內需要償還的未來淨現金流出量的折現金額計量。

5. 公允價值

公允價值，是指在公平交易中，熟悉情況的交易雙方自願進行資產交換或者債務清償的金額。在公允價值計量下，資產和負債按照在公平交易中熟悉情況的交易雙方自願進行資產交換或者債務清償的金額計量。

(二) 各種計量屬性之間的關係

在各種會計要素計量屬性中，歷史成本通常反應的是資產或者負債過去的價值，而重置成本、可變現淨值、現值以及公允價值通常反應的是資產或者負債的現時成本或者現時價值，是與歷史成本相對應的計量屬性。公允價值相對於歷史成本而言，具有很強的時間概念，也就是說，當前環境下某項資產或負債的歷史成本可能是過去環境下該項資產或負債的公允價值，而當前環境下某項資產或負債的公允價值也許就是未來環境下該項資產或負債的歷史成本。一項交易在交易時點通常是按公允價值交易的，隨後就變成了歷史成本，資產或者負債的歷史成本許多就是根據交易時有關資產或者負債的公允價值確定的。在應用公允價值時，當相關資產或者負債不存在活躍市場的報價或者不存在同類或者類似資產的活躍市場報價時，需要採用估值技術來確定相關資產或者負債的公允價值，而在採用估值技術估計相關資產或者負債的公允價值時，現值往往是比較普遍的一種估值方法，在這種情況下，公允價值就是以現值為基礎確定的。

(三) 計量屬性的應用原則

我國會計準則規定，企業在對會計要素進行計量時，一般應當採用歷史成本，採用重置成本、可變現淨值、現值、公允價值計量的，應當保證所確定的會計要素金額能夠取得並可靠計量。

企業會計準則體系適度、謹慎地引入公允價值這一計量屬性，是因為隨著我國資本市場的發展，越來越多的股票、債券、基金等金融產品在交易所掛牌上市，使得這類金融資產的交易已經形成了較為活躍的市場，因此，我國已經具備了引入公允價值的條件。在這種情況下，引入公允價值，更能反應企業的實際情況，對投資者等財務報告使用者的決策更具有相關性。

在引入公允價值過程中，我國充分考慮了國際財務報告準則中公允價值應用的三個級次：第一，資產或負債等存在活躍市場的，活躍市場中的報價應當用於確定其公允價值；第二，不存在活躍市場的，參考熟悉情況並自願交易的各方最近進行

的市場交易中使用的價格或參照實質上相同或相似的其他資產或負債等的市場價格確定其公允價值；第三，不存在活躍市場，且不滿足上述兩個條件的，應當採用估值技術等確定公允價值。

企業會計準則體系引入公允價值是適度、謹慎和有條件的。原因是考慮到我國尚屬新興和轉型的市場經濟國家，如果不加限制地引入公允價值，有可能出現公允價值計量不可靠，甚至借機人為操縱利潤的現象。

第三節　會計等式

會計等式，也稱會計平衡公式或會計方程式，它是對各會計要素的內在經濟關係利用數學公式所作的概括表達，即反應各會計要素數量關係的等式。會計等式反應各會計要素之間的聯繫，是複式記帳、試算平衡和編製會計報表的理論依據。

一、靜態的會計等式

任何企業要從事生產經營活動，都必須擁有一定數量的能給企業帶來經濟利益的資源，這些資源就形成企業的資產，在會計核算上以貨幣形式表現。企業中任何資產都有與其相應的權益要求，誰提供了資產誰就對資產擁有索償權，這種索償權在會計上稱為權益。資產總是與權益相對應的，有一定數額的資產，就必然有一定數額的權益，反之有一定數額的權益，就必然有一定數額的資產。這樣就形成了最初的會計等式：

資產 = 權益

這裡的權益包括所有者權益和債權人權益。企業除了從投資者處獲得經營所需的資產外，還可以通過向債權人借款等方式取得所需資產，而債權人對企業的資產同樣獲得求償權，且債權人的權益優先於投資者。於是上述會計等式也可以表述為：

資產 = 債權人權益 + 所有者權益

或　資產 = 負債 + 所有者權益

上述會計等式，表明某一會計主體在某一特定時點所擁有的各種資產及債權人和投資者（即所有者）對企業資產要求權的基本情況，是最基本的等式，它是會計複式記帳法的理論基礎，也是編製資產負債表的基礎。

二、動態的會計等式

企業的目標就是在從事生產經營活動中獲取收入，實現利潤。企業在取得收入的同時，也必然要發生相應的費用。企業通過收入與費用的比較，才能計算確定一定期間的盈利水平，確定當期實現的利潤總額。當收入大於費用時，企業就獲得了利潤，反之則為虧損。於是便產生了下列公式：

收入－費用＝利潤

上述會計等式說明了收入、費用和利潤三大會計要素的內在關係，是編製利潤表的理論依據。因此，又稱之利潤表等式。

三、綜合的會計等式

「資產＝負債＋所有者權益」等式反應的是企業某一時點的全部資產及其相應的來源情況，是反應資金運動的靜態公式；「收入－費用＝利潤」等式反應的是某企業某一時期的盈利或虧損情況，是反應資金運動的動態公式，但僅從這兩個等式還不能完整反應會計六大要素之間的關係。將上述兩個等式可合併為：

資產＝負債＋所有者權益＋（收入－費用）

或　資產＝負債＋所有者權益＋利潤

企業定期按照會計準則規定結算並計算出當期取得的利潤，在按規定分配給投資者（股東）之后，余下的部分歸投資者共同享有，也是所有者權益的組成部分。因此上述等式又回覆到：

資產＝負債＋所有者權益

由此可見，「資產＝負債＋所有者權益」等式是會計的基本等式，通常稱之為基本會計等式或會計恒等式。「收入－費用＝利潤」和「資產＝負債＋所有者權益＋（收入－費用）」等式雖不是基本會計等式，但「收入－費用＝利潤」等式是對基本會計等式的補充；「資產＝負債＋所有者權益＋（收入－費用）」等式是基本會計等式的發展，它將財務狀況要素，即資產、負債和所有者權益，和經營成果要素，即收入、費用和利潤，進行有機結合，完整地反應了企業財務狀況和經營成果的內在聯繫。

四、會計等式的恒等性

從上面的分析可以看出，在任何一個時點上，一個企業有多少的資產，也就一定有與其相適應的權益；反之，有多少權益也就必然要表現為多少資產。「資產＝負債＋所有者權益」這個公式永遠是平衡的，無論企業規模多麼龐大，業務多麼複雜，永遠不會破壞這個恒等式。因為一個企業經濟事項雖然數量多，花樣繁，但歸納起來不外乎就兩大類九小類：

（一）經濟事項的發生，導致等式左右雙方同增同減

經濟事項的發生，導致等式左右雙方同增同減即資產方與負債和所有者權益方以同等金額或增或減，不會破壞平衡關係。

1. 經濟事項的發生，導致等式左邊的資產項目增加，同時等式右邊的負債項目也以相同金額增加，故等式保持平衡。

【例2－1】揚城有限責任公司2014年1月1日資產權益情況如下（單位：萬

元）：

資產 = 負債 + 所有者權益

5,000 = 1,000 + 4,000

本月 3 日向銀行申請的貸款 500 萬元已到帳，則：

資產（5,000 + 500） = 負債（1,000 + 500） + 所有者權益 4,000

5,500 = 1,500 + 4,000

2. 經濟事項的發生，導致等式左邊的資產項目增加，同時等式右邊的所有者權益項目也以相同金額增加，故等式保持平衡。

【例 2 - 2】接上例，本月 5 日收到投資者追加的固定資產投資，該固定資產確認的價值為 200 萬元，則：

資產（5,500 + 200） = 負債 1,500 + 所有者權益（4,000 + 200）

5,700 = 1,500 + 4,200

3. 經濟事項的發生，導致等式左邊的資產項目減少，同時等式右邊的負債項目也以相同金額減少，故等式保持平衡。

【例 2 - 3】接上例，本月 6 日用銀行存款償還上月所欠貨款 100 萬元，則：

資產（5,700 - 100） = 負債（1,500 - 100） + 所有者權益 4,200

5,600 = 1,400 + 4,200

4. 經濟事項的發生，導致等式左邊的資產項目減少，同時等式右邊的所有者權益項目也以相同金額減少，故等式保持平衡。

【例 2 - 4】接上例，本月 8 日經相關部門批准同意，企業以銀行存款減資 1,000 萬元，則：

資產（5,600 - 1,000） = 負債 1,400 + 所有者權益（4,200 - 1,000）

4,600 = 1,400 + 3,200

(二) 經濟事項的發生，導致等式左右雙方各自內部一增一減

即資產方內部一增一減，增減金額相等，不會破壞平衡關係；負債和所有者權益方內部一增一減，增減金額相等，不會破壞平衡關係。

1. 經濟事項的發生，導致等式左邊，即資產方項目內部一增一減，但增減金額相等，故等式保持平衡。

【例 2 - 5】接上例，本月 10 日用銀行存款 200 萬元購買原材料，則：

資產（4,600 - 200 + 200） = 負債 1,400 + 所有者權益 3,200

4,600 = 1,400 + 3,200

2. 經濟事項的發生，導致等式右邊的負債項目內部一增一減，但增減金額相等，故等式保持平衡。

【例 2 - 6】接上例，本月 11 日向銀行借入短期借款 200 萬元，直接償還前欠貨款，則：

資產 4,600 = 負債（1,400 - 200 + 200）+ 所有者權益 3,200
4,600 = 1,400 + 3,200

3. 經濟事項的發生，導致等式右邊的所有者權益項目內部一增一減，但增減金額相等，故等式保持平衡。

【例 2-7】接上例，本月 13 日用盈余公積轉增資本 300 萬元，則：
資產 4,600 = 負債 1,400 + 所有者權益（3,200 - 300 + 300）
4,600 = 1,400 + 3,200

4. 經濟事項的發生，導致等式右邊的負債項目增加，而所有者權益項目減少，但增減金額相等，故等式保持平衡。

【例 2-8】接上例，本月 15 日宣布分派上年度利潤 500 萬元，則：
資產 4,600 = 負債（1,400 + 500）+ 所有者權益（3,200 - 500）
4,600 = 1,900 + 2,700

5. 經濟事項的發生，導致等式右邊的所有者權益項目增加，而負債項目減少，但增減金額相等，故等式保持平衡。

【例 2-9】接上例，本月 20 日，揚城有限責任公司所欠華聯公司 200 萬債務，經雙方協商同意將此筆負債轉為對揚城有限責任公司的投資，則：
資產 4,600 = 負債（1,900 - 200）+ 所有者權益（2,700 + 200）
4,600 = 1,700 + 2,900

通過以上九個例題的論證可以看出，經濟業務的發生會引起基本會計等式左右兩邊發生等額增加或減少，或只引起會計等式的左邊或右邊內部要素的等額增減，但無論哪類經濟業務發生都不會破壞基本會計等式的平衡關係。把握資產和權益的平衡關係這一理論依據，對於后面正確理解和運用複式記帳法具有十分重要的意義。

第四節　會計記帳基礎

在實務中，企業交易或者事項的發生時間與相關貨幣收支時間有時並不完全一致。例如，款項已經收到，但銷售並未實現；或者款項已經支付，但並不是為本期生產經營活動而發生的。因此如何確定收入、成本和費用的歸屬期就成了會計記帳基礎要解決的問題。我國企業會計準則規定了兩種記帳基礎，即收付實現制和權責發生制。

一、收付實現制

收付實現制，也稱現收現付制或現金收付制。它是以是否實際收到或付出貨幣資金作為確定本期收入和費用的標準。在收付實現制下，凡是本期實際收款的收入和付款的費用，不管其是否歸屬於本期，都應作為本期的收入和費用處理；相反，

凡是本期未曾收款的收入和付款的費用，都不作為本期的收入和費用處理。收付實現制是完全按照實際收付貨幣資金的時期作為收入和費用應歸屬的期間，故也稱現金收付制。

收付實現制的會計核算比較簡便。採用收付實現制無須設置「應收帳款」「預收帳款」「應付帳款」「預付帳款」等帳戶，也無須對帳簿記錄進行帳項調整。

目前，我國的行政單位會計採用收付實現制，事業單位會計除經營業務可以採用權責發生制外，其他大部分業務均採用收付實現制。

二、權責發生制

權責發生制亦稱應收應付制，是指企業按收入的權利和支出的義務是否歸屬於本期來確認收入、費用的標準，而不是按款項的實際收支是否在本期發生，也就是以應收應付為標準。在權責發生制下，凡是屬於本期實現的收入和發生的費用，不論款項是否實際收到或實際付出，都應作為本期的收入和費用入帳；凡是不屬於本期的收入和費用，即使款項在本期收到或付出，也不作為本期的收入和費用處理。由於它不涉及款項是否實際支出，而以收入和費用是否歸屬本期為準，所以稱為應計制。

權責發生制相對於收付實現制來講會計核算比較複雜，首先，一般要設置「應收帳款」「預收帳款」「應付帳款」「預付帳款」等帳戶，期末還要進行必要的帳項調整；其次，權責發生制計算企業的盈虧比較合理。採用權責發生制時，計入本期的收入和費用，是以應否歸屬於本期為標準，兩者之間存在合理的配比關係，所以用以計算的本期盈虧就比較正確、合理。

為了更加真實、公允地反應企業特定會計期間的財務狀況和經營成果，我國會計基本準則明確規定，企業在會計確認、計量和報告中應當以權責發生制為基礎。

三、收付實現制和權責發生制的舉例說明

【例2-10】揚城有限責任公司2014年第一季度發生以下經濟業務：

（1）1月份銷貨的貨款收入80,000元於當月收到，2月份銷貨款20,000元和3月份銷貨款10,000元均於3月份收到。

（2）一季度各月應負擔的短期借款利息分別為10,000元，款項於3月份支付。

（3）1月份預付本年度報刊訂閱費共2,400元。

（4）公司於2月份預付一年（2014年2月至2015年1月）的保險費1,200元。

（5）公司於2月份購買辦公用品一批8,000元，款項未付。

要求：分別按照權責發生制和收付實現制計算2014年1月份、2月份和3月份的利潤。

分析：

（1）在權責發生制下，1月份銷貨的貨款收入80,000元於當月收到，屬於1月

份收入，2月份銷貨款20,000元和3月份銷貨款10,000元雖然均於3月份收到，但應分別歸屬於2月份的收入20,000元和3月份的收入10,000元。

在收付實現制下，1月份銷貨的貨款收入80,000元於當月收到，屬於1月份收入，2月份銷貨款20,000元和3月份銷貨款10,000元均於3月份收到，都應屬於3月份的收入共計30,000元，2月份的收入為0。

（2）在權責發生制下，一季度的短期借款利息款儘管於3月份支付，但1月份、2月份和3月份都應該負擔短期借款利息費用，金額分別為10,000元。

在收付實現制下，一季度的短期借款利息款都在3月份支付，即3月份的利息費用支出為30,000元，而1月份和2月份的短期借款利息為0。

（3）在權責發生制下，1月份預付本年12個月的報刊訂閱費2,400元，每個月都應負擔200元的費用，故1月份、2月份和3月份的費用各為200元。

在收付實現制下，1月份預付本年12個月的報刊訂閱費2,400元，應全部計入1月份的費用2,400元，2月份和3月份的費用為0。

（4）在權責發生制下，2月份預付一年12個月的保險費1,200元，那麼從2014年的2月份到2015年的1月份，每個月都應該負擔100元的費用，即2014年的2月份和3月份的保險費用各為100元，而1月份的保險費用為0。

在收付實現制下，2月份預付一年保險費1,200元，應全部計入2月份的費用，1月份和3月份的費用為0。

（5）在權責發生制下，公司2月份購買辦公用品8,000元，儘管款項沒有支付，也應計入2月份的費用。

在收付實現制下，公司於2月份購買辦公用品一批8,000元，款項沒有支付，故2月份的費用為0。

將以上分析的結果歸納為表2-1。

表2-1　　　　　權責發生制和收付實現制下的計算結果表　　　　單位：元

經濟業務	權責發生制						收付實現制					
	1月份		2月份		3月份		1月份		2月份		3月份	
	收入	費用	收入	費用	收入	費用	收入	費用	收入	費用	收入	費用
（1）	80,000		20,000		10,000		80,000				30,000	
（2）		10,000		10,000		10,000						30,000
（3）		200		200		200		2,400				
（4）				100		100				1,200		
（5）				8,000								
利潤	69,800		1,700		-300		77,600		-1,200		0	

通過上面的例子可以看出，針對相同的經濟交易，分別按權責發生制和收付實現制確認特定會計期間的收入和費用及利潤結果存在差異。權責發生制下確認的收

入和費用的結果較好地體現了收入和費用的「配比原則」，更具有理論上的合理性，更符合企業的經濟實質。但是由於沒有考慮實際收到和支付的現金，單純依靠權責發生制下確認的利潤結果不能準確反應企業的現金流量，從而導致不能反應利潤的質量。收付實現制運用雖然比較簡單，但不能準確反應企業實際的財務狀況和經營業績。在當前現金為主的觀念下，企業現金流的信息越來越為信息使用者所重視。因此，信息使用者通常需要綜合利用財務狀況、經營業績和現金流量等會計信息，才能做出正確的決策。

第五節　會計核算的基本程序和方法

一、會計核算的基本程序

會計核算的基本程序是指對發生的經濟業務進行會計數據處理與信息加工的程序。它包括會計確認、會計計量、會計記錄和會計報告等程序。

（一）會計確認

1. 會計確認的概念

會計確認就是指依據一定的標準，確認某經濟業務事項能否記入會計信息系統，並列入會計報告的過程。也就是說，是否記錄、何時記錄、當作哪一項會計要素來記錄；應否計入財務報表、何時計入、當作哪一項會計要素來報告。

2. 會計確認的標準

會計確認的標準包括：

第一，必須符合會計要素的定義。將某一經濟業務事項確認為資產、負債或所有者權益，該業務事項必須分別符合資產、負債和所有者權益的定義；同樣將某一經濟業務事項確認為收入、費用或利潤，該業務事項應分別符合收入、費用和利潤要素的定義。

第二，此項經濟業務或會計事項可以用貨幣進行計量。對某一經濟業務事項進行確認，該業務事項流入或流出的經濟利益能夠可靠的計量，否則會計確認就沒有任何意義。

第三，有關的經濟利益很可能流入或流出企業。這裡的「很可能」表示經濟利益流入或流出的可能性在50%以上。

3. 會計確認的步驟

會計確認包括初始確認和再確認兩個步驟。

（1）初始確認

初始確認也稱為初次確認，是指當企業發生各項經濟業務時，確定反應各項經濟業務的原始經濟信息是否可進入本企業會計核算系統，應記入哪個會計要素及相應的會計帳簿以及應何時記入。具體而言，即對企業生產經營活動中產生的大量原

始數據，按照一定的標準進行辨認，確定它是否屬於交易或會計事項，並通過填製和審核會計憑證的方法，登記到相關的帳簿中。

(2) 再次確認

再次確認又稱第二次確認，是指對會計帳簿中記錄的會計信息是否應列入財務報表以及如何列入財務報表的過程。再次確認實際上是對已經形成的會計信息再提純、再加工，以保證會計信息的真實性和正確性。

通過上述分析可以看出，會計確認是會計核算基本程序中最為關鍵的一步。它是對經濟業務事項進行定性，主要解決某項經濟業務能不能納入會計核算系統的問題，如果不能進入會計核算系統，也就不會再進入到后面的程序中了。

(二) 會計計量

會計計量是指在會計確認的過程中，根據被計量對象的計量屬性，選擇運用一定的計量基礎和計量單位，確定應記錄項目金額的會計處理過程。簡單地說就是指入帳的會計業務事項應按什麼樣的金額予以記錄和報告。

會計計量包括計量單位和計量屬性。貨幣計量通常以元、百元、千元、萬元等為計量單位。計量屬性是指計量對象可供計量的某種特性或標準，如資產計量有歷史成本、重置成本、可變現淨值、公允價值等屬性。

(三) 會計記錄

會計記錄是指各項經濟業務經過確認、計量后，採用一定的文字、金額和方法在帳戶中加以記錄的過程，包括以原始憑證為依據編製記帳憑證，再以記帳憑證為依據登記帳簿。會計記錄包括序時記錄和分類記錄。在記錄的生成方式上，又有手工記錄和電子計算機記錄。

會計記錄是會計確認和計量的具體體現，它反應每筆經濟業務事項是如何入帳的。會計記錄的目的是按照國家統一的會計制度的規定，將經濟業務事項具體記錄在憑證、帳簿等會計資料中。

(四) 會計報告

會計報告是指以帳簿記錄為依據，採用表格和文字形式，將會計數據提供給信息使用者的手段。具體來講，會計報告就是在會計確認、會計計量、會計記錄的基礎上，對憑證、帳簿等會計資料做進一步的歸納整理，通過會計報表、會計報表附註和其他相關信息等將財務會計信息提供給會計信息使用者。

二、會計核算方法

會計方法，是指從事會計工作所使用的各種技術方法，一般包括會計核算方法、會計分析方法和會計檢查方法。其中，會計核算方法是會計方法中最基本的方法，本課程主要介紹會計核算方法。會計核算方法主要有以下七種。

(一) 設置帳戶

設置帳戶是對會計核算的具體內容進行分類核算和監督的一種專門方法。由於

會計對象的具體內容是複雜多樣的，要對其進行系統地核算和經常性監督，就必須對經濟業務進行科學的分類，以便分門別類地、連續地記錄，據以取得多種不同性質、符合經營管理所需要的信息和指標。設置帳戶的具體內容將在第三章詳細講解。

(二) 複式記帳

複式記帳是指對所發生的每項經濟業務，以相等的金額，同時在兩個或兩個以上相互聯繫的帳戶中進行登記的一種記帳方法。採用複式記帳方法，可以全面反應每一筆經濟業務的來龍去脈，而且可以防止差錯和便於檢查帳簿記錄的正確性和完整性，是一種比較科學的記帳方法。複式記帳的具體內容將在第四章和第五章詳細闡述。

(三) 填製和審核憑證

會計憑證是記錄經濟業務，明確經濟責任，作為記帳依據的書面證明。正確填製和審核會計憑證，是會計核算和監督經濟活動財務收支的基礎，是做好會計工作的前提。填製和審核憑證的具體內容將在第六章講解。

(四) 登記會計帳簿

登記會計帳簿簡稱記帳，是以審核無誤的會計憑證為依據，在帳簿中分類、連續、完整地記錄各項經濟件業務，以便為經濟管理提供完整、系統的會計核算資料。帳簿記錄是重要的會計資料，是進行會計分析、會計檢查的重要依據。登記會計帳簿的具體內容將在第七章講解。

(五) 成本計算

成本計算是按照一定對象歸集和分配生產經營過程中發生的各種費用，以便確定各該對象的總成本和單位成本的一種專門方法。產品成本是綜合反應企業生產經營活動的一項重要指標。正確地進行成本計算，可以考核生產經營過程的費用支出水平，同時又是確定企業盈虧和制定產品價格的基礎，並為企業進行經營決策，提供重要數據。成本計算的具體內容將融合在第五章企業經濟業務核算中去詳細講解。

(六) 財產清查

財產清查是指通過盤點實物，核對帳目，以查明各項財產物資實有數額的一種專門方法。通過財產清查，可以提高會計記錄的正確性，保證帳實相符。同時，還可以查明各項財產物資的保管和使用情況以及各種結算款項的執行情況，以便對積壓或損毀的物資和逾期未收到的款項，及時採取措施，進行清理和加強對財產物資的管理。財產清查的具體內容將在第八章詳細講解。

(七) 編製會計報表

編製會計報表是指以特定表格的形式，定期並總括地反應企業、行政事業單位的經濟活動情況和結果的一種專門方法。會計報表主要以帳簿中的記錄為依據，經過一定形式的加工整理而產生一套完整的核算指標，用來考核、分析財務計劃和預算執行情況以及編製下期財務和預算的重要依據。編製會計報表的具體內容將在第九章詳細闡述。

三、會計工作流程

以上會計核算的七種方法，雖各有特定的含義和作用，但並不是獨立的，而是相互聯繫，相互依存，彼此制約的。它們構成了一個完整的方法體系，在會計核算中，應正確地運用這些方法。

會計核算工作程序如圖2-2所示。

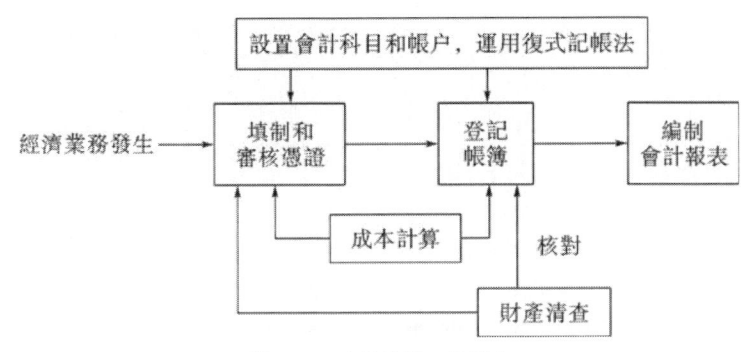

圖2-2 會計核算工作程序

這些方法相互配合運用的程序是：
(1) 經濟業務發生后，取得和填製會計憑證；
(2) 按會計科目對經濟業務進行分類核算，並運用複式記帳法在有關會計帳簿中進行登記；
(3) 對生產經營過程中各種費用進行成本計算；
(4) 對帳簿記錄通過財產清查加以核實，保證帳實相符；
(5) 期末，根據帳簿記錄資料和其他資料，進行必要的加工計算，編製會計報表。

複習思考題

一、名詞解釋

1. 會計假設
2. 會計對象
3. 會計要素
4. 權責發生制
5. 收付實現制
6. 會計確認

二、單選題

1. 在市場經濟條件下，會計的對象是企事業單位在日常經營活動或業務活動中所表現出的（　　）。
   A. 全部經濟活動　　　　　　　　B. 商品運動
   C. 資金運動　　　　　　　　　　D. 財產物資運動

2. 導致產生本期與非本期概念的會計核算基本前提是（　　）。
   A. 會計主體　　　　　　　　　　B. 持續經營
   C. 會計分期　　　　　　　　　　D. 貨幣計量

3. 下列交易事項中，會使會計等式的資產和權益兩方同時增加的是（　　）。
   A. 收到投資人的投資款存入銀行
   B. 購買原材料一批，以銀行存款支付
   C. 以銀行存款償付前欠的貨款
   D. 以現金支付購入固定資產的運雜費用

4. 按照權責發生制的要求，應確認為本期收入的是（　　）。
   A. 本月銷售產品款未收到　　　　B. 上月銷貨款本月收存銀行
   C. 本月預收下月貨款存入銀行　　D. 收到上月倉庫租金存入銀行

5. 關於貨幣計量假設，下列說法不正確的是（　　）。
   A. 採用貨幣作為唯一計量單位
   B. 採用貨幣作為統一計量單位
   C. 我國的會計核算應以人民幣為記帳本位幣
   D. 貨幣計量為會計核算提供了必要的手段

6. 以應計收入和應計費用為標準計算本期損益的記帳基礎是（　　）。
   A. 實地盤存制　　　　　　　　　B. 永續盤存制
   C. 收付實現制　　　　　　　　　D. 權責發生制

7. 負債和所有者權益都是（　　）的重要組成部分。
   A. 利潤　　　　　　　　　　　　B. 權益
   C. 債權人權益　　　　　　　　　D. 長期負債

8. 以下各項目中屬於資產的有（　　）。
   A. 短期借款　　　　　　　　　　B. 存貨
   C. 實收資本　　　　　　　　　　D. 應付利潤

9. 某企業本期期初資產總額為 100,000 元，本期期末負債總額比期初減少 10,000 元，所有者權益比期初增加 30,000 元。該企業期末資產總額是（　　）。
   A. 90,000 元　　　　　　　　　　B. 130,000 元
   C. 100,000 元　　　　　　　　　D. 120,000 元

10. 在下列會計核算的基本假設中，確定了會計核算空間範圍的是（　　）。

A. 會計主體　　　　　　　　B. 持續經營
C. 會計分期　　　　　　　　D. 貨幣計量

三、多選題

1. 根據權責發生制原則，應計入本期收入或費用的業務有（　　）。
A. 預收貨款 10,000 元
B. 銷售產品價款 25,000 元，款未收到
C. 預付下年報刊訂閱費 800 元
D. 銷售產品價款 5,000 元，款已於上月收到
E. 預提車間修理費 500 元

2. 企業的淨資產包括（　　）。
A. 投入資本　　　　　　　　B. 資本公積
C. 盈余公積　　　　　　　　D. 已分配利潤
E. 未分配利潤

3. 下列各項經濟業務中，會使企業資產總額和權益總額發生同時增加變化的有（　　）。
A. 向銀行借入半年期的借款，已轉入本企業銀行存款帳戶
B. 賒購設備一臺，設備已經交付使用
C. 收到某投資者投資轉入的一批材料，材料已驗收入庫
D. 向投資者分配利潤
E. 用銀行存款購買原材料，已入庫

4. 下列各項中，屬於會計核算基本前提的有（　　）。
A. 會計主體　　　　　　　　B. 持續經營
C. 貨幣計量　　　　　　　　D. 會計分期
E. 會計確認

5. 會計要素的計量屬性包括（　　）。
A. 歷史成本　　　　　　　　B. 重置成本
C. 可變現淨值　　　　　　　D. 現值
E. 公允價值

6. 根據資產定義，下列各項中，體現資產特點的有（　　）。
A. 企業所擁有或控制　　　　B. 帶來經濟利益的資源
C. 能以貨幣計量　　　　　　D. 伴隨著收入的取得
E. 過去交易或事項形成的

7. 下列經濟業務中，只引起會計恒等式兩方中一方變化的有（　　）。
A. 從銀行取得貸款已存入銀行　　B. 以銀行存款購進材料
C. 購進材料未付款　　　　　　　D. 以借款直接償還應付款

E. 提取公積金

8. 下列各項中，屬於流動資產的有（　　）。
   A. 機器設備　　　　　　　　　　B. 完工產品
   C. 銀行存款　　　　　　　　　　D. 應收帳款
   E. 專利權

9. 根據我國《企業會計準則》的規定，會計要素包括（　　）。
   A. 資產和費用　　　　　　　　　B. 負債和收入
   C. 資金占用和資金來源　　　　　D. 利潤和所有者權益
   E. 會計科目和帳戶

10. 下列資產項目與權益項目之間的變動符合資金運動規律的有（　　）。
    A. 資產某項目增加與權益某項目減少
    B. 資產某項目減少與權益某項目增加
    C. 資產方某項目增加而另一項目減少
    D. 權益方某項目增加而另一項目減少
    E. 資產方某項目與權益方某項目同時增加或同時減少相同的數額

四、判斷題

1. 會計主體假設確立了會計核算的空間範圍，持續經營和會計分期假設確立了會計核算的時間長度，而貨幣計量則為會計核算提供了必要手段。（　　）
2. 權責發生制和收付實現制採用的不同的記帳基礎和方法是建立在會計分期假設基礎上的。（　　）
3. 資產、負債和所有者權益是反應企業財務狀況的會計要素，收入、費用和利潤是反應企業經營成果的會計要素。（　　）
4. 會計等式揭示了會計要素之間的內在聯繫，是設置帳戶、進行複式記帳、編製會計報表的依據。（　　）
5. 企業銀行存款提現，該業務會引起資產與負債的同時減少。（　　）
6. 所有者權益是指企業投資人對企業資產的所有權。（　　）
7. 收入會導致經濟利益的流入，利得不會導致經濟利益的流入。（　　）
8. 企業非日常活動所形成的經濟利益的流入不能確認為收入。（　　）
9. 按照權責發生制原則的要求，企業收到貨幣資金必定意味著本月收入的增加。（　　）
10. 會計的方法就是指會計核算的方法。（　　）

五、業務題

（一）目的：練習會計等式的平衡關係

資料：華聯有限責任公司2014年年初及年末資產負債表上列示的資產總額和負

債總額如下表所示：

華聯有限責任公司資產負債總額表　　　　單位：元

項目	期初余額	期末余額
資產	800,000	900,000
負債	200,000	100,000

要求：分別下列三種情況計算該企業本年度的利潤：

1. 本年度股東投資不變，總費用為160,000元，試問本年度利潤和營業收入各是多少？
2. 本年度增加投資20,000元，利潤是多少？
3. 年度中曾收回投資30,000元，但又增加投資10,000元，其利潤是多少？

（二）目的：練習權責發生制和收付實現制的計算

資料：華聯有限責任公司2014年6月份發生以下幾項業務：

1. 銷售商品一批，總售價72,000元，已收記；
2. 預收貨款24,000元，商品將在下月交付；
3. 預付下季度倉庫租金10,800元；
4. 出售商品35件，總售價84,000元將於下月收到；
5. 支付本月水電費30,000元；
6. 當年3月份已預付本年度第二季度的財產保險費36,000元。

要求：分別採用權責發生制和收付實現制計算6月份淨損益。

（三）目的：練習會計要素及會計等式

資料：華聯有限責任公司6月末各項目余額如下：

1. 出納員處存放現金1,700元；
2. 存入銀行的存款2,939,300元；
3. 投資者投入的資本金13,130,000元；
4. 向銀行借入三年期的借款500,000元；
5. 向銀行借入半年期的借款300,000元；
6. 原材料庫存417,000元；
7. 生產車間正在加工的產品584,000元；
8. 產成品庫存520,000元；
9. 應收外單位產品貨款43,000元；
10. 應付外單位材料貨款45,000元；
11. 持有至到期投資60,000元；
12. 公司辦公樓價值5,700,000元；
13. 公司機器設備價值4,200,000元；

14. 公司運輸設備價值 530,000 元；
15. 公司的資本公積金 960,000 元；
16. 公司的盈余公積金 440,000 元；
17. 外欠某企業設備款 200,000 元；
18. 擁有某企業發行的三年期公司債券 650,000 元；
19. 上年尚未分配的利潤 70,000 元。

要求：（1）劃分各項目的類別（資產、負債或所有者權益），並將各項目金額填入資產負債表中。

（2）計算資產、負債、所有者權益各要素金額合計。

資產負債表　　　　　　　　　　　　單位：元

項目序號	金額		
	資產	負債	所有者權益
合計			

六、案例分析題

資料：某管理諮詢公司是我國一家大型的上市公司，公司最近發生了下列經濟業務，該公司會計做了相應的處理：

1. 3月10日，甲從公司出納處拿了3,800元現金給自己購買了一套名牌西服，會計將3,800元記為公司的辦公費支出，理由是：甲是公司的最大股東，公司的錢也有甲的一部分。

2. 3月15日，會計將3月1～15日的收入、費用匯總後計算出半個月的利潤，並編製了財務報表。

3. 3月30日，計提固定資產折舊，採用雙倍余額遞減法，而本月前計提折舊均採用直線法。

4. 3月30日，收到海華公司預付的下個季度的管理諮詢費用30,000元，會計將其作為3月份的收入處理。

5. 3月30日，預付下季度報刊費700元，會計將其作為3月份的管理費用處理。

請問：根據上述資料，分析該公司的會計在處理上述經濟業務時是否完全正確，若有錯誤，主要違背了哪些相關規定。

第三章
會計科目與帳戶

　　本章介紹了會計科目和會計帳戶，而設置會計科目與帳戶是會計核算的首要方法。通過本章的學習，要求理解會計科目的定義及設置意義；掌握設置會計科目的原則；掌握會計科目體系的分類；熟悉企業會計科目表；瞭解帳戶的概念及設置意義；掌握帳戶的基本結構和分類。本章學習的重點是掌握設置會計科目的原則、掌握會計科目與帳戶的聯繫和區別以及帳戶的基本結構和分類。學習的難點是帳戶的基本結構和分類。

第一節　會計科目

一、會計科目的定義及設置意義

（一）會計科目的定義

　　如前所述，會計對象是某一特定對象所發生的能夠用貨幣表現的經濟業務，即資金運動；而會計要素是對會計對象所作的基本分類，如我國會計準則將會計對象分為六大會計要素，即資產、負債、所有者權益、收入、費用、利潤。但是，在會計核算中，如果僅僅是按照會計要素作為會計數據的歸類標準，未免過於籠統，難以滿足會計信息使用者的要求。這是因為，企業的經營業務錯綜複雜，即使涉及同一種會計要素，也往往反應的是具有不同性質和內容的對象，如資產要素包括貨幣資金、存貨、應收帳款、固定資產、無形資產等；負債要素包括從銀行或其他金融機構取得的借款，還包括由於購進存貨從購貨方取得的應付款項等。因此，為了全面、系統地核算和監督企業單位所發生的經濟活動，分門別類地為經濟管理提供會計核算資料，就需要對每一類會計要素作進一步詳細的分類。

　　會計科目就是對會計要素所作的進一步分類，是對每一會計要素所包括的具體內容再按其一定的特點和管理要求進行分類所形成的項目或名稱。例如，企業的機器設備、房屋和建築物，作為勞動手段，具有使用時間較長、單位價值較大、實物形態相對不變的特點，將其歸為一類，設置「固定資產」會計科目；生產產品用的原材料、輔助材料、燃料和包裝物等，作為勞動對象，具有在生產中一次被消耗，

其價值一次轉移的特點,將其歸為一類,設置「原材料」會計科目;為了滿足管理上費用預算和控制的要求,對在企業生產車間範圍內發生的物料消耗、辦公費、管理人員的工資、修理費等,具有間接費用的特點,將其歸為一類,設置「製造費用」會計科目。

(二) 設置會計科目的意義

設置會計科目,對會計核算和管理有著非常重大的意義。首先,設置會計科目,是反應資金運動的重要手段。每一個會計科目反應一類相關的經濟業務,所以各個會計科目可從不同的方面反應資金運動的總體狀況。其次,設置會計科目,是組織會計核算的依據,是進行各項會計記錄和提供各項會計信息的基礎。為了連續、系統、全面地反應和監督經濟業務發生所引起會計要素的增減變動,便於向會計信息的使用者提供所需的會計信息,企業應根據自身的生產經營特點設置相應的帳戶。要想科學、合理地設置企業會計核算的帳戶,其前提條件是確定相應的會計科目。會計科目是帳戶開設的依據,是帳戶的名稱。因此設置會計科目,是正確組織會計核算的一個重要條件,是複式記帳、編製記帳憑證、登記帳簿、成本計算、財產清查、編製報表等會計核算方法的基礎。

二、設置會計科目的原則

會計科目是進行會計核算的起點。會計科目較之於會計要素能更為具體地反應企業的資金運動狀況,為相關會計信息使用者提供更為具體的會計信息。會計科目的確定是否合理,對於系統地提供會計信息,提高會計工作的效率以及有條不紊地組織會計工作都有很大影響。鑒於此,在其設置過程中應努力做到科學、合理、實用,因此在設置會計科目時應遵循下列基本原則:

(一) 應結合會計要素的特點,全面、系統地反應會計要素的內容

會計主體的會計科目及其體系應能夠全面、系統地反應會計對象的全部內容,不能有任何遺漏。就單個會計科目而言,每個會計科目都應具備獨特的內容,能獨立地說明會計要素的某一方面。換句話說,各個科目之間的核算內容是互相排斥的,不同的會計科目反應不同的核算內容,不同的會計科目之間具有互斥性;就會計科目的整體而言,會計科目及其體系應能夠全面、系統地反應會計對象的全部內容,要使設置的整套會計科目能夠反應所有的經濟業務,所有經濟業務都有特定的會計科目來反應。同時,會計科目的設置還應結合會計要素的特點來設置。也就是說,設置會計科目時,除了各行各業共性的會計科目外,還應根據各行業會計要素的具體特點,設置相應的會計科目。如:工業企業的主要經營活動是製造工業產品,因而就必須設置反應生產耗費、成本計算的會計科目,如「製造費用」「生產成本」等科目;商品流通企業不從事產品生產加工,其基本經營活動是購進和銷售商品,因此必須設置反應和監督商品流通業務的會計科目,如「庫存商品」「商品進銷差價」等科目;而行政事業單位既不從事產品加工生產,也不從事商品流通,其會計

核算主要是對國家撥付的預算資金的運動情況進行反應和監督，因此必須設置反應和監督經費收入和經費支出情況的會計科目，如「事業收入」「事業支出」等科目。

（二）應結合會計目標的要求，滿足信息使用者的需要

會計的目標，是向信息使用者提供有用的會計信息，不同的信息使用者對企業提供的會計信息要求有所不同。因此，設置會計科目時既要滿足企業內部加強經營管理並提高經濟效益的需要，要求盡可能提供詳細、具體的資料；還要滿足政府部門加強宏觀調控並制定方針政策的需要，滿足投資人、債權人及有關方面對企業經營和財務狀況作出準確判斷的需要，要求提供比較綜合的數據。為滿足上述要求及便於會計資料整理和匯總的需要，在設置會計科目時要適當分設總分類科目和明細科目。總分類科目提供總括核算指標，主要滿足企業外部有關方面的需要；明細分類科目是對總分類科目的進一步分類，提供明細核算指標，主要滿足加強內部經營管理的需要。

（三）應做到統一性和靈活性相結合

統一性是指企業必須根據國家統一的會計制度或會計準則的規定設置會計科目（一級科目），並力求在時間上保持前後一致。靈活性是指企業在不影響會計核算要求和會計報表的匯總，以及對外提供統一的財務會計報告的前提下，可以根據實際情況自行增設、減少或者合併某些會計科目；企業在不違背會計科目使用原則的基礎上確定適合本企業的會計科目名稱；明細科目的設置，除會計制度或會計準則規定者以外，企業可自行確定，以此來保證會計核算指標在一個部門乃至全國範圍內綜合匯總以及滿足本單位經營管理的需要。多年以來，我國通常由財政部在會計制度中統一規定會計科目的名稱、編號和內容。2006年月2月我國發布了《企業會計準則》，與此配套，2006年10月發布了《企業會計準則——應用指南》，該應用指南提供了企業會計科目設置的指引，提供了每一個會計科目的核算範圍、核算內容和核算方法。企業可根據自身的經營特點和管理需要從中選擇並確定本企業會計核算所需的會計科目。

（四）應保持適應性與穩定性相結合

適應性是指會計科目的設置要隨著社會經濟環境和本單位經濟活動的變化而變化，如：隨著金融工具的創新，為了核算企業衍生金融工具的公允價值及其變動形成的資產或負債，企業要相應設置「衍生工具」或「套期工具」等會計科目。穩定性是指會計科目的設置為便於會計資料的匯總及在不同時期的對比分析應保持相對的穩定。會計科目的穩定性主要表現為會計科目的名稱、含義及所包含的內容應保持相對穩定，只有會計科目具有相對穩定性，會計核算資料才具有可比性。會計科目的設置，是由會計制度和會計準則加以規定的，因此，為了保證會計科目設置的相對穩定性，會計制度和會計準則的制定也應保持相對穩定。

（五）會計科目名稱要言簡意賅，並進行適當的分類和編號

所謂言簡意賅，是指每一會計科目所涵蓋的範圍和內容要有明確的界定，其名

稱要名副其實並具有高度的概括性；所謂適當的分類和編號是指為了便於把握會計科目所反應的經濟業務內容和主要滿足會計電算化的需要，會計科目要按其經濟內容進行適當的分類，並根據會計科目按其經濟內容的分類和項目的流動性或主次以及級次進行編號。

三、會計科目的分類

會計科目由於分類標準不同，可以分為不同的類型。會計科目一般按內容和級次兩種標準分類，科目的內容反應各科目之間的橫向聯繫，科目的級次反應科目內部的縱向聯繫。

（一）會計科目按其內容分類

會計科目是會計要素的具體分類項目。按會計科目所反應的會計要素的內容進行分類，是會計科目基本的分類之一。我國自 2007 年 1 月 1 日起在上市公司範圍內執行的《企業會計準則——應用指南》將會計科目分為資產類科目、負債類科目、所有者權益類科目、共同類科目、成本類科目和損益類科目六大類。

1. 資產類科目

資產類科目按其流動性，具體又可分為以下兩類科目：

（1）流動資產類科目。這類科目的特點是資產的變現週期在一年以內或不超過一個營業週期，例如「庫存現金」「銀行存款」「應收帳款」「原材料」等科目。

（2）非流動資產類科目。這類科目的特點是資產的變現週期超過一年或一個營業週期，例如「固定資產」「無形資產」「長期股權投資」等科目。

2. 負債類科目

負債類科目按其流動性，具體又可分為以下兩類科目：

（1）流動負債類科目。這類科目的特點是負債的償還期在一年以內，例如「短期借款」「應付職工薪酬」「應付帳款」等科目。

（2）非流動負債類科目。這類科目的特點是負債的償還期超過一年以上，例如「長期借款」「應付債券」等科目。

3. 共同類科目

此類科目既可核算資產，也可核算負債。如「衍生工具」「套期工具」「被套期項目」等科目。

4. 所有者權益類科目

所有者權益類科目具體又可分為以下四類科目。

（1）投入資本類科目。例如「實收資本」科目。

（2）非經營因素形成的所有者權益類科目。例如「資本公積」科目。

（3）經營因素形成的所有者權益類科目。例如「盈余公積」等科目。

（4）反應利潤會計要素的會計科目。如「本年利潤」及「利潤分配」。由於企業實現的利潤或發生的虧損，其最終承擔者是所有者，所以將其歸並到所有者權益類科目。

5. 成本類科目

這類科目的特點是所發生的費用要計入產品成本，具體來說可分為以下兩類。

（1）直接計入產品成本類科目。例如「生產成本」「研發支出」等科目。

（2）分配計入產品成本類科目。例如「製造費用」科目。

6. 損益類科目

這類科目的特點是其項目均是形成利潤的要素。損益類科目具體來說可分為以下兩類。

（1）反應收入類科目。例如「主營業務收入」「其他業務收入」等科目。

（2）反應費用類科目。例如「主營業務成本」「管理費用」「銷售費用」等科目。

為了便於編製會計憑證、登記帳簿、查閱帳目，適應會計信息電算化處理的需要，還應在會計科目分類的基礎上，為每個會計科目編一個固定的號碼，這些號碼稱為會計科目編號，簡稱科目編號。科目編號能清楚地表示會計科目所屬的類別及其在類別中的位置。財政部通常在會計制度和會計準則中，統一編會計科目的編號、類別和名稱，企業可結合實際情況自行確認會計科目編號。企業在填製記帳憑證、登記帳簿時，應填製會計科目的名稱，或者同時填寫會計科目的名稱和編號，但不準只填寫會計科目的編號而不填寫會計科目的名稱。在會計信息系統中，應在帳套設置中建立「會計科目名稱及編碼表」，在憑證輸入時只輸入科目代碼，科目名稱由系統自動產生，以適應電算化的會計處理。

表3-1為2006年10月頒布的《企業會計準則——應用指南》會計科目名稱和編號的簡要列表。

表3-1　　　　　　　　　　會計科目表

編號	會計科目名稱	編號	會計科目名稱
	一、資產類		二、負債類
1001	庫存現金	2001	短期借款
1002	銀行存款	2201	應付票據
1012	其他貨幣資金	2202	應付帳款
1101	交易性金融資產	2203	預收帳款
1121	應收票據	2211	應付職工薪酬
1122	應收帳款	2221	應交稅費
1123	預付帳款	2231	應付利息
1131	應收股利	2232	應付股利
1132	應收利息	2241	其他應付款
1221	其他應收款	2501	長期借款

表3－1(續)

編號	會計科目名稱	編號	會計科目名稱
1231	壞帳準備	2502	應付債券
1401	材料採購	2701	長期應付款
1402	在途物資	三、共同類	
1403	原材料	3001	清算資金往來
1404	材料成本差異	3101	衍生工具
1405	庫存商品	四、所有者權益類	
1406	發出商品	4001	實收資本
1408	委託加工物資	4002	資本公積
1411	週轉材料	4101	盈余公積
1471	存貨跌價準備	4103	本年利潤
1501	持有至到期投資	4104	利潤分配
1502	持有至到期投資減值準備	五、成本類	
1503	可供出售金融資產	5001	生產成本
1511	長期股權投資	5101	製造費用
1512	長期股權投資減值準備	5202	勞務成本
1521	投資性房地產	六、損益類	
1531	長期應收款	6001	主營業務收入
1601	固定資產	6051	其他業務收入
1602	累計折舊	6111	投資收益
1603	固定資產減值準備	6301	營業外收入
1604	在建工程	6401	主營業務成本
1605	工程物資	6402	其他業務成本
1606	固定資產清理	6403	營業稅金及附加
1701	無形資產	6601	銷售費用
1702	累計攤銷	6602	管理費用
1703	無形資產減值準備	6603	財務費用
1711	商譽	6701	資產減值損失
1801	長期待攤費用	6711	營業外支出
1901	待處理財產損溢	6801	所得稅費用

(二) 會計科目按級次分類

會計科目按級次分類，就是按會計科目提供核算指標的詳細程度進行分類，分為總分類科目和明細分類科目。

1. 總分類科目

總分類科目也稱為一級科目或總帳科目，它是對會計要素的具體內容進行總括分類，提供總括核算指標信息的會計科目，如「固定資產」「原材料」「應交稅費」「實收資本」等科目。為了滿足國家宏觀經濟管理的需要，一級科目原則上由國家財政部或主管部門統一制定。表3－1所列示的會計科目都是一級科目。

2. 明細分類科目

明細分類科目簡稱明細科目，是對總分類科目進一步分類的科目，是為了提供更詳細、更具體的會計信息給使用者而設置的。如有些總分類科目反應的經濟內容比較廣泛，可以在總分類科目下，先設置二級科目（也稱為子目），在二級科目下再設置三級科目（也稱細目），二級科目和三級科目都統稱為明細科目。在手工會計核算下，企業一般設置到二級、三級科目。應該說明的是，並不是所有的一級科目都需要分設二級科目和三級科目，科目設置到第幾級，應根據會計信息使用者所需信息的詳細程度來決定。此外，隨著會計信息處理的電算化，有的企業如果業務較複雜，出於管理上的需要，也可以在三級科目下再設置四級科目，甚至五級科目。有一些明細科目是國家統一規定設置的，如國家統一規定應在「應交稅費」一級會計科目下應設置「應交增值稅」「未交增值稅」「應交營業稅」「應交消費稅」等二級會計科目，在「應交增值稅」二級科目下還應設置「進項稅額」「已交稅金」「銷項稅額」等專欄。明細科目除會計準則規定設置的以外，多數明細科目由企業根據自身的實際情況自行設置。例如，某些鋼鐵冶煉企業的原材料數量品種繁多，為了滿足會計核算的需要，先設「原材料」為一級科目，再按原材料類別開設「原料及主要材料」「輔助材料」等二級會計科目，再在「原料及主要材料」下設「金屬材料」和「非金屬材料」為三級科目，最后設「黑色金屬材料」「有色金屬材料」等為四級科目。在教學過程中，為了簡單明地表現不同級別的會計科目之間的關係，通常用「——」連接來說明各級別科目之間的所屬關係，明細分類科目的寫法如「原材料——原料及主要材料——金屬材料——黑色金屬材料」；先寫一級科目的名稱「原材料」，在其后劃一短橫線「——」，再寫上明細分類科目的名稱即可。

會計科目按提供指標詳細程度的分類如表3－2所示。

表 3-2　　　　　　　　　會計科目按級次分類

總分類科目 (一級科目)	明細分類科目	
	二級科目（子目）	明細科目（細目）
生產成本	基本生產成本	A 產品
		B 產品
		C 產品
	輔助生產成本	供水車間
		供電車間
		機修車間

第二節　會計帳戶

一、帳戶的概念及設置的意義

(一) 帳戶的定義

會計科目只是對會計對象的具體內容進行分類核算的項目名稱，這些項目的本身僅表示其所反應的會計要素的內容，如果只有分類的項目，而沒有具有一定格式的記帳實體，還不能把發生的經濟業務連續、系統、完整地記錄下來。因此，要進行會計核算，還必須根據設置的會計科目開設相應的帳戶，在帳戶上記錄會計對象具體內容的增減變動及結存情況。

帳戶是指根據會計科目開設的，具有一定格式和結構，用來連續地分類記錄和反應會計要素增減變動情況及其結果的一種工具。

(二) 設置的意義

由於帳戶能夠反應會計要素的增減變動及結餘情況，設置帳戶對於企業進行會計核算具有重要作用。首先，設置帳戶能按照經營管理的要求分類地記載和反應企業所發生的經濟業務。通過設置和運用帳戶，對企業發生的經濟業務進行整理分類、科學歸納，再分門別類地記錄，可以提供各類會計要素的動態和靜態指標。其次，設置帳戶能為編製財務會計報告提供重要依據。財務會計報告是定期地對企業日常核算資料進行匯總、綜合，以全面、系統地反應企業財務狀況和經營成果的重要信息文件。財務會計報告的信息是否準確，在很大程度上取決於帳戶的記錄結果是否正確，因為財務會計報告是以帳戶的期末餘額和本期發生額為基礎進行編製的。帳戶的記錄發生錯誤將直接影響會計報表信息的準確性。因此，合理地設置帳戶，正確地將經濟業務記入帳戶，是會計核算工作最基本、最重要的環節。

（三）會計科目與帳戶的聯繫和區別

帳戶是根據會計科目設置的，會計科目是帳戶的名稱，但帳戶與會計科目是兩個不同的概念，它們之間既有聯繫又有區別。帳戶與會計科目之間的聯繫表現在：二者都是對會計對象的具體內容即對會計要素進行的分類，故二者的名稱和反應的內容是一致的，二者的性質與分類也是一致的。它們之間的本質區別是：會計科目僅僅是對會計要素具體內容進行分類的項目名稱，會計科目只表明某項經濟內容，而帳戶不僅表明相同的經濟內容，而且還具有一定的結構格式，並通過其結構反應某項經濟內容的增減變動情況。由於帳戶是根據會計科目設置的，並按照會計科目命名，兩者的稱謂及核算內容完全一致，因而在實際工作中，會計科目與帳戶往往作為同義語來理解，互相通用，不嚴格加以區分。

二、帳戶的格式和結構

帳戶與會計科目的區別在於帳戶具有一定的格式和結構，用來分類連續地記錄和反應會計要素增減變動情況及其結果。帳戶的格式和結構是指帳戶的組成部分，以及如何在帳戶中記錄會計要素的增加、減少及其餘額。由於經濟業務所引起的各項會計要素的變動，從數量上看不外是增加和減少兩種情況，因此，帳戶的結構也相應地分為兩個基本部分，用來分別記錄各會計要素的增加額和減少額。帳戶的基本結構通常劃分為左、右兩方，一方登記增加額，另一方登記減少額。至於哪一方登記增加額，哪一方登記減少額，則由所採用的記帳方法和所記錄的經濟內容決定。帳戶的基本結構不會因企業實際所使用的帳戶具體格式不同而發生變化。通常用一條水平線和一條將水平線平分的垂直線來表示帳戶的基本結構，這種被簡化的帳戶格式稱為T型帳戶（亦稱丁字型帳戶），其格式如圖3-1所示。

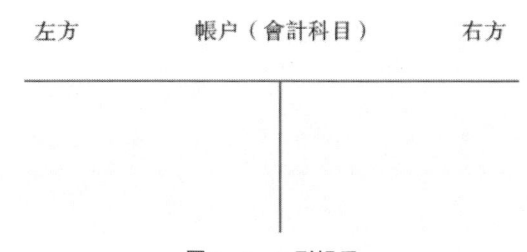

左方　　　　帳戶（會計科目）　　　　右方

圖3-1　T型帳戶

把帳戶的基本結構具體地做成固定格式，就形成了帳簿中的帳頁。當然對於一個完整的帳戶而言，除了必須有反應增加額和減少額兩欄外，還應包括其他欄目，以反應其他相關內容，這些內容都體現在帳簿中。因此，帳簿中一個完整的帳戶結構一般應包括以下內容（見表3-3）：①帳戶的名稱，即會計科目；②日期，即經濟業務發生的日期；③憑證編號，即帳戶記錄的來源和依據；④摘要，即經濟業務的簡要說明；⑤金額，即增加額、減少額和餘額。

表 3－3　　　　　　　　　帳戶名稱（會計科目）　　　　　　　單位：元

日期	憑證編號	摘要	增加額	減少額	余額

上述帳戶格式是手工記帳經常採用的格式，其中有專設的兩欄，分別記錄經濟業務的增加額和減少額，增減相抵后的差額，稱為帳戶的余額。余額按其表示的時間不同，分為期初余額和期末余額。一個會計期間開始時記錄的余額稱為期初余額，結束時記錄的余額稱為期末余額。在連續登記帳戶的情況下，帳戶的本期期末余額即為下期期初余額。因此，每個帳戶一般有四個金額要素，即期初余額、本期增加發生額、本期減少發生額和期末余額。帳戶如有期初余額，首先應當在記錄增加額的那一方登記，經濟業務發生后，要將增減內容記錄在相應的欄內。將一定期間記錄的帳戶增加方的金額進行合計，稱為增加發生額；將一定期間記錄的帳戶減少方的金額進行合計，稱為減少發生額。正常情況下，帳戶這四個金額要素之間的關係如下：

本期期末余額 = 本期期初余額 + 本期增加發生額 − 本期減少發生額

每個帳戶的本期發生額反應的是該類經濟內容在本期內變動的情況，而期末余額則反應的是變動的結果。在教學過程中，通常將每類經濟業務的本期增加發生額、本期減少發生額和期末（期初）余額都分別記入 T 型帳戶左右兩方來表示。如，某企業某一期間「銀行存款」帳戶的記錄如圖 3－2 所示：

左方	銀行存款	右方
期初余額　100 000		
本期增加　50 000	本期減少	30 000
80 000		60 000
本期增加發生額 130 000	本期減少發生額 90 000	
期末余額　140 000		

圖 3－2　T 型帳戶記錄

根據圖 3－2 帳戶記錄，可以清楚瞭解到銀行存款帳戶期初余額為 100,000 元，本期增加發生額合計 130,000 元，本期減少發生額合計 90,000，期末余額 140,000元。

三、帳戶的分類

為了核算複雜的經濟業務，需要設置一系列的帳戶。每個帳戶都有不同的核算內容，其用途和結構也不盡相同，但彼此間卻存在著密切的聯繫，構成一個完整的帳戶體系。通過瞭解帳戶在不同標準下的具體分類，掌握帳戶的用途、結構及其反應的經濟內容，能更好地運用帳戶進行經濟業務核算。

（一）帳戶按其內容分類

帳戶最本質的特徵在於它所能反應的經濟內容。帳戶按經濟內容分類是帳戶分類的基礎。由於我國《企業會計準則——應用指南》將會計科目分為資產類科目、負債類科目、所有者權益類科目、共同類科目、成本類科目和損益類科目六大類，因此根據會計科目開設的帳戶也分為六大類：資產類帳戶、負債類帳戶、所有者權益類帳戶、共同類帳戶、成本類帳戶和損益類帳戶。

1. 資產類帳戶

資產類帳戶是指根據資產類會計科目開設的帳戶。這類帳戶是用來反應當期企業資產的增減變動及其期初期末的結存情況。

2. 負債類帳戶

負債類帳戶是指根據負債類會計科目開設的帳戶。這類帳戶是用來反應當期企業債務的增減變動及其期初期末結存情況的帳戶。

3. 所有者權益類帳戶

所有者權益類帳戶是指根據所有者權益科目開設的帳戶。這類帳戶是用來反應企業所有者權益增減變動及其期初期末結存情況的帳戶。

4. 共同類帳戶

共同類帳戶是指根據共同類會計科目開設的帳戶。這類帳戶兼有資產類和負債類帳戶的特點，其性質視帳戶的餘額而定，在借貸記帳法下，餘額在借方表示為資產，餘額在貸方表示為負債，如「衍生工具」「套期工具」「被套期項目」等帳戶。

5. 成本類帳戶

成本類帳戶是指根據成本類會計科目開設的帳戶。這類帳戶是用來歸集在生產產品和提供勞務過程中發生的各項成本費用。該類帳戶主要用來計算產品和勞務的成本，如「生產成本」「製造費用」「勞務成本」等。成本類帳戶與資產類帳戶的關係十分密切，企業各項資源在耗費之前表現為資產，資產一經生產耗用就轉化為成本費用。因此，成本類帳戶的期末餘額屬於資產。

6. 損益類帳戶

損益類帳戶是指根據損益類會計科目開設的帳戶。這類帳戶與損益的計算直接相關，包括那些用來反應各項收入和各類費用支出的帳戶。按損益的性質和內容不同，可以分為以下三類：①反應營業損益的帳戶，如「主營業務收入」「主營業務成本」「其他業務收入」「其他業務成本」「銷售費用」等帳戶。②反應營業外收支

的帳戶，如「營業外收入」「營業外支出」等帳戶。③反應所得稅的帳戶，如「所得稅費用」帳戶。這類帳戶的期末必須將相關數據結轉到「本年利潤」帳戶的借方或貸方，因此，期末沒有餘額。

(二) 帳戶按提供信息的詳細程度分類

帳戶是根據會計科目設置的，而會計科目又分為總分類科目和明細科目，因此，帳戶按所提供信息的詳細程度和統馭關係則分為總分類帳戶和明細分類帳戶。

1. 總分類帳戶

根據總分類會計科目開設總分類帳戶，用以提供總括分類的核算指標。總分類帳戶一般只用貨幣作為計量單位，如「原材料」總分類帳戶提供有關材料增減變動及其結存總額等總括資料，但它只能總括地反應材料的總和，不能詳細說明每一種材料的數量及金額的增減變化及其結存情況。

2. 明細分類帳戶

根據明細分類會計科目開設的明細分類帳戶除了用貨幣作為計量單位外，有的還用實物量度（如件、千克等）來滿足明細核算的需要。如在「原材料」帳戶下，按照每一種材料分別設置明細分類帳戶，詳細、具體地反應每種材料的數量及金額的增減變化及其結存情況。

總分類帳戶和所屬的明細分類帳戶的核算內容是相同的，只是反應經濟業務的詳細程度不同。總分類帳戶是所屬明細分類帳戶的總括資料，明細分類帳戶是總分類帳戶的具體詳細的說明。因此，有時又把總分類帳戶稱為「統馭帳戶」，而把明細分類帳戶稱為「輔助帳戶」。

(三) 帳戶按與會計報表的關係分類

帳戶按與會計報表的關係分類，可以分為資產負債表帳戶和利潤表帳戶。

1. 資產負債表帳戶

資產負債表帳戶是指編製資產負債表所要依據的帳戶。資產負債表帳戶包括資產類帳戶、負債類帳戶、所有者權益類帳戶和共同類帳戶四類，分別與資產負債表中的資產、負債和所有者權益項目相對應。如果「生產成本」帳戶期末有借方余額，表示在產品的成本，也應列入資產負債表的存貨項目。

2. 利潤表帳戶

利潤表帳戶，也稱為損益表帳戶，是指編製利潤表所依據的帳戶。利潤表帳戶包括收入類帳戶和費用支出類帳戶兩類。這類帳戶是根據利潤表的項目設置的。

帳戶按列入會計報表進行分類，目的在於通過這些帳戶的具體核算，提供編製會計報表所需要的數據資料。

(四) 帳戶按期末余額分類

帳戶按期末余額分類，分為實帳戶和虛帳戶兩類。

1. 實帳戶

實帳戶，又稱為永久性帳戶，通常是指期末結帳后有余額的帳戶。實帳戶的期末

余額代表著企業的資產、負債和所有者權益。在借貸記帳法下,實帳戶按期末餘額的方向,又可以分為借方餘額帳戶和貸方餘額帳戶。借方餘額帳戶是指帳戶的借方發生額表示增加,貸方發生額表示減少,期末餘額一定在借方的帳戶。資產類帳戶一般都是借方餘額。貸方餘額帳戶是指帳戶的貸方發生額表示增加,借方發生額表示減少,期末餘額一定在貸方的帳戶。負債類和所有者權益類帳戶的期末餘額一般都在貸方。

2. 虛帳戶

虛帳戶,又稱為臨時性帳戶,通常是指期末結帳後無餘額的帳戶。因為它們只在經營期間存在發生額,而在期末因結轉而餘額不存在,所以稱為臨時性帳戶。虛帳戶的發生額反應企業的損益情況,因此損益表帳戶通常都是虛帳戶。

複習思考題

一、名詞解釋

1. 會計科目
2. 總分類科目
3. 明細分類科目
4. 帳戶
5. 實帳戶
6. 虛帳戶

二、單選題

1. 下列關於帳戶期末餘額的表述正確的是( )。
A. 本期期末餘額＝本期期初餘額
B. 本期期末餘額＝本期期初餘額＋本期增加發生額－本期減少發生額
C. 本期期末餘額＝本期增加發生額＋本期減少發生額
D. 本期期末餘額＝本期期初餘額＋本期減少發生額－本期增加發生額
2. 下列關於帳戶結構說法正確的是( )。
A. 帳戶一方如果記增加,另一方肯定記減少
B. 帳戶左方固定記增加,右方固定記減少
C. 帳戶左方固定記減少,右方固定記增加
D. 帳戶左右雙方同時記增加
3. 下列項目中,屬於資產類帳戶的有( )。
A. 應付帳款   B. 累計折舊
C. 財務費用   D. 本年利潤
4. 製造費用按經濟內容分類屬於( )帳戶。
A. 資產類   B. 損益類
C. 成本類   D. 所有者權益類

5. 關於會計科目的表述，錯誤的是（　　）。
   A. 會計科目是帳戶的名稱
   B. 會計科目是對會計要素進一步分類
   C. 會計科目是對會計對象所作的基本分類
   D. 會計科目不具有結構

6. 明細分類帳戶是根據（　　）開設的。
   A. 資產類科目　　　　　　　　B. 損益類科目
   C. 總分類科目　　　　　　　　D. 明細分類科目

7. 下列關於總分類帳戶說法錯誤的是（　　）。
   A. 根據總分類會計科目開設　　B. 提供總括分類的核算指標
   C. 一般只用貨幣作為計量單位　D. 可用實物量度來滿足核算的需要

8. 帳戶最基本的分類是（　　）。
   A. 按經濟內容分類　　　　　　B. 按級次分類
   C. 按期末是否有餘額分類　　　D. 按列入會計報表分類

9. 下列按經濟內容分類，屬於成本類帳戶的是（　　）。
   A. 生產成本　　　　　　　　　B. 原材料
   C. 在途物資　　　　　　　　　D. 在建工程

10. 下列關於共同類帳戶，說法錯誤的是（　　）。
    A. 根據共同類會計科目開設的帳戶
    B. 兼有資產類和負債類帳戶的特點
    C. 其性質視帳戶的餘額而定，在借貸記帳法下，餘額在借方表示為資產，餘額在貸方表示為負債
    D. 兼有資產類和所有者權益帳戶的特點

三、多選題

1. 「應收帳款——四川食品公司」帳戶屬於（　　）。
   A. 資產類帳戶　　　　　　　　B. 負債類帳戶
   C. 總分類帳戶　　　　　　　　D. 明細分類帳戶
   E. 收入類帳戶

2. 下列項目中，屬於資產類帳戶的有（　　）。
   A. 應收帳款　　　　　　　　　B. 累計折舊
   C. 預收帳款　　　　　　　　　D. 本年利潤
   E. 利潤分配

3. 下列項目中，屬於負債類帳戶的有（　　）。
   A. 應付帳款　　　　　　　　　B. 預付帳款
   C. 預收帳款　　　　　　　　　D. 本年利潤

E. 營業稅金及附加
4. 下列關於會計科目和帳戶的關係說法正確的是（　　）。
A. 會計科目是帳戶的名稱
B. 帳戶是根據會計科目在帳簿中開設的戶頭
C. 會計科目只是一種分類，不具有結構
D. 帳戶具有一定格式和結構
E. 帳戶只是一種分類，不具有結構
5. 設置會計科目時應遵循下列基本原則（　　）。
A. 應結合會計要素的特點，全面、系統地反應會計要素的內容
B. 應保持適應性與穩定性相結合
C. 應做到統一性和靈活性相結合
D. 應結合會計目標的要求，滿足信息使用者的需要
E. 會計科目名稱要言簡意賅，並進行適當的分類和編號
6. 我國《企業會計準則——應用指南》將會計科目分為以下（　　）類。
A. 資產類科目　　　　　　　　B. 負債類科目
C. 所有者權益類科目　　　　　D. 成本類科目
E. 損益類科目
7. 帳戶結構一般應包括以下內容（　　）。
A. 帳戶的名稱　　　　　　　　B. 日期
C. 憑證編號　　　　　　　　　D. 摘要
E. 金額
8. 會計科目按提供核算指標的詳細程度進行分類，可分為（　　）。
A. 總分類科目　　　　　　　　B. 資產類科目
C. 共同類科目　　　　　　　　D. 明細分類科目
E. 資產負債表類科目
9. 下列屬於虛帳戶的是（　　）。
A. 銷售費用　　　　　　　　　B. 製造費用
C. 主營業務收入　　　　　　　D. 本年利潤
E. 預收帳款
10. 帳戶按與會計報表的關係分類，可以分（　　）。
A. 資產負債表帳戶　　　　　　B. 利潤表帳戶
C. 現金流量表帳戶　　　　　　D. 所有者權益變動表帳戶
E. 合併會計報表帳戶

四、判斷題

1. 總分類帳戶和所屬的明細分類帳戶的核算內容是相同的，只是反應經濟業務

的詳細程度不同。   ( )
2. 期末沒有余額的帳戶都是虛帳戶。   ( )
3. 收入費用類帳戶是虛帳戶。   ( )
4. 帳戶是根據會計科目開設的，所以帳戶就是會計科目，兩者沒有區別。
                                                    ( )
5. 會計科目是帳戶的名稱，具有一定格式和結構，可以反應會計要素的增減變動。
                                                    ( )
6. 會計科目按提供核算指標的詳細程度進行分類，可分為總分類科目和明細分類科目。
                                                    ( )
7. 會計科目是對會計要素所作的進一步分類。相應地，我國《企業會計準則——應用指南》將會計科目分為資產、負債、所有者權益、收入、費用和利潤六大類。
                                                    ( )
8. 帳戶按其所反應的經濟內容分類是帳戶分類的基礎。   ( )
9. 明細分類帳戶是總分類帳戶的具體詳細的說明，又稱為統馭帳戶。 ( )
10. 資產類、負債類及所有者權益類帳戶是實帳戶。   ( )

五、業務題

目的：練習會計科目和會計帳戶的分類。
資料：下列是華聯有限責任公司有關的業務。
(1) 存放在出納處的庫存現金。
(2) 存在開戶銀行裡的款項。
(3) 企業購買的機器設備。
(4) 企業向銀行借入的3個月期限的臨時週轉借款。
(5) 向銀行借入期限為2年的借款。
(6) 應付給外單位的材料款。
(7) 收到所有者投入的資本。
(8) 客戶所欠的貨款。
(9) 應支付的職工工資。
(10) 支付的銀行利息。
(11) 以前年度累積的未分配利潤。
(12) 企業管理部門的辦公用品費。
(13) 企業銷售產品的收入。
(14) 企業車隊對外出租汽車的收入。
(15) 倉庫中存放的已完工產品。
(16) 在加工中的在產品。
(17) 企業的廣告費。

（18）倉庫中存放的材料。
（19）按合同約定預付的購買材料款。
（20）按合同約定預收的銷售商品款。

要求：（1）請判斷各項經濟業務所涉及科目名稱。
（2）按經濟內容分類，指出上述會計科目所屬的類別。
（3）對上述會計科目對應設置的帳戶按期末是否有余額分類。

六、案例分析題

資料：9月1日開學時，小明從家裡帶來現金500元；9月15日，爸爸來學校看他給了現金1,000元；9月20日，他花了現金300元給飯卡充值。請問：
（1）到9月30日他還有多少現金？
（2）小明可以設置哪個帳戶來核算他現金的增減變動及結余情況？
（3）說明該帳戶的四個數量指標以及它們之間的關係。

第四章
複式記帳

本章詳細闡述了會計核算的基本原理和方法。通過本章的學習，要求瞭解記帳方法的種類；理解複式記帳的理論依據；熟練掌握借貸記帳法下帳戶結構、記帳規則和試算平衡；瞭解會計帳戶的對應關係與對應帳戶；掌握會計分錄的具體編製方法；掌握總分類帳戶與明細分類帳戶的平行登記方法。本章學習的重點是複式記帳的理論依據、借貸記帳法的記帳符號、帳戶結構、記帳規則和試算平衡；運用借貸記帳方法編製會計分錄；總分類帳戶與明細分類帳戶的平行登記及其平衡關係。本章學習的難點是借貸記帳法的記帳符號、帳戶結構、記帳規則和試算平衡；運用借貸記帳方法編製會計分錄。

第一節 複式記帳原理

一、記帳方法概述

（一）記帳方法

在會計核算體系中，設置會計科目和帳戶后，還需要採用一定的記帳方法將會計要素的增減變動登記在帳戶中。記帳方法是根據一定的原理將經濟業務記入帳戶的技術方法。具體而言，是根據單位所發生的經濟業務（或會計事項），採用特定的記帳符號並運用一定的記帳原理（程序和方法），在帳簿中進行登記的方法。從會計產生和發展歷史來看，它經歷了從單式記帳法到複式記帳法的發展歷程。

（二）記帳方法的種類

按照登記經濟業務方式的不同，記帳方法可以分為單式記帳法和複式記帳法兩種。

1. 單式記帳法

單式記帳法是對發生的每一筆經濟業務，只在一個帳戶中進行登記的記帳方法。這種記帳方法一般只記錄現金和銀行存款的收付業務及債權債務結算業務，而不登記實物的收付業務。例如，「以銀行存款 1,000 元購買原材料」這筆經濟業務，若採用單式記帳法記帳，只在「銀行存款」帳戶上記錄銀行存款減少 1,000 元，不同

時在「原材料」帳戶上記錄原材料增加 1,000 元。顯然，這種記帳方法只能反應經濟業務的一個側面，不能清晰地反應銀行存款減少的原因以及「銀行存款」和「原材料」之間存在的關係。

單式記帳法是比較簡單、不完整的記帳方法，其帳戶與帳戶之間沒有必然的內在聯繫，會計記錄之間也不存在相互鉤稽的關係，因此，不能全面、系統地反應經濟業務的來龍去脈，也不便於檢查帳簿記錄的正確性。單式記帳法適用於經濟業務簡單的企業，而難以適應經濟業務比較複雜的企業單位的要求。15 世紀前后隨著複式記帳法的採用和完善，單式記帳法逐漸被複式記帳法取代，目前一般不採用。

2. 複式記帳法

複式記帳法是從單式記帳法發展演變而來的。複式記帳法是指對每一筆經濟業務所引起的資金增減變動，都要以相等的金額同時在兩個或兩個以上相互聯繫的帳戶中進行登記的方法。相對於單式記帳法，複式記帳法最主要的特點在於會計記錄的雙重性。例如，「以銀行存款 1,000 元購買原材料」這筆經濟業務，若採用複式記帳法記帳，不僅要在「銀行存款」帳戶上記錄銀行存款減少 1,000 元，同時還要在「原材料」帳戶上記錄原材料增加 1,000 元。顯然，這種記帳方法能反應經濟業務的來龍去脈，能清晰地反應「銀行存款」和「原材料」帳戶之間存在的對應關係。

與單式記帳法相比，複式記帳法是一種科學的記帳方法，優點主要有以下兩點：

（1）對發生的每一筆經濟業務都要在兩個或兩個以上相互聯繫的帳戶中登記，使得各帳戶之間形成了嚴密的對應關係，不僅可以瞭解每一項經濟業務涉及資金運動的來龍去脈，還可以通過各個會計要素的增減變化全面地、系統地瞭解企業整個資金運動的過程和結果，為經濟管理提供需要的會計信息。

（2）由於複式記帳法要求以相等的金額在兩個或兩個以上相互聯繫的帳戶中同時登記，因此可以對帳戶記錄的結果進行試算平衡，以檢查帳簿記錄的正確性。如果記帳中有錯誤，這種平衡關係就會被破壞。

在我國，複式記帳法按其採用的記帳符號和記帳規則的不同，可以劃分為借貸記帳法、增減記帳法和收付記帳法三種具體方法。其中，以「借」和「貸」作為記帳符號的借貸記帳法是最早產生的複式記帳法，也是世界各國普遍採用的記帳方法。借貸記帳法於 19 世紀初由日本傳入我國，開始在一些企業使用。新中國成立后，為了使借貸記帳法更加通俗、易懂，創建了以「增」和「減」為記帳符號的增減記帳法和以「收」和「付」為記帳符號的收付記帳法，並一度分別在商業企業和行政、事業單位廣泛應用。但是，這兩種記帳方法在記帳規則、試算平衡等方面，均不如借貸記帳法科學、嚴密，而且三種複式記帳方法同時運用，造成全國會計工作十分混亂。因此，為了深化我國經濟體制改革，進一步擴大對外開放，吸引外資，1993 年 7 月 1 日，我國制定了與國際慣例銜接的會計準則，要求所有企業都必須使用借貸記帳法進行帳務處理，之后又要求行政事業單位也從收付記帳法改為借貸記帳法。

記帳方法的統一可以規範會計核算工作和提高信息的可比性，便於與其他國家進行經濟交流。下面只介紹借貸複式記帳法的內容。

二、複式記帳的原理

複式記帳法是一種科學的記帳方法，它是建立在會計等式的基礎上，並以此作為理論依據。基本的會計等式為資產＝負債＋所有者權益。若考慮收入和費用，綜合的會計等式為資產＋費用＝負債＋所有者權益＋收入。會計等式反應了資金運動的內在規律性，任何經濟業務的發生都不會破壞會計等式的恒等。企業的資金運動對會計等式的影響概括起來不外乎四種情形：

（1）會計等式左右雙方同時增加。
（2）會計等式左右雙方同時減少。
（3）會計等式左邊一增一減。
（4）會計等式右邊一增一減。

從上述內容可看出，會計等式主要揭示了三個方面的內容：會計主體各要素之間的數量平衡關係；各會計要素增減變化的相互聯繫；等式有關因素之間的對立統一關係，即等式左邊內部或右邊內部一增一減，存在對立關係，而等式左右雙方同增同減，存在統一關係。這三個關係相應的對複式記帳提出了三個方面的要求：數量平衡關係要求每一次記帳的增加減少的金額要平衡；增減變化的相互關係要求在一個帳戶中記錄的同時必然要在另一個或一個以上相關帳戶中進行記錄；對立統一關係要求按相反方向記帳，即若規定等式左邊資產類和費用類帳戶借方記增加，貸方記減少，則記帳規則必然是有借必有貸，借貸必相等。記帳規則決定了等式右邊帳戶的結構必然和左邊帳戶結構相反，即負債類、所有者權益類和收入類帳戶借方記減少，貸方記增加。

複式記帳正是根據會計等式的上述要求，規定對每一筆經濟業務所引起的資金增減變動，都以相等的金額同時在兩個或兩個以上相互聯繫的帳戶中進行登記。如果企業對經濟業務的登記符合複式記帳原理，記帳的結果必然使一定時期全部帳戶的借貸方金額平衡，期末會計等式左右雙方帳戶借貸餘額的合計數平衡。在任何時點，會計恒等式「資產＝負債＋所有者權益」或「資產＋費用＝負債＋所有者權＋收入」均能成立，即雙方保持著平衡關係。

由此可見，會計等式決定了複式記帳法帳戶的結構、記帳規則和試算平衡，因此，會計等式是複式記帳的理論基礎。

第二節　借貸記帳法

借貸記帳法，就是以「借」「貸」作為記帳符號，按照「有借必有貸、借貸必

相等」的記帳規則，在兩個或兩個以上的帳戶中全面地、相互聯繫地記錄每筆經濟業務的一種複式記帳方法。它是最早的複式記帳方法，也是目前世界各國通用的、最科學的、最完善的複式記帳法。借貸記帳法的理論基礎是會計恒等式，即「資產＝負債＋所有者權益」。其基本內容包括以下幾方面：

一、記帳符號

在複式記帳法下，帳戶的金額欄都分為左右兩方，而借貸記帳法則將左方規定為借方，右方規定為貸方。1494年義大利數學家盧卡・帕喬利出版的專著《算術、幾何、比及比例概要》中對借貸記帳法進行了詳細描述。借貸記帳法起源於12世紀末13世紀初義大利的北方城市，在那個時期，西方資本主義的商品經濟有了初步的發展，為了適應商業資本和借貸資本經營者的需要，逐漸形成了借貸記帳方法。借貸記帳法最先應用於義大利的銀行業中，那時借貸資本家按債權和債務關係開設戶頭，將收進的款項記在債權人名下，稱為「貸」，表示欠人，即債務增加；將付出的款項記在債務人名下，稱為「借」，表示人欠，即債權增加。以此反應銀行業借貸資金往來的情況。這就是「借」「貸」兩字最初的含義，分別表示債權、債務的變化。隨著社會經濟不斷地發展，經濟活動的內容也逐漸複雜起來，借貸記帳法逐漸被推廣應用，不僅應用於貨幣資金的借貸業務，而且應用於非貨幣性業務，並逐漸擴展到登記財產物資及其經營損益等內容的增減變動。這樣「借」「貸」兩字逐漸脫離了原有債權、債務的字面含義，變成純粹的記帳符號，且轉變為會計上的專門術語。到了15世紀，借貸記帳法逐漸發展完善起來，與此同時，西方的會計學者提出了借貸記帳法的理論依據，即「資產＝負債＋所有者權益」這一會計恒等式，這一理論確立了借貸記帳法的記帳規則，進而使借貸記帳法成為一種科學的記帳方法，為世界各國普遍採用。作為記帳符號，「借」和「貸」兩字應該理解為帳戶上兩個對立的方向，即一方表示增加，另一方則表示減少，至於哪一方表示增加，哪一方表示減少，要看帳戶反應的經濟內容和帳戶的性質。

二、帳戶結構

按照借貸記帳法規定，帳戶的基本結構是：每一個帳戶都分為「借」「貸」兩方，通常情況下，帳戶的左方為借方，右方為貸方。帳戶的借貸兩方是對立的、相反的，即對於每個帳戶來說，如果借方記錄增加額，那麼帳戶的貸方一定是登記減少額，反之亦然。那麼一個帳戶既可以記錄增加額，又可以記錄減少額，究竟哪方登記增加金額，哪方登記減少金額，則取決於帳戶所反應的經濟內容和帳戶本身的性質。

（一）資產類帳戶

資產類帳戶的結構為：帳戶的借方登記資產的增加額，貸方登記資產的減少額。在一個會計期間內，借方記錄的合計數稱為本期借方發生額；貸方記錄的合計數稱

為本期貸方發生額；每一會計期間的期末（如月末）將本期借方發生額與本期貸方發生額相比較，其差額稱為期末余額。期末余額的方向一般與增加額方向相同，資產類帳戶的期末余額一般在借方，期末余額將轉入下期，成為下一個會計期間的期初余額。資產類帳戶期末余額的計算可表述為：

期末借方余額＝期初借方余額＋本期借方發生額－本期貸方發生額

資產類帳戶結構如圖4-1所示：

借方	資產類帳戶	貸方
期初餘額		
增加額		減少額
本期發生額		本期發生額
期末餘額		

圖4-1 資產類帳戶的結構

（二）負債和所有者權益類帳戶的結構

負債類帳戶的結構根據會計恒等式，資產要素與負債要素的金額變化關係為同時等額增加或減少，再根據借貸記帳法的記帳規則，資產增加記入借方，則負債同時等額增加必須記入貸方；相反資產減少記入貸方，則負債同時等額減少必須記入借方。同理，期初余額與本期增加額之和一般大於本期減少額（否則帳戶性質也會發生改變，不再是負債，而轉化成了企業的資產），因此余額方向也與增加額方向相同，表示期末尚未償還的負債。借貸記帳法是以「資產＝負債＋所有者權益」這一會計等式為理論依據的，從等式可以看出，資產在等式的左邊，負債和所有者權益在等式的右邊，左右兩邊永遠相等，亦應永遠對立，因此負債和所有者權益類帳戶的結構應該與資產類帳戶的結構相反，即貸方登記負債和所有者權益的增加額，借方登記負債和所有者權益的減少額。每一會計期間的期末（如月末）將借方發生額與貸方發生額進行比較，其差額稱為期末余額。負債和所有者權益類帳戶的期末余額一般在貸方，期末余額將轉入下期，成為下一個會計期間的期初余額。負債和所有者權益類帳戶期末余額的計算可表述為：

期末貸方余額＝期初貸方余額＋本期貸方發生額－本期借方發生額

負債和所有者權益類帳戶的結構如圖4-2所示：

借方	負債和所有者權益類帳戶	貸方
	期初餘額	
減少額	增加額	
本期發生額	本期發生額	
	期末餘額	

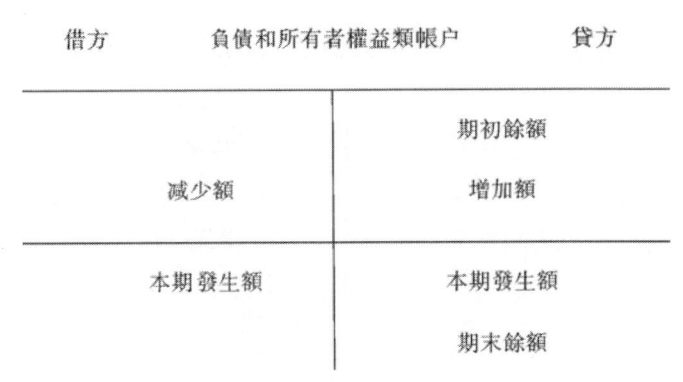

圖 4-2　負債和所有者權益類帳戶的結構

(三) 成本類帳戶

企業在生產產品提供勞務的過程中要有材料、人工等各種耗費，這些耗費在生產中形成產品和勞務的成本，期末若尚未生產完工，就表現為在產品和勞務的成本。因此，可以將成本看作是一種資產。成本類帳戶的結構與資產類帳戶的結構是基本相同的，即帳戶的借方登記成本的增加額，帳戶的貸方登記成本的減少額，期末余額一般在借方。成本類帳戶期末余額的計算可表述為：

期末借方余額 = 期初借方余額 + 本期借方發生額 - 本期貸方發生額

成本類帳戶的結構，同圖 4-1 所示一致。

(四) 損益類帳戶

損益類帳戶按反應的具體內容不同，可以分為收入類帳戶和費用類帳戶。企業的主要目的是獲得利潤，而企業在銷售產品取得收入的同時，也必須付出一定的費用。前已述及，收入最終會導致所有者權益的增加，而費用最終會導致所有者權益的減少，因此，收入類帳戶的結構與所有者權益類帳戶的結構相同，費用類帳戶的結構與所有者權益類帳戶的結構相反。即收入類帳戶的貸方登記收入的增加額，借方登記收入的減少額；費用類帳戶的借方登記費用的增加額，貸方登記費用的減少額。根據「收入 - 費用 = 利潤」這一會計等式，收入和費用最終要轉到「本年利潤」帳戶，因此收入類和費用類帳戶與前述帳戶不同，最終是沒有余額的。收入類和費用類帳戶的結構如圖 4-3、圖 4-4 所示：

借方	收入類帳戶	貸方
本期減少及轉出額		本期增加額
本期發生額		本期發生額

圖4-3　收入類帳戶的結構

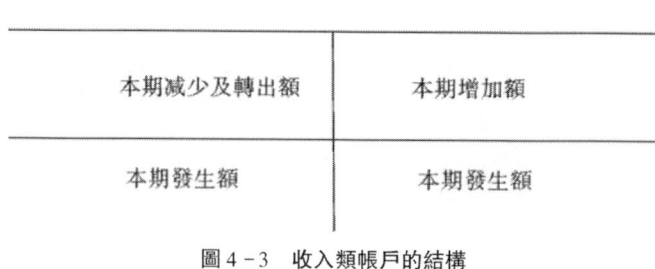

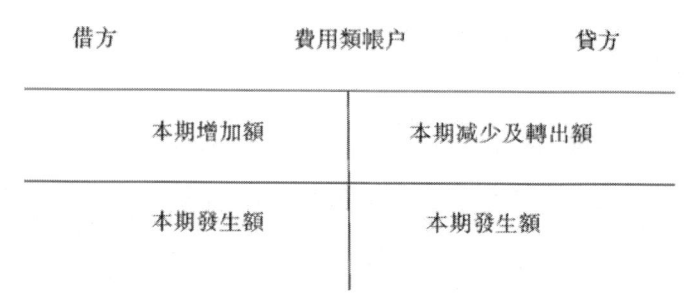

借方	費用類帳戶	貸方
本期增加額		本期減少及轉出額
本期發生額		本期發生額

圖4-4　費用類帳戶的結構

綜上所述，借、貸兩方，對於不同的帳戶所表示的經濟內容不同，總結來看，借字可以表示資產、成本、費用的增加和負債、所有者權益、收入的減少；貸字可以表示資產、成本、費用的減少和負債、所有者權益、收入的增加；各類帳戶的期末餘額一般在其記錄增加的一方。因此，在實際業務中，我們可以根據帳戶餘額所在方向來判斷帳戶的性質，一般來說，資產類帳戶的餘額在借方，負債和所有者權益類帳戶的餘額在貸方。

三、記帳規則

記帳規則是採用複式記帳法時應遵守的法則。根據借貸記帳法帳戶結構的原理，決定了每一筆經濟業務所引起的資金變化，必然在記入有關帳戶借方的同時，也要記入其他相關帳戶的貸方，而且金額相等。因此，根據資金變化的這一規律，可以將借貸記帳法的記帳規則概括為：「有借必有貸，借貸必相等」。「有借必有貸」表示在一個帳戶中記借方，必須同時在另一個或幾個帳戶中記貸方；或者在一個帳戶中記貸方，必須同時在另一個或幾個帳戶中記借方。「借貸必相等」表示記入借方的金額和記入貸方的金額必須相等。

在運用借貸記帳法登記經濟業務時，通常要遵循以下步驟：

首先，根據發生的經濟業務，確定經濟業務所涉及的會計要素及帳戶的類別；

其次，分析經濟業務所涉及的帳戶名稱及其增減的金額；

最后，根據上述分析，確定該經濟業務應記入相關帳戶的借方或貸方，以及各帳戶應記金額，保證借方與貸方的金額相等。

下面以揚城有限責任公司 2014 年 3 月份發生的經濟業務為例來說明借貸記帳法的應用。

【例 4-1】2014 年 3 月 1 日，揚城有限責任公司接受新華公司的投資 100 萬元，款項已經存入銀行。

分析：這筆經濟業務使得揚城有限責任公司的資產和所有者權益兩個會計要素同時增加，一方面使資產增加了 100 萬元，應該在「銀行存款」帳戶的借方登記；另一方面使所有者權益增加了 100 萬元，應該在「實收資本」帳戶的貸方登記（見圖 4-5、圖 4-6）。

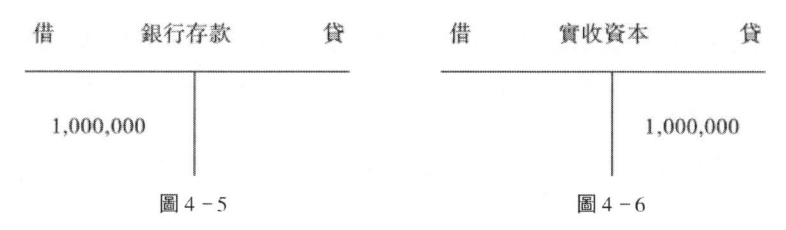

借	銀行存款	貸		借	實收資本	貸
1,000,000						1,000,000
	圖 4-5				圖 4-6	

【例 4-2】2014 年 3 月 3 日，揚城有限責任公司從銀行取得借款 40 萬元，期限為 6 個月，款項已經存入銀行。

分析：這筆經濟業務使得揚城有限責任公司的資產和負債兩個會計要素同時增加，一方面使資產增加了 40 萬元，應該在「銀行存款」帳戶的借方登記；另一方面使負債增加了 40 萬元，應該在「短期借款」帳戶的貸方登記（見圖 4-7、圖 4-8）。

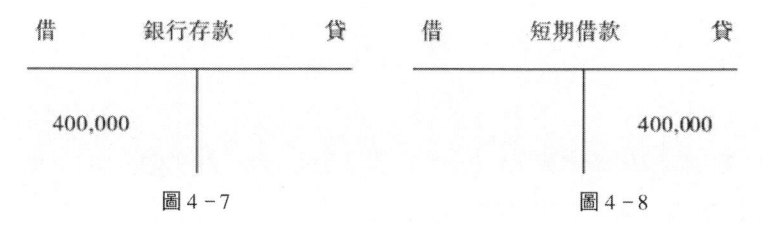

借	銀行存款	貸		借	短期借款	貸
400,000						400,000
	圖 4-7				圖 4-8	

【例 4-3】2014 年 3 月 10 日，揚城有限責任公司用銀行存款 10 萬元買入一臺機器設備，已投入使用。

分析：這筆經濟業務使得揚城有限責任公司的資產這個會計要素發生變化，出現了資產內部一增一減的情況。一方面付出款項使資產減少了 10 萬元，應該在「銀行存款」帳戶的貸方登記；另一方面購入機器設備使資產增加了 10 萬元，應該在「固定資產」帳戶的借方登記（見圖 4-9、圖 4-10）。

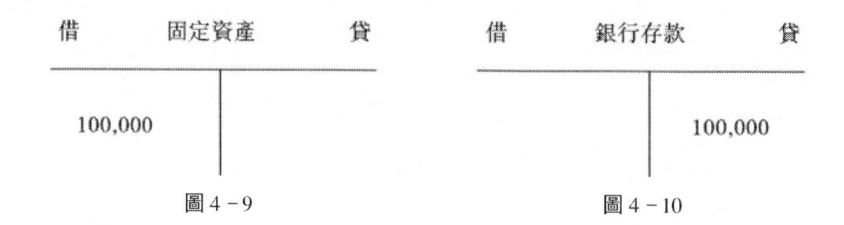

```
借        固定資產        貸           借        銀行存款        貸
              │                                    │
           100,000                              100,000

           圖 4-9                              圖 4-10
```

【例4-4】2014 年 3 月 11 日，揚城有限責任公司向東方公司購入商品 20 萬元，已用銀行存款支付 15 萬元，剩餘 5 萬元貨款暫欠。

分析：這筆經濟業務使得揚城有限責任公司的資產和負債兩個會計要素發生變化，一方面購買商品使資產增加了 20 萬元，應該在「庫存商品」帳戶的借方登記，由於用銀行存款支付，資產同時也減少了 15 萬元，應該在「銀行存款」帳戶的貸方登記；另一方面貨款暫欠，使負債增加了 5 萬元，應該在「應付帳款」帳戶的貸方登記（見圖 4-11、圖 4-12、圖 4-13）。

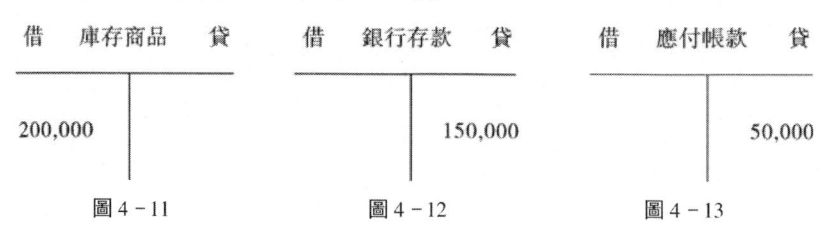

```
借     庫存商品     貸      借     銀行存款     貸      借     應付帳款     貸
          │                          │                          │
       200,000                    150,000                     50,000

       圖 4-11                    圖 4-12                     圖 4-13
```

【例4-5】2014 年 3 月 15 日，揚城有限責任公司用銀行存款償還前欠東方公司貨款 2 萬元。

分析：這筆經濟業務使得揚城有限責任公司的資產和負債兩個會計要素同時減少，一方面使資產減少了 2 萬元，應該在「銀行存款」帳戶的貸方登記；另一方面使負債減少了 2 萬元，應該在「應付帳款」帳戶的借方登記（見圖 4-14、圖 4-15）。

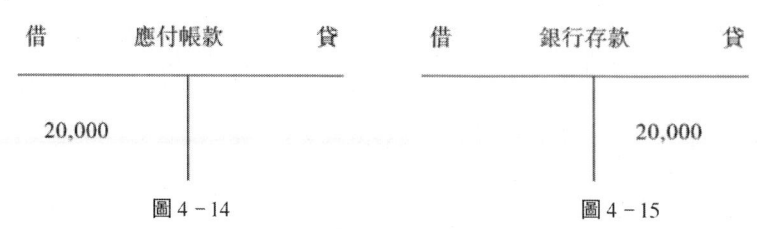

```
借        應付帳款        貸           借        銀行存款        貸
              │                                    │
           20,000                              20,000

           圖 4-14                             圖 4-15
```

【例4-6】2014 年 3 月 15 日，揚城有限責任公司用現金支票從銀行提取現金 1,000 元，以供零星使用。

分析：這筆經濟業務使得揚城有限責任公司的資產這個會計要素發生變化，出現了資產內部一增一減的情況。一方面開出現金支票使資產減少了 1,000 元，應該

在「銀行存款」帳戶的貸方登記；另一方面提取現金使資產增加了 1,000 元，應該在「庫存現金」帳戶的借方登記（見圖 4-16、圖 4-17）。

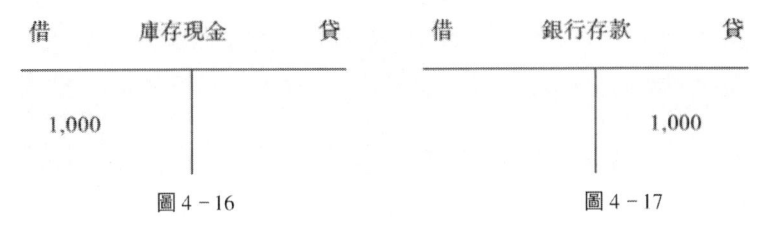

```
    借    庫存現金    貸              借    銀行存款    貸
              |                              |
          1,000                                    1,000

         圖 4-16                              圖 4-17
```

【例 4-7】2014 年 3 月 20 日，揚城有限責任公司銷售產品取得收入 20 萬元，款項已經存入銀行。

分析：這筆經濟業務使得揚城有限責任公司的資產和收入兩個會計要素同時增加，一方面銷售收到貨款使資產增加了 20 萬元，應該在「銀行存款」帳戶的借方登記；另一方面銷售產品使收入增加了 20 萬元，應該在「主營業務收入」帳戶的貸方登記（見圖 4-18、圖 4-19）。

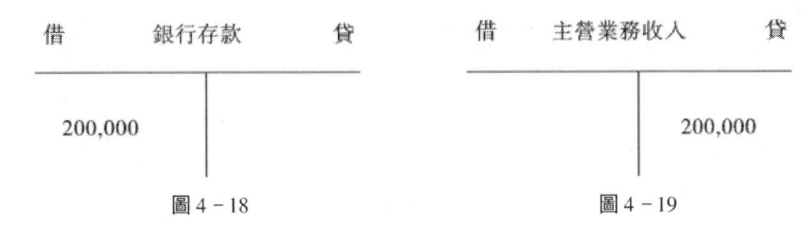

```
    借    銀行存款    貸              借   主營業務收入   貸
              |                              |
        200,000                                  200,000

         圖 4-18                              圖 4-19
```

【例 4-8】月末，結轉已售產品成本 15 萬元。

分析：這筆經濟業務使得揚城有限責任公司的費用和資產兩個會計要素發生變化，一方面銷售產品使資產減少了 15 萬元，應該在「庫存商品」帳戶的貸方登記；另一方面使銷售成本增加了 15 萬元，應該在「主營業務成本」帳戶的借方登記（見圖 4-20、圖 4-21）。

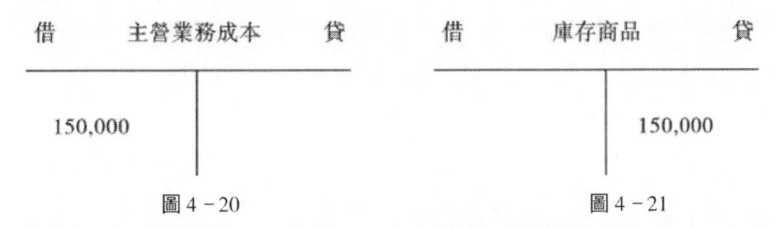

```
    借   主營業務成本   貸              借    庫存商品    貸
              |                              |
        150,000                                  150,000

         圖 4-20                              圖 4-21
```

【例 4-9】月末，將上述主營業務成本帳戶余額結轉至「本年利潤」帳戶。

分析：這筆經濟業務使得揚城有限責任公司的費用和所有者權益兩個會計要素同時減少，一方面使主營業務成本轉出了 15 萬元，在「主營業務成本」帳戶的貸方登記；另一方面使所有者權益減少，在「本年利潤」帳戶的借方登記 15 萬元（見

圖4-22、圖4-23)。

```
借        本年利潤        貸           借       主營業務成本      貸

              150,000                                    150,000

            圖4-22                                     圖4-23
```

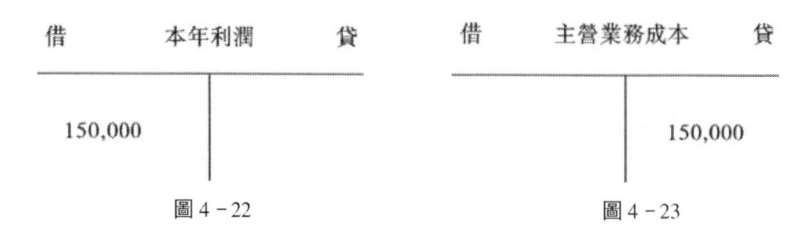

【例4-10】月末,將上述主營業務收入帳戶余額結轉至「本年利潤」帳戶。

分析:這筆經濟業務使得揚城有限責任公司的收入和所有者權益兩個會計要素發生變化,一方面使主營業務收入轉出了20萬元,在「主營業務收入」帳戶借方登記;另一方面使所有者權益增加,在「本年利潤」帳戶的貸方登記20萬元(見圖4-24、圖4-25)。

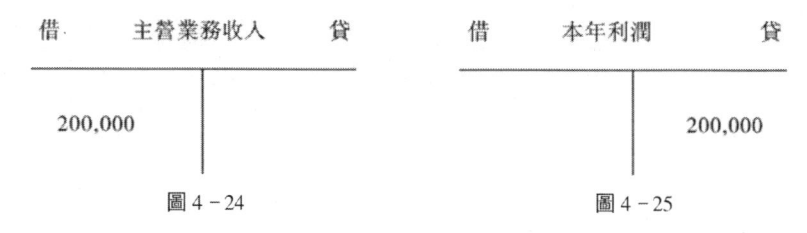

```
借       主營業務收入      貸           借        本年利潤       貸

              200,000                                    200,000

            圖4-24                                     圖4-25
```

通過上述分析可看出,採用借貸記帳法,在每項經濟業務發生後,都會在相關帳戶中形成一種相互對立又相互依存的關係,這種借方帳戶與貸方帳戶之間的相互依存的關係,稱為帳戶的對應關係,具有對應關係的帳戶稱為對應帳戶。如【例4-7】「2014年3月20日,揚城有限責任公司銷售產品取得收入20萬元,款項已經存入銀行」這一經濟業務中,「銀行存款」與「主營業務收入」之間存在對應關係,因此「銀行存款」與「主營業務收入」就形成了對應帳戶,即「銀行存款」的對應帳戶是「主營業務收入」,反之,「主營業務收入」的對應帳戶是「銀行存款」。帳戶之間對應關係的存在是因為會計恒等式恒等關係的存在,反過來說這種帳戶之間的對應關係是會計恒等關係的具體表現,應用這種對應關係可以瞭解經濟業務的來龍去脈,可以檢查帳戶記錄是否正確。

企業的經濟業務紛繁複雜,為了準確地將經濟業務及時登記到相應帳戶中,在經濟業務發生後首先要編製會計分錄。會計分錄是按照借貸記帳法記帳規則的要求,標明某項經濟業務應借應貸帳戶名稱及金額的一種記錄。即會計分錄包括三個要素:帳戶的名稱、方向(「借」或「貸」)和金額。在實際工作中,編製會計分錄是通過填製記帳憑證來完成的。如上述例題在記入帳戶前應編製如下會計分錄:

(1) 借:銀行存款   1,000,000
        貸:實收資本   1,000,000

(2) 借：銀行存款　　　　　　　　　　　　　400,000
　　　貸：短期借款　　　　　　　　　　　　　400,000
(3) 借：固定資產　　　　　　　　　　　　　100,000
　　　貸：銀行存款　　　　　　　　　　　　　100,000
(4) 借：庫存商品　　　　　　　　　　　　　200,000
　　　貸：銀行存款　　　　　　　　　　　　　150,000
　　　　　應付帳款　　　　　　　　　　　　　 50,000
(5) 借：應付帳款　　　　　　　　　　　　　 20,000
　　　貸：銀行存款　　　　　　　　　　　　　 20,000
(6) 借：庫存現金　　　　　　　　　　　　　 1,000
　　　貸：銀行存款　　　　　　　　　　　　　 1,000
(7) 借：銀行存款　　　　　　　　　　　　　200,000
　　　貸：主營業務收入　　　　　　　　　　　200,000
(8) 借：主營業務成本　　　　　　　　　　　150,000
　　　貸：庫存商品　　　　　　　　　　　　　150,000
(9) 借：本年利潤　　　　　　　　　　　　　150,000
　　　貸：主營業務成本　　　　　　　　　　　150,000
(10) 借：主營業務收入　　　　　　　　　　　200,000
　　　貸：本年利潤　　　　　　　　　　　　　200,000

　　通過上述例子，可以看出會計分錄的基本格式為：借方會計科目寫在上面，貸方會計科目向右移兩格寫在借方會計科目的下面，金額用阿拉伯數字，數字後不寫「元」。

　　會計分錄有簡單會計分錄和複合會計分錄之分。簡單會計分錄就是指一個借方帳戶與另一個貸方帳戶相對應所組成的會計分錄，即「一借一貸」的會計分錄。複合會計分錄就是指兩個以上的帳戶相對應組成的會計分錄。它所反應的帳戶對應關係，可以是一個借方帳戶同幾個貸方帳戶發生對應關係，或一個貸方帳戶同幾個借方帳戶發生對應關係，或幾個借方帳戶同幾個貸方帳戶發生對應關係，即「一借多貸、一貸多借或多借多貸」的會計分錄。複合會計分錄實質上是由幾個簡單會計分錄組合成的，如上述【例4-4】的業務所編製的會計分錄，可以分解成以下兩個簡單的會計分錄：

借：庫存商品　　　　　　　　　　　　　　　150,000
　貸：銀行存款　　　　　　　　　　　　　　　150,000
借：庫存商品　　　　　　　　　　　　　　　 50,000
　貸：應付帳款　　　　　　　　　　　　　　　 50,000

　　編製複合會計分錄可以全面反應某些經濟業務的全貌，簡化記帳手續。需要注意的是，多借多貸的複合分錄會混淆帳戶之間的對應關係，不利於帳戶記錄的檢查，

因此為了保持帳戶對應關係清楚，一般不宜把不同類型的經濟業務合併在一起編製多借多貸的會計分錄。

將前述會計分錄編製完成后，還要把相應的金額登記到相應的帳戶上，這個過程稱為過帳。過帳可以分為以下幾個步驟：

（1）根據期初資料開設 T 型總分類帳戶和明細分類帳戶，登記期初余額；
（2）根據會計分錄登記 T 型帳戶的發生額；
（3）期末結出各帳戶本期發生額合計和期末余額；
（4）在登記總分類帳戶和明細帳分類帳戶時，應該採用平行登記法。

由於平行登記法內容較多，為了便於學習，下面例子僅登記總分類帳戶，平行登記法內容請見本節後面的內容。

現假設揚城有限責任公司 2014 年 3 月 1 日成立，期初沒有余額，將 3 月份發生的經濟業務記入帳戶，記錄結果如下（見圖 4-26～圖 4-35）：

借	銀行存款	貸
（1）1,000,000		（3）100,000
（2）400,000		（4）150,000
（7）200,000		（5）20,000
		（6）1,000
本期發生額1,600,000		本期發生額271,000
期末餘額1,329,000		

圖 4-26

借	庫存現金	貸
（6）1,000		
本期發生額1,000		本期發生額0
期末餘額1,000		

圖 4-27

借	實收資本	貸
		（1）1,000,000
本期發生額0		本期發生額1,000,000
		期末餘額1,000,000

圖 4-28

借	固定資產	貸
（3）100,000		
本期發生額100,000		本期發生額0
期末餘額100,000		

圖 4-29

借 　　庫存商品　　 貸		借 　　短期借款　　 貸	
（4）200,000	（8）150,000		（2）400,000
本期發生額200,000	本期發生額150,000	本期發生額0	本期發生額400,000
期末餘額50,000			期末餘額 400,000

　　　　　圖 4－30　　　　　　　　　　　　圖 4－31

借 　　應付帳款　　 貸		借 　　主營業務收入　　 貸	
(5)20,000	（4）50,000	(10)200,000	（7）200,000
本期發生額20,000	本期發生額50,000	本期發生額200,000	本期發生額200,000
	期末餘額30,000		期末餘額0

　　　　　圖 4－32　　　　　　　　　　　　圖 4－33

借 　　主營業務成本　　 貸		借 　　本年利潤　　 貸	
(8)150,000	（9）150,000	(9)150,000	（10）200,000
本期發生額150,000	本期發生額150,000	本期發生額150,000	本期發生額200,000
期末餘額0			期末餘額50,000

　　　　　圖 4－34　　　　　　　　　　　　圖 4－35

四、試算平衡

　　運用借貸記帳法的記帳規則在帳戶上記錄經濟業務的過程中，為了保證或檢查一定時期內所發生的經濟業務在帳戶中登記的正確性和完整性，需要在一定時期終了時，對帳戶記錄進行試算平衡。依據會計恒等式的平衡關係和借貸記帳法的記帳規則，確立科學的、簡便的、用於檢查和驗證帳戶記錄是否正確的方法，以便找出

錯誤及其原因，及時予以改正。這種檢查和驗證帳戶記錄正確性的方法，在會計上稱之為試算平衡。借貸記帳法試算平衡有兩種形式：

(一) 發生額試算平衡

在借貸記帳法下，每一項經濟業務都按照「有借必有貸，借貸必相等」的記帳規則記帳。這樣每一筆經濟業務所編製的會計分錄的借方帳戶金額與貸方帳戶金額相等，而且到期末將該期所有會計分錄的數據進行匯總后，所有帳戶的借方發生額合計與所有帳戶的貸方發生額合計必然也相等。這種平衡關係用公式表示如下：

本期全部帳戶借方發生額合計＝本期全部帳戶的貸方發生額合計

這種依據借貸記帳法記帳規則來檢驗一定時期內帳戶發生額是否正確的方法，稱為發生額試算平衡法。

(二) 余額試算平衡

期末將所有帳戶的余額計算出來后，凡是借方余額的帳戶都表示資產，凡是貸方余額的帳戶都表示負債或所有者權益，根據「資產＝負債＋所有者權益」會計恒等式的平衡原理，所有帳戶的借方余額合計與所有帳戶的貸方余額合計也應相等，即

期末全部帳戶借方余額合計＝期末全部帳戶的貸方余額合計

這種利用會計等式的原理來檢驗一定時期內帳戶余額是否正確的方法，稱為余額試算平衡法。

當每個計算期結束時，在已經結出各帳戶的本期發生額和期末余額后，上述的試算平衡是通過編製「本期發生額試算平衡表」和「期末余額試算平衡表」進行的。根據上述例題揚城有限公司的帳戶記錄編製發生額試算平衡表（如表 4－1 所示）和期末余額試算平衡表（如表 4－2 所示）；也可將本期發生額和期末余額合併在一張表上進行試算平衡（如表 4－3 所示）。

表 4－1　　　　　　　　總分類帳戶發生額試算平衡表

2014 年 3 月 31 日　　　　　　　　單位：元

帳戶名稱	本期發生額	
	借方	貸方
銀行存款	1,600,000	271,000
庫存現金	1,000	
庫存商品	200,000	150,000
固定資產	100,000	
短期借款		400,000
應付帳款	20,000	50,000
實收資本		1000,000

表4-1(續)

帳戶名稱	本期發生額	
	借方	貸方
主營業務成本	150,000	150,000
主營業務收入	200,000	200,000
本年利潤	150,000	200,000
合計	2,421,000	2,421,000

表4-2　　　　　　　　總分類帳戶期末余額試算平衡表

2014年3月31日　　　　　　　　　　　　單位：元

帳戶名稱	期末余額	
	借方余額	貸方余額
銀行存款	1,329,000	
庫存現金	1,000	
庫存商品	50,000	
固定資產	100,000	
短期借款		400,000
應付帳款		30,000
實收資本		1,000,000
本年利潤		50,000
合計	1,480,000	1,480,000

表4-3　　　　　　　　總分類帳戶發生額及期末余額試算平衡表

2014年3月31日　　　　　　　　　　　　單位：元

帳戶名稱	本期發生額		期末余額	
	借方	貸方	借方余額	貸方余額
銀行存款	1,600,000	271,000	1,329,000	
庫存現金	1,000		1,000	
庫存商品	200,000	150,000	50,000	
固定資產	100,000		100,000	
短期借款		400,000		400,000
應付帳款	20,000	50,000		30,000

表4-3(續)

帳戶名稱	本期發生額 借方	本期發生額 貸方	期末余額 借方余額	期末余額 貸方余額
實收資本		1,000,000		1,000,000
主營業務成本	150,000	150,000		
主營業務收入	200,000	200,000		
本年利潤	150,000	200,000		50,000
合計	2,421,000	2,421,000	1,480,000	1,480,000

通過編製期末余額與本月發生額試算平衡表可以檢查本期帳務記錄是否正確。如經過試算期末余額與本月發生額均平衡，可以初步認為本期帳務記錄是正確的。當然試算平衡表並不能發現帳務處理過程中的所有錯誤，有些錯誤，如記帳時將借貸雙方漏記、重記、記錯方向或記錯帳戶等，通過試算平衡是不能發現的，還必須輔以其他檢查方法進行核對，所以，試算平衡只能說明帳戶記錄基本正確。需要注意的是，不管進行發生額試算平衡還是余額試算平衡，所用到的帳戶一般都是總分類帳戶。至於總分類帳戶和明細分類帳戶的發生額試算平衡或余額試算平衡，下面將會進行具體講述。

五、總分類帳戶和明細分類帳戶平行登記

通過上述對借貸記帳法記帳程序的講解和運用，我們知道，企業對發生的每一項經濟業務編製會計分錄后，都要在相關帳戶中進行登記，這個過程稱為過帳。而帳戶按其提供指標的詳細程度不同可分為總分類帳戶和明細分類帳戶。總分類帳戶對其下屬的明細分類帳戶起到控制和統馭的作用，反過來明細分類帳戶對其上級總分類帳戶起到輔助和補充說明作用，兩者的關係是控制與被控制的關係。總分類帳戶和明細分類帳戶的關係，決定了兩者的「平行登記」原則。即對於需要進行明細核算的每一項經濟業務，過帳時，在記入有關的總分類帳戶的同時，也要記入總分類帳戶所屬的明細分類帳戶，而且登記的方向相同，金額相等，這種登記總分類帳戶和明細分類帳戶的方法稱為平行登記。平行登記要點可以概括為以下四方面：

（1）依據相同，即每一項經濟業務發生后，依據相同的會計憑證登記總分類帳戶和所屬明細分類帳戶。

（2）同時登記。「同時」指的是同一個會計期間，即對於同一筆經濟業務，記入總分類帳戶和記入相對應的明細分類帳戶的工作必須在同一個會計期間內完成。

（3）方向相同。對於同一筆經濟業務，記入總分類帳戶和明細分類帳戶的方向應相同，即總分類帳戶記在借方，其所屬明細分類帳戶亦記在借方；總分類帳戶記在貸方，其所屬明細分類帳戶亦記在貸方。

（4）金額相等。對於同一筆經濟業務，記入總分類帳戶的金額應與記入其所屬明細分類帳戶的金額或金額之和相等。下面舉例進行說明。

【例4－11】揚城有限責任公司期初原材料帳戶和應付帳款帳戶的余額資料如表4－4所示。

表4－4 「原材料」帳戶和「應付帳款」帳戶的期初余額　　　　單位：元

帳戶名稱	借方余額	貸方余額
原材料	50,000	
其中：A材料	40,000	
B材料	10,000	
應付帳款		60,000
其中：東方公司		45,000
南海公司		15,000

假設揚城有限責任公司本月發生以下經濟業務（涉及的增值稅忽略）：

（1）向東方公司購進材料17,000元，其中，A材料9,000元，B材料8,000元，款項尚未支付。
（2）向南海公司購進A材料1,800元，B材料6,200元，貨款尚未支付。
（3）生產領用原材料，其中A材料5,000元，B材料2,200元。
（4）用銀行存款償還東方公司部分貨款10,000元，南海公司部分貨款5,000元。

根據上述業務編製會計分錄如下：
（1）借：原材料——A材料　　　　　　　　　　　　　9,000
　　　　　　　——B材料　　　　　　　　　　　　　8,000
　　　貸：應付帳款——東方公司　　　　　　　　　　17,000
（2）借：原材料——A材料　　　　　　　　　　　　　1,800
　　　　　　　——B材料　　　　　　　　　　　　　6,200
　　　貸：應付帳款——南海公司　　　　　　　　　　8,000
（3）借：生產成本　　　　　　　　　　　　　　　　　7,200
　　　貸：原材料——A材料　　　　　　　　　　　　5,000
　　　　　　　——B材料　　　　　　　　　　　　2,200
（4）借：應付帳款——東方公司　　　　　　　　　　10,000
　　　　　　　——南海公司　　　　　　　　　　　5,000
　　　貸：銀行存款　　　　　　　　　　　　　　　　15,000

遵循平行登記的原則，登記原材料和應付帳款總分類帳戶和相應的明細分類帳戶如下（見圖4－36～圖4－41）：

借　　　原材料　　　貸	借　　　應付帳款　　　貸
期初餘額:50,000 （1）17,000 （2）8,000　　　（3）7,200	（4）15,000　　　期初餘額:60,000 　　　　　　　（1）17,000 　　　　　　　（2）8,000
本期發生額25,000　本期發生額7,200	本期發生額25,000
期末餘額67,800	期末餘額70,000
圖4－36	圖4－37

借　　原材料——A材料　　貸	借　　原材料——B材料　　貸
期初餘額:40,000 （1）9,000 （2）1,800　　　（3）5,000	期初餘額:10,000 （1）8,000 （2）6,200　　　（3）2,200
本期發生額10,800　本期發生額5,000	本期發生額14,200　本期發生額2,200
期末餘額45,800	期末餘額22,000
圖4－38	圖4－39

借　　應付帳款——東方公司　　貸	借　　應付帳款——南海公司　　貸
（4）10,000　　　期初餘額:45,000 　　　　　　　（1）17,000	（4）5,000　　　期初餘額:15,000 　　　　　　　（2）8,000
本期發生額10,000　本期發生額17,000	本期發生額5,000　本期發生額8,000
期末餘額52,000	期末餘額18,000
圖4－40	圖4－41

平行登記完畢之后，總分類帳戶和相應的明細分類帳戶之間應滿足以下四組等式關係，可以作為檢驗會計帳簿登記是否正確的標準之一：

(1) 總分類帳戶期初余額＝所屬明細分類帳戶期初余額合計。
(2) 總分類帳戶本期借方發生額＝所屬明細分類帳戶借方發生額合計。
(3) 總分類帳戶本期貸方發生額＝所屬明細分類帳戶貸方發生額合計。
(4) 總分類帳戶期末余額＝所屬明細分類帳戶期末余額合計。

為了保證帳戶記錄的正確性，應經常將總分類帳戶和明細分類帳戶記錄進行核對，保持帳帳相符。核對的一般方法是：先編製有關明細分類帳戶本期發生額及余額表，然后再將其與總分類帳戶核對。根據上例編製「原材料」明細分類帳戶本期發生額和余額表（如表4－5所示）和「應付帳款」明細分類帳戶本期發生額和余額表（如表4－6所示）。

表4－5　　　「原材料」明細分類帳戶本期發生額和余額表　　　單位：元

材料名稱	期初借方余額	本期發生額 借方	本期發生額 貸方	期末借方余額
A材料	40,000	10,800	5,000	45,800
B材料	10,000	14,200	2,200	22,000
合計	50,000	25,000	7,200	67,800

表4－6　　　「應付帳款」明細分類帳戶本期發生額和余額表　　　單位：元

往來單位名稱	期初貸方余額	本期發生額 借方	本期發生額 貸方	期末貸方余額
東方公司	45,000	10,000	17,000	52,000
南海公司	15,000	5,000	8,000	18,000
合計	60,000	15,000	25,000	70,000

由上述兩表可看出，表4－5中合計欄各項數額分別與「原材料」總分類帳戶的期初余額、本期發生額、期末余額相等，表4－6中合計欄各項數額分別與「應付帳款」總分類帳戶的期初余額、本期發生額、期末余額相等，表明「原材料」及「應付帳款」總分類帳戶與其所屬明細分類帳戶的平行登記基本正確。

複習思考題

一、名詞解釋

1. 複式記帳法
2. 借貸記帳法
3. 對應帳戶
4. 會計分錄
5. 試算平衡
6. 平行登記

二、單選題

1. 負債類帳戶期末余額一般在（　　）。
   A. 貸方　　　　　　　　　　　B. 借方和貸方
   C. 借方或貸方　　　　　　　　D. 借方
2. 複式記帳的理論依據是（　）。
   A. 記帳規則　　　　　　　　　B. 會計等式
   C. 會計要素　　　　　　　　　D. 會計科目
3. 所有者權益類帳戶的期末余額等於（　　）。
   A. 期初貸方余額＋本期貸方發生額－本期借方發生額
   B. 期初借方余額＋本期貸方發生額－本期借方發生額
   C. 期初借方余額＋本期借方發生額－本期貸方發生額
   D. 期初貸方余額＋本期借方發生額－本期貸方發生額
4. 期末一般沒有余額的帳戶是（　　）。
   A. 資產類帳戶　　　　　　　　B. 負債類帳戶
   C. 損益類帳戶　　　　　　　　D. 所有者權益類帳戶
5. 累計折舊是（　　）。
   A. 負債類帳戶　　　　　　　　B. 資產類帳戶
   C. 損益類帳戶　　　　　　　　D. 所有者權益類帳戶
6. 簡單會計分錄是指（　　）。
   A. 一借一貸的會計分錄　　　　B. 一借多貸的會計分錄
   C. 一貸多借的會計分錄　　　　D. 多借多貸的會計分錄
7. 用銀行存款償還銀行借款，所引起的變動是（　　）。
   A. 一項資產減少，一項負債增加
   B. 一項資產增加，一項負債減少
   C. 一項資產減少，一項負債減少
   D. 一項資產增加，一項負債增加

8. 負債類帳戶的結構特點是（　　）。
A. 借方登記負債的增加，貸方登記負債的減少，期末餘額在貸方
B. 借方登記負債的減少，貸方登記負債的增加，期末餘額在貸方
C. 借方登記負債的增加，貸方登記負債的減少，期末一般無餘額
D. 借方登記負債的減少，貸方登記負債的增加，期末一般無餘額

9. 按經濟內容分類，下列屬於成本類帳戶的是（　　）。
A. 管理費用　　　　　　　　B. 財務費用
C. 製造費用　　　　　　　　D. 在途物資

10. 帳戶期末餘額在借方時，一般表示為（　　）。
A. 資產　　　　　　　　　　B. 負債
C. 所有者權益　　　　　　　D. 收入

三、多選題

1. 借貸記帳法下，帳戶的哪一方登記增加數，哪一方登記減少數，取決於（　　）。
A. 帳戶所反應的經濟內容　　B. 帳戶本身的性質
C. 記帳的符號　　　　　　　D. 記帳的規則
E. 試算平衡表

2. 下列關於本年利潤帳戶說法正確的是（　　）。
A. 貸方記利潤增加　　　　　B. 借方記利潤減少
C. 屬於所有者權益類帳戶　　D. 屬於實帳戶
E. 屬於損益類帳戶

3. 借貸記帳法下的試算平衡不能發現的錯誤有（　　）。
A. 漏記經濟業務
B. 重記經濟業務
C. 借貸科目顛倒
D. 只登記借方金額，未登記貸方金額
E. 只登記貸方金額，未登記借方金額

4. 借貸記帳法的試算平衡包括（　　）。
A. 發生額試算平衡　　　　　B. 餘額試算平衡
C. 有借必有貸，借貸必相等　D. 平行登記
E. 期末餘額＝期初餘額＋借方發生額－貸方發生額

5. 借貸記帳法下，「借」字表示（　　）。
A. 資產的增加　　　　　　　B. 所有者權益的增加
C. 負債的減少　　　　　　　D. 損益類帳戶的減少
E. 費用的減少

6. 下列帳戶中，貸方登記增加的是（　　）。
A. 主營業務收入　　　　　　　B. 銷售費用
C. 銀行存款　　　　　　　　　D. 實收資本
E. 短期借款

7. 借貸記帳法的試算平衡公式表示為：
A. 期末貸方余額＝期初貸方余額＋本期貸方發生額－本期借方發生額
B. 資產＝負債＋所有者權益＋收入－費用
C. 本期全部帳戶借方發生額合計＝本期全部帳戶的貸方發生額合計
D. 全部帳戶期末借方余額合計＝全部帳戶的期末貸方余額合計
E. 期末余額＝期初余額＋本期借方發生額－本期貸方發生額

8. 下列帳戶借方記增加的有（　　）。
A. 投資收益　　　　　　　　　B. 其他業務收入
C. 主營業務收入　　　　　　　D. 製造費用
E. 應收帳款

9. 總分類帳戶和明細分類帳戶的平行登記要點是（　　）。
A. 依據相同　　　　　　　　　B. 金額相等
C. 方向一致　　　　　　　　　D. 同時登記
E. 數量相等

10. 下列帳戶借方記增加的有（　　）。
A. 管理費用　　　　　　　　　B. 其他業務收入
C. 製造費用　　　　　　　　　D. 財務費用
E. 營業外收入

四、判斷題

1. 會計的記帳方法經歷了從單式記帳到復式記帳的發展歷程。（　　）
2. 復式記帳法是一種科學的記帳方法，它可以完整地反應資金運動的來龍去脈，可以對帳戶記錄的結果進行試算平衡。（　　）
3. 最早的復式記帳法是借貸記帳法，它產生於15世紀。（　　）
4. 復式記帳法的理論依據是會計等式。（　　）
5. 資產類、成本類、費用類帳戶的借方登記增加，貸方登記減少。（　　）
6. 會計分錄包含三個要素：帳戶的名稱、方向和金額。（　　）
7. 負債類、所有者權益類、收入類帳戶的借方登記增加，貸方登記減少。（　　）
8. 復式記帳法的記帳規則是「平行登記」原則。（　　）
9. 在登記總分類帳戶及其所屬的明細帳戶時，應遵守「有借必有貸，借貸必相等」的記帳規則。（　　）

10. 根據會計等式的平衡原理，一定期間所有帳戶的借方發生額合計必然等於所有帳戶的貸方發生額合計。   （ ）

五、業務題

（一）目的：練習借貸記帳法下帳戶的結構

要求：寫出下列帳戶增加、減少是在借方或貸方，若該帳戶有餘額，指出餘額一般在哪一方（借方或貸方）。

帳戶結構

帳戶名稱	增加	減少	餘額
庫存商品			
應收帳款			
預收帳款			
在建工程			
生產成本			
製造費用			
累計折舊			
實收資本			
財務費用			
主營業務收入			
銷售費用			

（二）目的：練習帳戶金額計算方法

資料：華聯有限責任公司 2014 年 12 月有關帳戶的資料如下：

帳戶金額計算表   單位：元

帳戶名稱	期初餘額 借方	期初餘額 貸方	本期發生額 借方	本期發生額 貸方	期末餘額 借方	期末餘額 貸方
原材料	10,000		5,000	（ ）	12,000	
累計折舊		5,000	（ ）	2,000		6,000
預收帳款		（ ）	500	1,000		4,500
應付帳款		12,000	6,000	2,000		（ ）
生產成本	60,000		8,000	（ ）	53,000	
製造費用	0		2,000	（ ）	0	

表(續)

帳戶名稱	期初余額 借方	期初余額 貸方	本期發生額 借方	本期發生額 貸方	期末余額 借方	期末余額 貸方
實收資本		100,000	0	20,000		( )
利潤分配		( )	30,000	80,000		55,000
主營業務收入		( )	60,000	60,000		0
銷售費用	0		3,000	( )	0	

要求：在上表括弧內填上相應金額。

(三) 目的：練習借貸記帳法

資料：華聯有限責任公司2014年1月份發生以下經濟業務。

(1) 以銀行存款購入不需要安裝的機器設備10,000元。
(2) 收到南方公司歸還以前所欠銷貨款60,000元存入銀行。
(3) 生產產品領用庫存材料價值45,000元。
(4) 從銀行提取庫存現金21,000元，備發工資。
(5) 產品生產完畢驗收入庫，結轉完工產品成本為35,000元。
(6) 從銀行借入短期借款200,000元，存入銀行。
(7) 從豐華公司購入材料價值10,000元，材料驗收入庫，貨款暫欠。
(8) 以銀行存款歸還以前所欠豐華公司貨款10,000元。
(9) 收到投資者投入的資本120,000元，存入銀行。
(10) 銷售產品收入2,000元，已存入銀行。

要求：1. 假設不考慮相關稅費，根據上述經濟業務編製會計分錄。
2. 根據上述業務編製發生額試算平衡表。

(四) 目的：練習平行登記

資料：1. 華聯有限責任公司2014年8月1日「原材料」「應付帳款」兩個帳戶的期初余額資料如下：

原材料：
甲材料　　　　1,500千克　　　　單價10元/千克　　　　金額15,000元
乙材料　　　　1,000千克　　　　單價20元/千克　　　　金額20,000元
合計　　　　　　　　　　　　　　　　　　　　　　　　金額35,000元

應付帳款：
樂豐公司　　　　30,000元
融合公司　　　　6,000元
合計　　　　　　36,000元

2. 華聯有限責任公司 2014 年 8 月發生如下經濟業務
(1) 6 日，生產領用材料一批。

甲材料	1,000 千克	單價 10 元/千克	金額 10,000 元
乙材料	500 千克	單價 20 元/千克	金額 10,000 元
合計			金額 20,000 元

(2) 11 日，向樂豐公司購入甲材料 3,000 千克，單價 10 元/千克，材料已經驗收入庫，款項尚未支付。

(3) 25 日，用銀行存款 5,000 元歸還欠融合公司的貨款。

要求：

1. 根據以上經濟業務，編製會計分錄。
2. 採用 T 型帳戶開設原材料總分類帳戶和明細分類帳戶以及應付帳款總帳和明細帳，進行平行登記。

六、案例分析題

資料 1：小李學了複式記帳后，用借貸記帳法對表姐的小本生意進行記錄，基本情況如下：

(1) 2014 年 11 月 10 日，投入本金 1,000 元，向朋友借入 500 元。
(2) 2014 年 11 月 10 日，進貨一批，付貨款 1,200 元。
(3) 2014 年 11 月 25 日，將 11 月 10 日所進貨物銷售，共得貨款 2,000 元，貨款已收。
(4) 2014 年 12 月 2 日，又進貨一批，成本 5,000 元，貨款未付。
(5) 2014 年 12 月 31 日，將 12 月 2 日所進貨物銷售，共得貨款 7,000 元，貨款尚未收到。

要求：請用會計要素分析 2014 年 12 月 31 日該小商鋪的資產、負債、所有者權益和開業以來的收入、費用、利潤各是多少。（不考慮相關稅費）

資料 2：2014 年 12 月 31 日，小李發現期末的余額試算平衡表不平，資產總額小於負債與所有者權益總額 20 元，其妻子打電話給小李，催其回家並詢問加班的原因，當得知這一情況后，其妻子說：自己補 20 元帳不就平了嗎？小李說：試算平衡表不平說明本期帳務記錄肯定存在錯誤，我要把它查出來。小李妻子回答說：我明白了，要等你的試算表平衡了，說明沒有錯帳，你就可以回家了。

要求：請分析小李妻子的說法是否正確。為什麼？

第五章
企業主要經濟業務的核算

本章主要闡述借貸記帳法在製造企業的應用。通過本章的學習，熟悉製造企業主要經濟業務的內容；掌握製造企業主要經濟業務的帳務處理方法及相應帳戶的用途、結構及相互之間的對應關係；瞭解利潤的形成過程及稅后利潤分配的順序；理解收入確認的條件；重點掌握材料採購成本及產品成本構成的計算，財務成果形成及利潤分配業務的帳務處理方法；進一步理解帳戶的用途和結構。本章學習的重點在於熟練運用借貸記帳法對製造企業日常發生的主要經濟業務進行核算。學習的難點是材料採購成本及產品生產成本的計算，利潤的形成及利潤分配，各項主要經濟業務帳務處理過程中相關帳戶的內容及具體應用。

第一節　資金籌集業務的核算

為了進一步掌握借貸記帳法的運用，下面以製造業日常發生的主要經濟業務為例，系統地說明企業如何運用借貸記帳法進行日常帳務處理。製造企業的主要任務是生產產品，其生產經營過程主要包括供應過程、生產過程和銷售過程。製造企業的資金運動包括資金的投入，資金的循環和週轉，資金的退出。首先，企業要從各種渠道籌集生產經營所需要的資金，然后企業運用籌集到的資金開展正常的經營業務。企業從各種渠道籌集的資金，首先表現為貨幣資金形態，隨著生產經營過程的不斷進行，這些資金形態不斷轉化，從貨幣資金依次轉為固定資金、儲備資金、生產資金、成品資金，最終又回到貨幣資金形態，形成經營資金的循環和週轉。最后，企業經營實現的利潤，一部分要以所得稅費用的形式上繳國家，形成國家的財政收入，另一部分即稅后利潤，要按照規定的程序在各有關方面進行合理的分配，如果發生了虧損，還要按照規定的程序進行彌補。通過利潤分配，一部分資金要退出企業，一部分資金要以留存收益等形式繼續參加企業的資金週轉。綜上所述，製造企業在經營過程中發生的主要經濟業務內容包括：資金籌集業務；供應過程業務；生產過程業務；銷售過程業務；財務成果業務。

企業籌集資金是資金運動的起點。企業要進行生產經營業務，就必須擁有經營

活動所需要的資金，這是企業開展生產經營活動的基礎。我國《企業法人登記管理條例》規定，企業在辦理企業法人登記（具備企業法人條件）或營業登記（不具備企業法人條件）時，必須具備符合國家規定並與其生產經營和服務規模相適應的資金數額。企業向工商行政管理部門註冊登記的資本額，稱註冊資本。2013年我國對公司法進行了第四次修改，修改后的公司法自2014年3月1日起施行。公司法修改后，放寬了公司註冊資本的要求，除了法律、行政法規和國務院另有規定外，取消了最低註冊資本要求，也不再要求實繳註冊資本。公司的註冊資本實行認繳制，公司登記機關只登記股東認繳的註冊資本總額，無須登記實收資本，也不再收取驗資證明文件。公司應對股東的出資額、出資時間、出資方式和非貨幣出資繳付比例進行約定並記載於公司章程。

企業的資金來源主要有兩種渠道：一是所有者投入的資本。所有者將資金投入企業進而對企業資產享有要求權，形成企業的所有者權益。二是向債權人借入的資金。債權人將資金借給企業進而對企業資產享有要求權，形成企業的負債。債權人的要求權和投資人的要求權統稱為權益，但由於二者存在著本質區別，兩種權益的會計處理也必然有著顯著的差異。

一、所有者投入資本的核算

所有者投入的資本是企業所有者權益的重要來源之一。企業的所有者權益的來源包括所有者投入的資本、直接計入所有者權益的利得和損失、留存收益等。所有者投入的資本包括實收資本（股本）和資本公積；直接計入所有者權益的利得和損失，是指不應計入當期損益，會導致所有者權益發生增減變動的、與所有者投入資本或者與向所有者分配利潤無關的利得或者損失；留存收益是企業在經營過程中所實現的利潤留存於企業的部分，包括盈余公積和未分配利潤。

（一）實收資本

1. 實收資本的含義

實收資本是指投資者按照企業章程或合同、協議的約定，實際投入企業的資本金以及按照有關規定由資本公積金、盈余公積金轉為資本的資金。它是企業註冊登記的法定資本總額的來源，表明所有者對企業的基本產權關係，是企業永久性的資金來源。股份有限公司對股東投入的資本稱為「股本」，其余企業一般稱為「實收資本」。

2. 實收資本的分類

所有者向企業投入資本，即形成企業的資本金。企業的資本金按照投資主體的不同可以分為國家資本金、個人資本金、法人資本金和外商資本金。國家資本金是指有權代表國家投資的政府部門或者機構以國有資產投入企業形成的資本金。法人資本金是指其他法人單位以其依法可以支配的資產投入企業形成的資本金。個人資本金是指社會公眾以個人合法財產投入企業形成的資本金。外商資本金是指外國投

資者以及我國香港、澳門和臺灣地區投資者向企業投資而形成的資本金。

(二) 資本公積

1. 資本公積的含義

資本公積是指投資者或者他人投入到企業、所有權歸全體投資者所有且金額超過法定資本部分的資本，是企業所有者權益的重要組成部分。資本公積從本質上講屬於投入資本的範疇，但是這種投入不在核定的註冊資本之內，因為我國還有部分公司實行最低註冊資本限額及註冊資本實繳制，按照法律的規定，不得將資本公積當作實收資本（或股本）入帳。資本公積是一種準資本，它可以按法定程序轉增資本。資本公積的主要用途，就在於轉增資本，即在辦理增資手續后用資本公積轉增實收資本，按所有者原有投資比例增加投資人的實收資本。

2. 資本公積來源

資本公積主要來源於企業收到投資者的出資額超出其在註冊資本（或股本）中所占份額的投資及直接計入所有者權益的各種利得和損失，即包括資本溢價（股本溢價）和其他資本公積兩部分。在不同類型的企業中，所有者投入資本大於其在註冊資本（或股本）中所占份額的差額的表現形式有所不同，在股份有限公司，表現為超面值繳入股本，即實際出資額大於股票面值的差額，稱為股本溢價。在其他企業，則表現為資本溢價。在企業創立時，出資者認繳的出資額即為其註冊資本，應全部計入「實收資本」科目，此時不會出現資本溢價。而當企業重組並有新投資者加入時，為了維護原有投資者的權益，補償原投資者資本的風險價值以及其在企業資本公積和留存收益中享有的權益，新投資者如果需要獲得與原投資者相等的投資比例，就需要付出比原投資者在獲取該投資比例時所投入的資本更多的出資額，從而產生資本溢價。其他資本公積是指除了資本溢價（股本溢價）以外來源形成的資本公積，主要指直接計入所有者權益的利得和損失，如可供出售金融資產的公允價值變動。

(三) 投入資本的核算

企業接受投資者投入的資金，應按公允價值入帳。對於收到的貨幣資金投資，一般是按照實際收到的投資額入帳；對於收到的實物等其他形式投資，應按照投資合同或協議約定的價值入帳，但合同或協議約定的價值不公允的除外。投資者投入貨幣資金或實物時，應借記「銀行存款」「庫存現金」「固定資產」和「無形資產」等帳戶；而貸記「實收資本」（或股本）帳戶；而對於實際收到的貨幣資金額或投資各方確認的資產價值超過其在註冊資本中所占的份額的部分，應貸記「資本公積——資本溢價或股本溢價」帳戶。因此，為了核算和監督所有者投入資金的情況及資金進入企業后的占用情況，應設置「實收資本」「資本公積」「庫存現金」「銀行存款」「固定資產」和「無形資產」等帳戶。

1.「實收資本」帳戶

「實收資本」帳戶是所有者權益類帳戶，用於核算企業實際收到投資人投入資

本的增減變動及結果。由於企業組織形式不同，所有者投入資本的會計核算方法也有所不同。股份有限公司對股東投入的資本應設置「股本」科目，其餘企業一般設置「實收資本」科目，核算企業實際收到的投資人投入的資本。該帳戶貸方登記企業實際收到投資人投入資本的數額；借方一般沒有發生額，只有在投資人依法定程序抽回投資時，則登記在「實收資本」帳戶的借方；期末余額在貸方，表示投資人投入資本的結存數額。實收資本應按照資本金投資主體的不同設置明細帳戶，進行明細核算。

2. 「資本公積」帳戶

「資本公積」帳戶是所有者權益類帳戶，用於核算資本公積的增減變動及其結余情況。本帳戶貸方登記從不同渠道取得的資本公積即資本公積的增加數，借方登記用資本公積轉增資本即資本公積的減少數，期末余額在貸方，表示企業期末資本公積的結存數。根據不同來源形成的資本公積金，資本公積應設置「資本溢價」「其他資本公積」等明細帳戶。

3. 「庫存現金」帳戶

「庫存現金」帳戶是資產類帳戶，用以核算庫存現金收入、支出和結存情況。「庫存現金」帳戶借方登記收到的現金，貸方登記支出的現金，余額在借方，表示庫存現金結余。

4. 「銀行存款」帳戶

「銀行存款」帳戶是資產類帳戶，用以核算企業存放在銀行的款項。向銀行存入款項時，記入其借方；從銀行支付款項時，記入其貸方；余額在其借方，表示銀行存款的結存額。

5. 「無形資產」帳戶

「無形資產」帳戶用於核算企業持有的無形資產成本，包括專利權、非專利技術、商標權、著作權、土地使用權等。「無形資產」帳戶借方登記取得無形資產的成本，貸方登記出售無形資產轉出的無形資產帳面余額，期末借方余額，反應企業無形資產的成本。本帳戶應按無形資產項目設置明細帳，進行明細核算。

6. 「固定資產」帳戶

「固定資產」帳戶是資產類帳戶，用以核算企業持有固定資產原始價值的增減變動及其結余情況。原始價值是指企業取得固定資產時所發生的全部支出，也就是固定資產的歷史成本。企業取得固定資產時，固定資產原始價值增加，記入借方，固定資產原始價值減少時，記入貸方；余額在借方，表示現有固定資產原始價值的結余額。該帳戶應按照固定資產的種類設置明細分類帳戶，進行明細分類核算。在使用該帳戶時，必須注意只有當固定資產達到預定可使用狀態，其原價已經形成，才可以記入「固定資產」帳戶。

【例 5-1】2014 年 12 月 1 日，揚城有限責任公司收到國家投入資本金 300,000 元，存入銀行。

這筆經濟業務的發生,一方面使得企業的銀行存款增加 300,000 元;另一方面企業收到國家投資,使企業的資本金增加 300,000 元。因此,這項經濟業務涉及「銀行存款」和「實收資本」兩個帳戶。銀行存款的增加是企業資產的增加,應記入「銀行存款」帳戶的借方;資本金的增加是所有者權益的增加,應記入「實收資本」帳戶貸方。其分錄為:

借:銀行存款　　　　　　　　　　　　　　　　300,000
　　貸:實收資本——國家資本金　　　　　　　　　　　300,000

【例5-2】2014 年 12 月 1 日,揚城有限責任公司收到東方公司投入新建的廠房一幢,協商確定的價值為 150,000 元,廠房已驗收使用。

接受固定資產投資的企業,在辦理了固定資產移交手續之后,應按投資合同或協議約定的價值加上應支付的相關稅費作為固定資產的入帳價值,但合同或協議約定價值不公允的除外。這項經濟業務的發生,一方面使企業固定資產增加 150,000 元;另一方面企業收到法人單位的投資,使企業資本金增加 150,000 元。因此,這項經濟業務涉及「固定資產」和「實收資本」兩個帳戶。固定資產的增加是企業資產的增加,應記入「固定資產」帳戶的借方;資本金的增加是所有者權益的增加,應記入「實收資本」帳戶的貸方。其分錄為:

借:固定資產——房屋建築物　　　　　　　　　　150,000
　　貸:實收資本——法人資本金——東方公司　　　　　150,000

【例5-3】2014 年 12 月 1 日,揚城有限責任公司接受維方公司以一塊土地使用權作為投資,經投資雙方共同確認的價值為 450,000 元,已辦完各種手續。

這項經濟業務的發生,一方面使企業無形資產增加 450,000 元;另一方面企業收到企業投資者的無形資產投資,使企業資本金增加 450,000 元。因此,這項經濟業務涉及「無形資產」和「實收資本」兩個帳戶。無形資產的增加是企業資產的增加,應記入「無形資產」帳戶的借方;資本金的增加是所有者權益的增加,應記入「實收資本」帳戶貸方。其會計分錄為:

借:無形資產——土地使用權　　　　　　　　　　450,000
　　貸:實收資本——法人資本金——維方公司　　　　　450,000

【例5-4】2014 年 12 月 1 日,揚城有限責任公司接受南海公司的投資 400,000 元,按照協議約定的投資比例,其中 320,000 元作為實收資本,另 80,000 元作為資本公積,款項存入銀行。

這筆經濟業務的發生,一方面使得企業的銀行存款增加 400,000 元;另一方面企業收到法人單位投資,增加了公司的所有者權益,其中 320,000 元屬於法定份額計入實收資本,超過法定份額的 80,000 元作為資本公積。因此,這項經濟業務涉及「銀行存款」「實收資本」和「資本公積」三個帳戶。銀行存款的增加是企業資產的增加,應記入「銀行存款」帳戶的借方;資本金的增加是所有者權益的增加,應記入「實收資本」和「資本公積」帳戶貸方。其分錄為:

借：銀行存款		400,000
貸：實收資本——法人資本金——南海公司		320,000
資本公積——資本溢價		80,000

【例5-5】2014年12月2日，揚城有限責任公司經股東大會批准，將公司的資本公積20,000元轉增資本。

這筆經濟業務的發生，一方面增加了公司的實收資本，另一方面減少了公司的資本公積，是一項所有者權益內部轉化的業務。因此，這項經濟業務涉及「實收資本」和「資本公積」兩個帳戶。實收資本的增加是所有者權益的增加，應記入「實收資本」帳戶的貸方；資本公積的減少是所有者權益的減少，應記入「資本公積」帳戶借方。其分錄為：

借：資本公積		20,000
貸：實收資本		20,000

二、借入資金的核算

借入資金是指企業向債權人借入的資金。債權人包括其他企業、個人、銀行或其他金融機構。其中，向銀行借款是企業借入資金的主要渠道，企業向商業銀行或其他金融機構借入資金，從而形成企業與銀行或其他金融機構的債務關係，企業是債務人，銀行是企業的債權人。債權人無權參與企業的經營管理和收益的分配，只要求企業按期歸還本金和利息，即企業在借款期滿時要予以歸還，並要按期支付利息。企業向銀行或其他金融機構借入的款項，按償還期限的長短不同可分為短期借款和長期借款。

（一）短期借款業務的核算

1. 短期借款的含義

短期借款是指企業為了滿足其生產經營活動對資金的臨時需要而向銀行或其他金融機構借入的、償還期限在一年以內（含一年）或超過一年的一個營業週期內的各種借款。短期借款屬於應付金額確定的流動負債。企業取得各種短期借款時，應遵守銀行或其他金融機構的有關規定，經貸款單位審核批准訂立借款合同后方可取得借款。企業從銀行借入的款項是有償使用的，因此，短期借款必須按期歸還本金並按時支付利息。

2. 短期借款利息的確認與計量

短期借款的利息支出屬於企業在理財活動過程中為籌集資金而發生的一項耗費，在會計核算中，企業應將其作為期間費用（財務費用）加以確認。由於短期借款利息的支付方式和支付時間不同，會計處理的方法也有一定的區別。如果銀行對企業的短期借款按月計收利息，或者雖在借款到期收回本金時一併收回利息，但利息數額不大，企業可以在收到銀行的計息通知或在實際支付利息時，直接將發生的利息費用計入當期損益（財務費用）；如果銀行對企業的短期借款採取按季或半年等較

長期間計收利息，或者是在借款到期收回本金時一併計收利息且利息數額較大，為了正確地計算各期損益額，保持各個期間損益額的均衡性，企業通常按權責發生制核算基礎的要求，採取預提的方法按月預提借款利息，記入「應付利息」帳戶，待季度或半年等結息期終了或到期支付利息時，再衝銷「應付利息」帳戶。短期借款利息的計算公式為：

短期借款利息＝借款本金×利率×時間

3. 短期借款的核算

為了核算和監督借入資金的增減變化及利息的計算和支付情況，反應與銀行或其他金融機構發生的債權債務結算關係，在核算中應設置「短期借款」「財務費用」「應付利息」等帳戶。

(1)「短期借款」帳戶

「短期借款」帳戶是負債類帳戶，用以核算企業向銀行或其他金融機構借入的期限在一年以內（含一年）的各種借款本金的增減變動及其結餘情況。企業取得短期借款時，記入貸方；歸還短期借款時，記入借方；餘額在貸方，表示尚未歸還的短期借款本金結餘額。本帳戶應按照借款種類、貸款人和幣種的不同進行明細分類核算。因此，企業取得短期借款時，借記「銀行存款」帳戶，貸記「短期借款」帳戶；償還借款本金時，借記「短期借款」帳戶，貸記「銀行存款」帳戶。

(2)「財務費用」帳戶

「財務費用」帳戶是損益類帳戶，用以核算企業為籌集生產經營所需資金等而發生的各種籌資費用，包括利息支出（減利息收入）、佣金、匯兌損失（減匯兌收益）以及相關的手續費、企業發生的現金折扣或收到的現金折扣等。企業發生財務費用時，記入借方，發生的應衝減財務費用的利息收入、匯兌收益以及期末轉入「本年利潤」帳戶的財務費用淨額（即財務費用支出大於收入的差額，如果收入大於支出則進行反方向的結轉），記入貸方；結轉后該帳戶期末應無餘額。財務費用帳戶應按照費用項目設置明細帳戶，進行明細分類核算。

(3)「應付利息」帳戶

「應付利息」帳戶是負債類帳戶，用以核算企業按照合同約定應支付的利息，包括短期借款、長期借款、企業債券等應支付的利息。按合同利率計算確定的應付未付利息，記入貸方；實際支付利息時，記入借方；貸方余額表示企業應付未付的利息。

當利息採用按月支付時，由於利息支付期與歸屬期一致，因此支付本月利息時，借記「財務費用」帳戶，貸記「銀行存款」帳戶；當利息採取按季或半年等較長期間支付利息時，由於利息支付期與歸屬期不一致，因此應採取按月預提利息的方法核算短期借款利息。期末計算預提借款利息時，借記「財務費用」帳戶，貸記「應付利息」帳戶；支付利息時，借記「應付利息」帳戶，貸記「銀行存款」帳戶。如果實際支付的利息與預提的利息之間有差額，按已預計的利息金額，借記「應付利息」帳戶，按實際支付的利息金額與預提的金額的差額（尚未提取的部分），借記

「財務費用」帳戶，按實際支付的利息金額，貸記「銀行存款」帳戶。

【例5-6】揚城有限責任公司因生產經營的臨時性需要，於2014年12月1日向銀行申請取得期限為3個月的借款100,000元，存入銀行。

該項經濟業務的發生，一方面使企業銀行存款增加100,000元，另一方面使企業負債增加100,000元。因此，這項經濟業務涉及「銀行存款」和「短期借款」兩個帳戶。銀行存款的增加是企業資產的增加，應記入「銀行存款」帳戶的借方；短期借款的增加是負債的增加，應記入「短期借款」帳戶的貸方，作分錄如下：

借：銀行存款　　　　　　　　　　　　　　　　　100,000
　貸：短期借款　　　　　　　　　　　　　　　　　100,000

【例5-7】接上例，揚城有限責任公司取得的上述借款年利率為9%，借款合同約定到期一次還本付息，月末預提本月借款利息。

儘管借款合同約定利息是到期支付的，但按權責發生制的要求，企業應採取按月預提的方法預計本月借款利息750元（100,000×9%/12）。借款利息屬於企業的一項財務費用，因此，該項經濟業務涉及「財務費用」和「應付利息」兩個帳戶。財務費用的增加是企業費用的增加，應記入「財務費用」帳戶的借方；應付利息的增加是負債的增加，應記入「應付利息」帳戶的貸方，作分錄如下：

借：財務費用　　　　　　　　　　　　　　　　　　750
　貸：應付利息　　　　　　　　　　　　　　　　　　750

【例5-8】2014年12月1日，揚城有限責任公司向銀行借入期限為6個月的借款200,000元，款項已存入銀行。

該項經濟業務的發生，一方面使企業銀行存款增加200,000元，另一方面使企業負債增加200,000元。因此，該項經濟業務涉及「銀行存款」和「短期借款」兩個帳戶。銀行存款的增加是企業資產的增加，應記入「銀行存款」帳戶的借方；短期借款的增加是負債的增加，應記入「短期借款」帳戶的貸方。其分錄為：

借：銀行存款　　　　　　　　　　　　　　　　　200,000
　貸：短期借款　　　　　　　　　　　　　　　　　200,000

【例5-9】接上例，揚城有限責任公司取得的上述借款年利率為9%，借款合同約定按月付息，到期還本。2014年12月31日，揚城有限責任公司用銀行存款1,500元支付本月的銀行借款利息。

該項經濟業務的發生，一方面使企業銀行存款減少1,500元；另一方面本月利息支出使企業財務費用增加1,500元。因此，該項經濟業務涉及「銀行存款」和「財務費用」兩個帳戶。銀行存款的減少是企業資產的減少，應記入「銀行存款」帳戶的貸方；企業發生的短期借款利息應當直接計入當期損益，記入「財務費用」帳戶的借方，作分錄如下：

借：財務費用　　　　　　　　　　　　　　　　　1,500
　貸：銀行存款　　　　　　　　　　　　　　　　　1,500

【例5-10】2014年12月31日，揚城有限責任公司2014年10月1日借入的期限為3個月、年利率為9%的200,000元借款已到期。企業用銀行存款歸還到期的短期借款本息共計204,500元，企業已按月預提之前兩個月的利息3,000元。

該項經濟業務的發生，一方面使企業銀行存款減少204,500元，另一方面使短期借款本金減少200,000元，應付利息減少3,000元，本期財務費用增加1,500元。因此，該項經濟業務涉及「銀行存款」「短期借款」「應付利息」和「財務費用」四個帳戶。銀行存款的減少是企業資產的減少，應記入「銀行存款」帳戶的貸方；短期借款的減少是負債的減少，應記入「短期借款」帳戶的借方；應付利息的減少是負債的減少，應記入「應付利息」帳戶的借方；借款利息的增加是企業費用的增加，應記入「財務費用」帳戶的借方。其分錄為：

借：短期借款　　　　　　　　　　　　　　　200,000
　　財務費用　　　　　　　　　　　　　　　　1,500
　　應付利息　　　　　　　　　　　　　　　　3,000
　貸：銀行存款　　　　　　　　　　　　　　204,500

（二）長期借款業務的核算

1. 長期借款的含義

長期借款是指企業向銀行或其他金融機構借入的償還期限在1年以上（不含1年）的各種借款。長期借款一般是企業為擴大經營規模而購置固定資產、改擴建工程、研發無形資產等而借入的款項。它是企業長期負債的重要組成部分，必須按規定用途使用，加強管理與核算。

2. 長期借款的利息費用

長期借款的利息費用應按照權責發生制記帳基礎的要求，按期計算提取計入所購建資產的成本（即予以資本化）或直接計入當期損益（財務費用）。長期借款利息核算的內容將在后續課程「中級財務會計」中學習。

3. 長期借款的核算

企業對於長期借款的本金應設置「長期借款」帳戶進行核算；借款期間產生的利息通過「應付利息」核算。「長期借款」帳戶屬於負債類帳戶，用來核算和監督企業借入的期限在1年以上（不含1年）的各種借款。其貸方登記企業借入的各種長期借款的本金；借方登記各種長期借款的本金歸還數額；期末為貸方余額，表示企業尚未償還的各種長期借款。該帳戶可按貸款單位和貸款種類進行明細分類核算。

企業借入長期借款時，應按實際收到的金額，借記「銀行存款」帳戶，貸記「長期借款」帳戶；計算利息時，借記「在建工程」「財務費用」等帳戶，貸記「應付利息」帳戶；償還借款、支付利息時，借記「長期借款」「應付利息」帳戶，貸記「銀行存款」帳戶。

【例5-11】揚城有限責任公司為建造一座廠房（工期2年），於2014年12月31日向銀行取得期限為3年的人民幣借款2,000,000元，存入銀行。該公司當即將

該借款投入到廠房的建造過程中。借款年利率為9%，合同規定按年分期付息到期還本，單利計算。

該筆經濟業務的發生，一方面使企業的銀行存款增加，另一方面使企業的長期借款負債增加。因此，該項經濟業務涉及「銀行存款」和「長期借款」兩個帳戶。銀行存款的增加是企業資產的增加，應記入「銀行存款」帳戶的借方；長期借款的增加是負債的增加，應記入「長期借款」帳戶的貸方。其分錄為：

借：銀行存款　　　　　　　　　　　　　2,000,000
　貸：長期借款　　　　　　　　　　　　　2,000,000

揚城有限責任公司應從2015年1月31日起，於每月月末計提借款利息，並於計提的當期計入所購建資產的成本（即予以資本化）或直接計入當期損益（財務費用）。單利計息的情況下，其利息的計算方法與短期借款利息計算方法相同，每月的利息為15,000元（2,000,000×9%×1/12）。

2017年12月31日借款到期時，揚城有限責任公司按合同規定到期還本。該項經濟業務的發生，一方面使企業銀行存款減少2,000,000元，另一方面使企業負債減少2,000,000元。因此，該項經濟業務涉及「銀行存款」和「長期借款」兩個帳戶。銀行存款的減少是企業資產的減少，應記入「銀行存款」帳戶的貸方；長期借款的減少是負債的減少，應記入「長期借款」帳戶的借方。其分錄為：

借：長期借款　　　　　　　　　　　　　2,000,000
　貸：銀行存款　　　　　　　　　　　　　2,000,000

第二節　供應過程業務的核算

供應過程是製造企業生產過程的第一個階段。供應過程的主要經濟活動有兩種：一是採購材料，購買一定數量的所需原材料，為產品生產儲備足夠的勞動對象；二是購置固定資產，如廠房、設備等，為生產產品準備必要的勞動資料。企業購買固定資產、原材料，要支付相關買價稅費和各種採購費用，因此，企業要正確計算固定資產的價值和原材料採購成本，要辦理原材料的驗收入庫，同時還要與供應商進行貨款債務的結算，這些構成供應過程業務核算的主要內容。概括而言，供應過程的核算包括材料採購業務的核算和固定資產購置業務的核算。

一、材料採購業務的核算

企業要進行正常的生產經營活動，必須及時採購材料，以滿足生產和管理的需要。材料是勞動對象，在產品生產過程中，材料經過勞動者的加工而改變其原有的實物形態，或者構成產品實體的一部分，或者在生產過程中作為輔助材料而被消耗掉，而它的價值也就一次性地全部轉移到產品中去，構成產品成本的重要組成部分。

為了生產經營過程順利地進行，企業在供應過程中，應根據採購合同有計劃地採購材料，既要防止儲備不足影響生產，也要避免超儲備造成資金浪費。在企業材料採購過程中，主要涉及材料購進、入庫和款項結算三個方面。材料購進由企業採購部門辦理，材料入庫由材料倉庫辦理收料手續並保管，會計部門根據採購部門和材料倉庫轉來的有關單據，與供貨方結算款項，支付材料購進的貨款和運輸費、裝卸費等各種採購費用並登記入帳。

材料的日常核算可以按照實際成本計價，也可以按照計劃成本計價，具體採用哪一種方法，由企業根據具體情況自行決定。材料的計劃成本計價較為複雜，相關的內容將在后續課程「中級財務會計」中學習。

(一) 外購原材料實際成本的構成

在企業的經營規模較小，材料的種類不多而且材料的收、發業務的發生也不是很頻繁的情況下，企業可以按照實際成本計價方法組織材料的收、發核算。原材料按實際成本法核算是指原材料日常收發及結存，無論是總分類核算還是明細分類核算，均按照實際成本進行計價的方法。

我國《企業會計準則第 1 號——存貨》規定，企業取得存貨應當按照成本進行計量。外購存貨的成本即存貨的採購成本，指企業物資從採購到入庫前所發生的全部合理支出，包括購買價款、相關稅費、運輸費、裝卸費、保險費以及其他可歸屬於存貨採購成本的費用。對於製造企業，購入原材料的實際成本由以下幾項內容組成：

(1) 購買價款。購買價款是指企業購入的材料或商品的發票帳單上列明的價款，但不包括按規定可以抵扣的增值稅額。

(2) 採購過程中發生的運雜費，如運輸費、裝卸費、保管費、包裝費、保險費、中轉倉儲費用等。

(3) 材料在運輸途中發生的合理損耗。對於不合理的損耗應向有關責任人員索賠，不計入材料採購成本。

(4) 入庫前的挑選整理費用（挑選整理中發生的工資支出和必要的損耗，扣除回收的殘料價值）。

(5) 購入材料應負擔的稅金，如進口關稅、消費稅、資源稅和不能抵扣的增值稅進項稅額等應計入存貨採購成本。

(6) 其他費用，如大宗物資的市內運雜費等（注意：市內小額零星運雜費、採購人員的差旅費及採購機構的經費等不構成材料的採購成本，而是計入管理費用。）

在計算材料的採購成本時，凡是能直接計入各種材料的直接費用，應直接計入各種材料的採購成本；不能直接計入的各種間接費用（也稱共同費用），應選擇合理的分配方法，分配計入有關存貨的採購成本，並按所購存貨的數量或採購價格比例進行分配。共同費用的分配，可用下列公式計算：

共同費用分配率＝應分配的共同費用/各種材料分配標準之和

某種材料應分配的費用＝該種材料的分配標準×分配率

(二) 實際成本法核算應設置的帳戶

原材料按實際成本計價組織收發核算時應設置「在途物資」「原材料」「應付帳款」「預付帳款」「應付票據」「應交稅費」等帳戶。

1.「在途物資」帳戶

該帳戶屬於資產類帳戶，用來核算尚未驗收入庫的在途物資的採購成本。其借方登記外購材料物資的實際採購成本，包括買價和採購費用；貸方登記完成採購過程、已驗收入庫物資的實際成本；期末餘額在借方，表示尚未運達企業或雖已運到企業但尚未驗收入庫的在途物資的實際採購成本。「在途物資」帳戶應按購入材料的品種或類別進行明細分類核算。

2.「原材料」帳戶

該帳戶屬於資產類帳戶，用來核算企業各種庫存材料增減變化及結存情況。其借方登記已驗收入庫材料的實際成本；貸方登記發出材料的實際成本；期末餘額在借方，表示各種庫存材料的實際成本。「原材料」帳戶應按材料的品種、類別、規格等進行明細分類核算。

需要說明的是，並不是所有的材料採購業務都需要先記入「在途物資」帳戶，驗收入庫再轉到「原材料」帳戶。如果材料成本歸集較簡單且材料已驗收入庫，也可以直接將材料的採購成本記入「原材料」帳戶。

3.「應付帳款」帳戶

該帳戶屬於負債類帳戶，用來核算企業因購買材料、商品和接受勞務供應等應付給供應單位款項的帳戶。其貸方登記應付供應單位款項（貨款、稅金及代墊運雜費）的增加；借方登記已償還的帳款；期末餘額在貸方，表示尚未償還的應付款項。預付帳款業務不多的企業可以不設「預付帳款」帳戶，其內容也在本科目核算。為了具體反應企業與每一供應單位發生的貨款結算關係，應按供應單位進行明細分類核算。

4.「預付帳款」帳戶

該帳戶屬於資產類帳戶，用來核算企業按照購貨合同的規定預付給供應單位的款項。其借方登記預付的貨款和補付的款項；貸方登記收到所購貨物的貨款和退回多付的款項；期末餘額如在借方，表示企業尚未結算的預付款項，期末餘額如在貸方，表示企業尚未補付的款項。本帳戶應按供應單位進行明細分類核算。預付款項不多的企業，也可將預付款項直接記入「應付帳款」帳戶的借方，而不設置本帳戶。

5.「應付票據」帳戶

該帳戶是負債類帳戶，用以核算企業採用商業匯票結算方式購買材料等物資而開出、承兌商業匯票的增減變動及其結餘情況。其貸方登記企業開出、承兌商業匯票；借方登記到期商業匯票（不論是否已付款）；期末餘額在貸方，表示尚未到期

的商業匯票的期末結余額。該帳戶應按照債權人的不同設置明細帳戶，進行明細分類核算。

6.「應交稅費」帳戶

該帳戶是負債類帳戶，用以核算和監督企業按稅法規定應繳納的各種稅費的計算和實際繳納情況，包括增值稅、消費稅、營業稅、所得稅、資源稅、土地增值稅、城市維護建設稅、房產稅、土地使用稅、車船使用稅、教育費附加、礦產資源補償費等。對於不需要預計應繳稅金數額，或不需要同稅務部門發生結算關係，而是在納稅時一次性繳清的稅金，如印花稅不在本帳戶核算。該帳戶貸方登記企業計算出的應交而未交的各種稅費及增值稅銷項稅額；借方登記企業實際交納的各種稅費及支付的增值稅進項稅額；期末貸方余額表示企業應交而未交的各種稅金；借方余額表示企業多交的稅金或未抵扣的增值稅進項稅額。「應交稅費」帳戶按不同稅種設置明細分類帳戶，進行明細分類核算。為了核算增值稅，企業應設置「應交稅費——應交增值稅」明細帳，企業購買材料時向供貨單位支付的增值稅（進項稅額）記入該帳戶的借方；企業銷售產品時向購買單位收取的增值稅（銷項稅額）記入該帳戶的貸方。

增值稅是對我國境內銷售貨物或者提供勞務以及進口貨物的單位和個人，就其取得的貨物或應稅勞務銷售額計算稅款，並實行稅款抵扣制的一種流轉稅。增值稅採取兩段徵收法，分別為增值稅進項稅額和銷項稅額。當期應納稅額的計算公式如下：

當期應納稅額＝當期銷項稅額－當期進項稅額

其中銷項稅額是指納稅人銷售貨物或應稅勞務，按照銷售額和規定的稅率計算並向購買方收取的增值稅稅額。其計算公式如下：

銷項稅額＝銷售額×增值稅稅率

進項稅額是指納稅人購進貨物或接受應稅勞務所支付或負擔的增值稅稅額。其計算公式如下：

進項稅額＝購進貨物或勞務價款×增值稅稅率

增值稅的進項稅額與銷項稅額是相對應的，銷售方的銷項稅額就是購買方的進項稅額。增值稅是一種價外稅，即與銷售貨物相關的增值稅額獨立於價格之外單獨核算，不作為價格的組成部分。用於計算增值稅的銷售額均指不含增值稅銷售額。若銷售額包含了增值稅，應先換算成不含稅銷售額，再計算增值稅。其計算公式為：

不含稅銷售額＝含稅銷售額／（1＋增值稅稅率）

增值稅＝不含稅銷售額×稅率

需要注意的是：根據我國相關法律規定，2016年5月1日營改增全面實施後，凡在我國境內銷售服務、無形資產或者不動產的單位和個人，應繳納增值稅，不繳納營業稅。由於本教材涉及的是會計學原理，再加上營改增尚未全面實施，故本書後面的業務題暫不考慮營改增的影響。營改增的具體業務核算將在后續課程「中級

財務會計」講授。

(三)實際成本法下材料採購業務的帳務處理

【例5-12】2014年12月3日，揚城有限責任公司向光明公司購進A材料5,000千克，每千克10元。光明公司代墊運費1,000元，增值稅率為17%，貨款、運費及稅金尚未支付，材料已運達企業並驗收入庫。

該項經濟業務的發生，一方面支出的材料買價及運費使材料成本增加51,000元，增值稅進項稅額增加8,500元；另一方面款項尚未支付使企業應付帳款增加59,500元。由於材料已驗收入庫，因此，該項經濟業務涉及「原材料」「應交稅費」和「應付帳款」三個帳戶。構成原材料成本的，應記入「原材料」帳戶的借方；增值稅進項稅額記入「應交稅費——應交增值稅（進項稅額）」帳戶的借方；應付帳款增加是負債的增加，應記入「應付帳款」帳戶的貸方。其分錄為：

借：原材料——A材料　　　　　　　　　　　　　　　　　51,000
　　應交稅費——應交增值稅（進項稅額）　　　　　　　　8,500
貸：應付帳款——光明公司　　　　　　　　　　　　　　　59,500

上述購入A材料的單位成本為10.20元（51,000/5,000）。

【例5-13】2014年12月4日，揚城有限責任公司向南方公司購進B材料2,000千克，每千克20元，C材料1,000千克，每千克10元，增值稅率為17%，貨稅款以銀行存款支付，材料尚未到達。

該項經濟業務的發生，一方面使材料的買價支出增加50,000元（2,000×20＋1,000×10），增值稅進項稅額支出增加8,500元；另一方面使企業銀行存款減少58,500元。因此，該項經濟業務涉及「在途物資」「應交稅費」和「銀行存款」三個帳戶。材料尚未到達，支出的材料買價應記入「在途物資」帳戶的借方；增值稅進項稅額應記入「應交稅費——應交增值稅（進項稅額）」帳戶的借方；銀行存款減少應記入「銀行存款」貸方。其會計分錄為：

借：在途物資——B材料　　　　　　　　　　　　　　　　40,000
　　　　　　——C材料　　　　　　　　　　　　　　　　10,000
　　應交稅費——應交增值稅（進項稅額）　　　　　　　　8,500
貸：銀行存款　　　　　　　　　　　　　　　　　　　　　58,500

【例5-14】2014年12月6日，揚城有限責任公司以銀行存款支付上述B、C兩種材料的運輸費2,400元，按材料的重量比例分配。

按B、C兩種材料的重量比例分配運輸費如下：分配率＝2,400/3,000＝0.80（元/千克），B材料應分攤運輸費＝2,000×0.80＝1,600（元）；C材料應分攤運輸費＝1,000×0.80＝800（元）。該筆經濟業務的發生，增加了材料的採購成本，同時減少了銀行存款。其分錄為：

借：在途物資——B材料　　　　　　　　　　　　　　　　1,600
　　　　　　——C材料　　　　　　　　　　　　　　　　800

貸：銀行存款   2,400

【例5-15】2014年12月8日，上述材料運達企業並已驗收入庫，結轉材料的採購成本。

材料採購完畢，B材料的採購成本為41,600元（40,000+1,600），C材料採購成本10,800元（10,000+800）。該筆經濟業務的發生，一方面增加了庫存原材料的成本，另一方面要轉銷在途物資的採購成本。其分錄為：

借：原材料——B材料   41,600
　　　　——C材料   10,800
貸：在途物資——B材料   41,600
　　　　——C材料   10,800

上述購入B材料的單位成本為20.80元（41,600/2,000），C材料的單位成本為10.80元（10,800/1,000）。

【例5-16】2014年12月8日，揚城有限責任公司向光明公司購買A材料，根據合同規定預付款項為100,000元，以銀行存款支付。

該項經濟業務的發生，一方面使預付帳款增加100,000元；另一方面使銀行存款減少100,000元。因此，該項經濟業務涉及「預付帳款」和「銀行存款」兩個帳戶。預付帳款的增加是資產的增加，應記入「預付帳款」帳戶的借方；銀行存款的減少應記入「銀行存款」帳戶的貸方。其會計分錄為：

借：預付帳款——光明公司   100,000
貸：銀行存款   100,000

【例5-17】接上例，2014年12月10日，光明公司發來A材料，增值稅專用票上標明重量10,000千克，單價為10.20元，增值稅進項稅額為17,340元。用銀行存款補付差價19,340元，材料已驗收入庫。

該項經濟業務的發生，一方面使材料的買價支出增加102,000元，增值稅進項稅額增加17,340元；另一方面使企業預付帳款減少100,000元，銀行存款減少19,340元。因此該項經濟業務涉及「原材料」「應交稅費」「預付帳款」和「銀行存款」四個帳戶。該項經濟業務中支出的材料買價應記入「原材料」帳戶的借方，增值稅進項稅額應記入「應交稅費——應交增值稅（進項稅額）」帳戶的借方；預付帳款的減少應記入「預付帳款」帳戶的貸方；銀行存款的減少應記入「銀行存款」的貸方。其會計分錄為：

借：原材料——A材料   102,000
　　應交稅費——應交增值稅（進項稅額）   17,340
貸：預付帳款——光明公司   100,000
　　銀行存款   19,340

【例5-18】2014年12月11日，揚城有限責任公司向光明公司簽發並承兌一張商業匯票購入A材料1,000千克，單價為10.20元，材料尚在運輸途中，該批材料的

含稅總價款為11,934元,增值稅率為17%。

該筆業務中出現的是含稅總價款11,934元,應將其分解為不含稅價款和稅額兩部分:不含稅價款=含稅價款/(1+稅率)=11,934/(1+17%)=10,200(元),增值稅稅額=10,200×17%=1,734(元)。該筆經濟業務的發生,一方面使材料的買價支出增加了10,200元,增值稅進項稅額增加了1,734元;另一方面使企業應付票據增加了11,934元。因此該項經濟業務涉及「在途物資」「應交稅費」和「應付票據」三個帳戶。材料尚在運輸途中,支出的材料買價應記入「在途物資」帳戶的借方,增值稅進項稅額應記入「應交稅費——應交增值稅(進項稅額)」帳戶的借方;開出的商業匯票是負債的增加,應記入「應付票據」帳戶的貸方。其分錄如為:

借:在途物資——A材料   10,200
  應交稅費——應交增值稅(進項稅額) 1,734
 貸:應付票據——光明公司   11,934

二、固定資產購置業務的核算

(一)固定資產的含義及特徵

固定資產是企業經營過程中使用的長期資產,包括房屋建築物、機器設備、運輸車輛以及工具、器具等。我國《企業會計準則第4號——固定資產》規定,固定資產是指同時具有下列特徵的有形資產:①為生產商品提供勞務、出租或經營管理而持有的;②使用壽命超過一個會計年度。

從固定資產的定義看,固定資產具有以下四個特徵:

第一,企業持有固定資產的目的是為了生產商品、提供勞務、出租或經營管理。這意味著,企業持有的固定資產是企業的勞動工具或手段,而不是直接用於出售的產品。這一特徵有別於存貨。其中「出租」的固定資產,是指用以出租的機器設備類固定資產,不包括以經營租賃方式出租的建築物,後者屬於企業的投資性房地產,不屬於固定資產。

第二,固定資產使用壽命超過一個會計年度,屬於長期資產。這裡的使用壽命,是指企業使用固定資產的預計期間,或者該固定資產所能生產產品或提供勞務的數量。如自用房屋建築物的使用壽命或使用年限;發電設備按其預計發電量估計使用壽命,汽車或飛機等按其預計行駛里程估計使用壽命。

第三,固定資產為有形資產。固定資產具有實物特徵,這一特徵將固定資產與無形資產區別開來。

第四,固定資產的單位價值較高。工業企業所持有的工具、用具、備品備件、維修設備等資產,儘管該類資產具有固定資產的某些特徵,如使用期限超過1年,也能夠帶來經濟利益,但由於數量多、單價低,考慮到成本效益原則,在實務中,通常確認為存貨。

可見，固定資產具有使用期限較長，單位價值較高，並且在使用過程中長期保持原有的實物形態不變。固定資產作為企業主要的勞動資料，與流動資產的主要區別在於：它能多次參與企業的生產經營過程，其價值隨著生產經營活動的進行，逐步通過折舊形式轉移到成本費用之中。因此，固定資產的支出是一項資本性支出，固定資產的計價可以按取得時的原始價值和經磨損之後的淨值同時表現。

(二) 固定資產的價值確認

企業固定資產的核算應以實際成本入帳。固定資產的實際成本是指為使固定資產達到預定可使用狀態所發生的必要的、合理的支出，既有直接發生的，如支付的固定資產的買價、運雜費、安裝費等，也有間接發生的，如固定資產建造過程中應予以資本化的借款利息等。它反應的是固定資產處於可使用狀態時的實際成本。固定資產的實際成本的具體的構成內容因固定資產來源不同而有差異，其中，外購固定資產的實際成本包括購買價款、進口關稅和其他稅費、使固定資產達到預定可使用狀態前所發生的可歸屬於該項資產的運輸費、裝卸費、包裝費、保險費、場地整理費、安裝費和專業人員服務費等。

外購固定資產是否達到預定可使用狀態，需要根據具體情況進行分析判斷。如果購入不需安裝的固定資產，購入后即可發揮作用，因此，購入后即可達到預定可使用狀態。如果購入需安裝的固定資產，只有安裝調試后達到設計要求或合同規定的標準，該項固定資產才可發揮作用，即達到預定可使用狀態。

需要說明的是，增值稅按對外購固定資產處理方式的不同可劃分為生產型增值稅、收入型增值稅和消費型增值稅。生產型增值稅是指購入的固定資產的進項稅額當期完全不能抵扣且以后也不能抵扣的；收入型增值稅是指購入的固定資產的進項稅額當期只能部分抵扣的（部分抵扣指按當期所提折舊所對應的進項稅額來抵扣）；消費型增值稅是指購入的固定資產的進項稅額當期能完全抵扣。國務院決定自2009年1月1日起，在全國實行增值稅轉型改革，即由生產型增值稅轉向消費型增值稅。轉型改革的核心是在計算應繳增值稅時，允許扣除購入固定資產所含的增值稅。這裡的固定資產主要是機器、機械、運輸工具以及其他與生產經營有關的設備、工具、器具等動產。我國稅法規定，納稅人自用的應徵消費稅的摩托車、汽車、遊艇及房屋、建築物（不管是否與生產經營有關）的進項稅額不得抵扣。

(三) 固定資產的核算

企業購買的固定資產，有的購買完成之后當即可以投入使用，也就是當即達到預定可使用狀態，因而可以立即形成固定資產。而有的固定資產，在購買之後，還需要經過安裝過程，安裝之后方可投入使用。這兩種情況在核算上是有區別的，所以我們在對固定資產進行核算時，一般將其區分為不需要安裝固定資產和需要安裝固定資產進行處理。為了核算企業購買的需要安裝固定資產價值的變動過程及其結果，需要另外單獨設置「在建工程」帳戶。

「在建工程」帳戶是資產類帳戶，用以核算企業為進行固定資產基建、安裝、

技術改造以及大修理等工程而發生的全部支出,並據以計算確定該工程成本的帳戶。該帳戶的借方登記工程支出的增加;貸方登記結轉完工工程的成本;期末余額在借方,表示未完工工程的成本。「在建工程」帳戶應按工程內容,如建築工程、安裝工程、在安裝設備、待攤支出以及單項工程等設置明細帳戶,進行明細分類核算。

企業購置的固定資產,對於其中需要安裝的部分,在交付使用之前,也就是達到預定可使用狀態之前,由於沒有形成完整的取得成本(原始價值),因而必須通過「在建工程」帳戶進行核算。在購建過程中所發生的全部支出,都應歸集在「在建工程」帳戶,待工程達到可使用狀態形成固定資產後,方可將該工程成本從「在建工程」帳戶轉入「固定資產」帳戶。

【例5-19】2014年12月12日,揚城有限責任公司購入一臺不需要安裝的運輸設備,該設備的買價為150,000元,增值稅率為17%,貨款及稅金已全部用銀行存款支付,設備當即投入使用。

該項經濟業務的發生,一方面支出的買價使設備成本增加150,000元,增值稅進項稅額為25,500元;另一方面款項已支付使企業銀行存款減少175,500元。因此,該項經濟業務涉及「固定資產」「應交稅費」和「銀行存款」三個帳戶。設備當即投入使用,應記入「固定資產」帳戶的借方;增值稅進項稅額記入「應交稅費——應交增值稅(進項稅額)」帳戶的借方;銀行存款減少應記入「銀行存款」帳戶的貸方。其分錄為:

借:固定資產——運輸設備　　　　　　　　　　　　　150,000
　　應交稅費——應交增值稅(進項稅額)　　　　　　　25,500
　　貸:銀行存款　　　　　　　　　　　　　　　　　　175,500

【例5-20】揚城有限責任公司用銀行存款購入一臺需要安裝的機器設備,買價180,000元,增值稅率為17%,設備投入安裝,款項尚未支付。

需要安裝的設備,在購買過程中發生的各項支出構成購置固定資產安裝工程成本,在設備達到預定可使用狀態前的這些支出應先在「在建工程」帳戶中進行歸集。該筆經濟業務的發生,一方面使在建工程成本增加了180,000元,增值稅進項稅額為30,600元;另一方面款項尚未支付使應付帳款增加了210,600元。其分錄為:

借:在建工程——設備安裝工程　　　　　　　　　　　180,000
　　應交稅費——應交增值稅(進項稅額)　　　　　　　30,600
　　貸:應付帳款　　　　　　　　　　　　　　　　　　210,600

【例5-21】接上例,上述設備在安裝過程中領用本企業的原材料3,400元(假設原材料進項稅可以抵扣)。

設備在安裝過程中發生的安裝費構成固定資產安裝工程支出。該筆經濟業務的發生,增加了公司的固定資產安裝工程支出,減少了庫存原材料,其分錄為:

借:在建工程——設備安裝工程　　　　　　　　　　　3,400

貸：原材料　　　　　　　　　　　　　　　　　　　　　　　　3,400
　【例5-22】接上例，上述設備安裝完畢，達到預定可使用狀態，並經驗收合格交付使用，結轉工程成本。

　　工程安裝完畢交付使用，意味著固定資產的取得成本已經形成，於是就可以將在建工程歸集的成本183,400元（180,000+3,400）全部轉入「固定資產」帳戶。該筆經濟業務的發生，增加了公司的固定資產取得成本，減少了在建工程成本，其分錄為：

　　借：固定資產——機器設備　　　　　　　　　　　　　　　　183,400
　　　貸：在建工程——設備安裝工程　　　　　　　　　　　　　　183,400

第三節　生產過程業務的核算

一、生產過程業務核算的主要內容

　　生產過程是指從材料投入生產到產品完工的過程，它是製造企業生產經營活動的中心環節。在此過程中，生產工人運用勞動資料對勞動對象進行生產加工，生產製造出各種產品。生產過程既是新產品的製造過程，又是費用的耗費過程。這些耗費的費用可分為生產費用和期間費用兩部分。

　（一）生產費用

　　生產費用是指企業在生產經營過程中發生的與特定產品生產有直接關係，可以直接歸屬於某種產品成本的各種費用。它包括生產產品耗用的勞動對象、勞動資料和勞動者的勞動。隨著生產產品的完工，直接歸屬於某種產品成本的各種費用就稱為某種產品的製造成本。生產費用按其計入產品成本的方式不同，可以分為直接費用和間接費用。直接費用是指企業生產產品過程中實際消耗的直接材料和直接人工。間接費用是指企業為生產產品和提供勞務而發生的各項間接支出，通常稱為製造費用。上述直接材料、直接人工和製造費用三個項目是生產費用按其經濟用途所進行的分類項目，在會計上一般將其稱為成本項目。通過成本項目可以瞭解產品成本的構成，除了上述三個成本項目外，企業可根據管理部門對成本核算的要求靈活設置更多更細的成本項目。

　　直接材料是指企業在生產產品和提供勞務過程中所消耗的、直接用於產品生產、構成產品實體的各種原材料及主要材料、外購半成品以及有助於產品形成的輔助材料等。

　　直接人工是指企業在生產產品和提供勞務過程中，直接從事產品生產的工人工資、津貼、補貼和福利費等其他各種形式的職工薪酬。

　　製造費用是指企業各個生產車間為組織和管理生產所發生的各項間接費用，它包括生產車間管理人員的工資和福利費、生產車間固定資產的折舊費和修理費、機

物料消耗、水電費、辦公費、保險費、勞動保護費、季節性和修理期間的停工損失等。

(二) 期間費用

期間費用是指企業在生產經營過程中發生的與特定產品生產沒有直接關係，不能直接歸屬於某種產品成本，而應直接計入當期損益的各種費用，包括管理費用、銷售費用和財務費用。財務費用的具體內容在本章第一節即借入資金的核算已經作了詳細闡述，銷售費用的內容將放在本章第四節即銷售過程業務的核算闡述，下面只介紹管理費用的內容。

管理費用指企業為組織和管理生產經營活動而發生的各種資金耗費，包括企業在籌建期間發生的開辦費、董事會和行政管理部門在經營管理中發生的或者應由企業統一負擔的公司經費（包括行政管理部門職工薪酬、物料消耗、低值易耗品攤銷、辦公費和差旅費等）、工會經費、董事會費（包括董事會成員津貼、會議費和差旅費等）、聘請仲介機構費、諮詢費（含顧問費）、訴訟費、業務招待費、房產稅、車船使用稅、土地使用稅、印花稅、技術轉讓費、礦產資源補償費、研究費用、排污費和行政管理部門發生的固定資產折舊費及修理費等。

以上所述的工業企業在生產過程中各項費用的發生、歸集和分配，產品成本的形成和結轉，共同構成工業企業生產過程業務核算的主要內容。

二、生產過程核算設置的帳戶

為了正確核算和監督生產過程中企業各項生產費用和期間費用的發生情況，正確計算確定產品成本，在產品生產過程中應設置「生產成本」「製造費用」「應付職工薪酬」「累計折舊」「庫存商品」「管理費用」「其他應付款」等帳戶。

1. 「生產成本」帳戶

該帳戶是成本類帳戶，用來核算企業生產產品所發生的各項生產費用。借方登記企業發生的各項生產費用，包括直接計入產品生產成本的直接材料費、直接人工費和期末按照一定的方法分配計入產品生產成本的製造費用；貸方登記結轉完工入庫產品的實際成本；期末如有余額在借方，表示尚未完工產品的生產成本。該帳戶應按產品品種或類別設置明細帳，並按成本項目設置專欄進行明細分類核算。

2. 「製造費用」帳戶

該帳戶屬於成本類帳戶，用來歸集企業為組織和管理生產而發生的各項間接費用。其借方登記實際發生的各項間接費用數額；貸方登記月末按一定標準分配轉入「生產成本」帳戶的，應由各受益對象負擔的間接費用數額；期末結轉后一般無余額。該帳戶應按生產車間設置明細帳，並按費用項目設置專欄進行明細分類核算。

3. 「應付職工薪酬」帳戶

該帳戶屬於負債類帳戶，用來核算企業應付職工薪酬的提取、結算、使用等情況。我國《企業會計準則第9號——職工薪酬》規定，職工薪酬是指企業為獲得職

工提供的服務或解除勞動關係而給予各種形式的報酬或補償。職工薪酬包括短期薪酬、離職后福利、辭退福利和其他長期職工福利。「應付職工薪酬」帳戶貸方登記已分配計入有關成本費用項目的職工薪酬的數額，借方登記實際發放職工薪酬的數額；期末余額在貸方，反應企業應付未付的職工薪酬。該帳戶應按職工薪酬明細項內容設置明細帳，進行明細分類核算。

　　4.「累計折舊」帳戶

　　該帳戶屬於資產類帳戶，也是「固定資產」帳戶的備抵帳戶，用來核算固定資產因磨損等原因而減少的價值。固定資產在使用過程中雖然其實物形態保持不變，但其價值會因磨損、技術進步等原因而不斷減少。由於管理的需要，「固定資產」帳戶只核算固定資產的原始價值，固定資產因損耗而減少的價值需要通過「累計折舊」帳戶來核算。會計上估計固定資產因損耗而減少的價值，稱為計提折舊。該帳戶貸方登記對固定資產計提的折舊數額；借方登記由於固定資產減少而相應轉銷的折舊數額；期末余額在貸方，表示企業現有固定資產已計提的累計折舊數額。固定資產折舊是以折舊費的形式轉移到成本費用中，其中為生產產品而發生的固定資產折舊構成製造成本的一部分，記入「製造費用」帳戶；與製造產品無直接關係的固定資產折舊構成管理費用的一部分，記入「管理費用」帳戶。

　　5.「庫存商品」帳戶

　　該帳戶屬於資產類帳戶，用來核算企業完工入庫的庫存商品增減變動及其結存情況。其借方登記完工入庫的產品的生產成本；貸方登記因銷售等原因發出商品的生產成本；期末余額在借方，表示庫存商品的生產成本。該帳戶應按庫存商品的種類、名稱和存放地點設置明細帳，進行明細分類核算。

　　6.「管理費用」帳戶

　　該帳戶屬於損益類帳戶，用來核算企業行政管理部門為組織和管理生產經營活動發生的各項管理費用。其借方登記企業發生的各項管理費用數額；貸方登記期末結轉至「本年利潤」帳戶的管理費用數額；結轉后應無余額。該帳戶應按費用項目設置專欄進行明細分類核算。

　　7.「其他應付款」帳戶

　　該帳戶屬於負債類帳戶，用來核算企業除應付票據、應付帳款、預收帳款、應付職工薪酬、應付利息、應付股利、應交稅費、長期應付款等以外的其他各項應付、暫收的款項。其他應付款主要包括：應付租入固定資產和包裝物的租金、出租或出借包裝物收取的押金、應付暫收其他單位的款項等。該帳戶貸方登記企業發生的其他各種應付、暫收款項；借方登記企業支付的其他各種應付、暫收款項；期末余額在貸方，表示企業應付未付的其他應付款項。該帳戶應按其他應付款的項目和對方單位（或個人）進行明細分類核算。

　　三、生產過程主要經濟業務的核算

(一) 材料費用的核算

工業企業在生產經營過程中，車間生產產品和其他部門領用材料形成材料費用的耗費。生產部門或其他部門在領用材料時必須填製領料單，倉庫部門根據經過授權審批的領料單發出材料后，領料單一聯交給會計部門用於記帳。在實際工作中，會計部門一般在月末對領料單進行匯總，編製發出材料匯總表，按領用部門和用途進行歸集，並按其用途分配計入產品成本或期間費用。

在材料按實際成本核算的情況下，對於發出材料的單位成本的確定方法包括先進先出法、個別計價法等。關於發出材料的計價方法請參考本書第八章第三節的內容。下面發出材料的單位成本按本月購入材料的成本確定，即 A 材料的單位成本為 10.20 元，B 材料的單位成本為 20.80 元，C 材料的單位成本為 10.80 元。

【例 5-23】2014 年 12 月 31 日，揚城有限責任公司根據本月領料單編製發出材料匯總表如表 5-1 所示：

表 5-1　　　　　　　　　　發出材料匯總表　　　　　　金額單位：元

數量：千克

項目	A 材料 數量	A 材料 金額	B 材料 數量	B 材料 金額	C 材料 數量	C 材料 金額	金額合計
生產產品領用							
甲產品	1,000	10,200	1,000	20,800	2,500	27,000	58,000
乙產品	1,000	10,200	500	10,400	1,500	16,200	36,800
合計	2,000	20,400	1,500	31,200	4,000	43,200	94,800
車間一般耗用	500	5,100					5,100
企業管理部門耗用			800	16,640			16,640
合計	2,500	25,500	2,300	47,840	4,000	43,200	116,540

該項經濟業務的發生，一方面生產甲、乙產品耗用材料，使得產品生產成本增加，應記入「生產成本」帳戶借方；生產車間用於間接消耗的材料，使得間接費用增加，應記入「製造費用」帳戶的借方；企業行政管理部門消耗的材料費用，使得期間費用增加，應記入「管理費用」帳戶的借方；另一方面倉庫發出材料，使得原材料減少，應記入「原材料」帳戶的貸方。其會計分錄為：

借：生產成本——甲產品　　　　　　　　　　58,000
　　　　　　——乙產品　　　　　　　　　　36,800
　　製造費用　　　　　　　　　　　　　　　 5,100
　　管理費用　　　　　　　　　　　　　　　16,640
　貸：原材料——A 材料　　　　　　　　　　　　　　25,500

　　　　——B 材料　　　　　　　　　　　　　　　　　　　　47,840
　　　　——C 材料　　　　　　　　　　　　　　　　　　　　43,200
　　（二）人工費用的歸集和分配
　　人工費用包括工資、福利費等付給職工的各種薪酬。人工費用是產品生產成本和期間費用的重要組成部分，應按其發生地點進行歸集，並按其用途分配計入產品生產成本和期間費用。直接從事產品生產的工人的職工薪酬應記入「生產成本」帳戶，對幾種產品共同發生的人工費用，應採用適當的標準和方法，將人工費用在各種產品之間進行分配，分別計入各產品生產成本明細帳中；生產部門管理人員的職工薪酬應記入「製造費用」帳戶；企業管理人員的職工薪酬應記入「管理費用」帳戶；銷售機構人員的職工薪酬等應計入「銷售費用」帳戶。

　　【例5-24】2014年12月15日，揚城有限責任公司開出現金支票一張，從銀行提取現金120,000元，備發工資。
　　該項經濟業務的發生，一方面使庫存現金增加，借記「庫存現金」帳戶；另一方面，使銀行存款減少，貸記「銀行存款」帳戶。其會計分錄為：
　　借：庫存現金　　　　　　　　　　　　　　　　　　　120,000
　　　　貸：銀行存款　　　　　　　　　　　　　　　　　　120,000

　　【例5-25】2014年12月15日，揚城有限責任公司以現金120,000元支付職工工資。
　　該項經濟業務的發生，一方面使應付職工薪酬負債減少，借記「應付職工薪酬」帳戶；另一方面使庫存現金減少，貸記「庫存現金」帳戶。其會計分錄如下：
　　借：應付職工薪酬　　　　　　　　　　　　　　　　　120,000
　　　　貸：庫存現金　　　　　　　　　　　　　　　　　　120,000

　　【例5-26】月末，揚城有限責任公司根據工資和考勤記錄，計算出應付職工工資總額為120,000元，其中，甲產品生產工人工資60,000元，乙產品生產工人工資40,000元，車間技術、管理人員工資為10,000元，企業行政管理人員工資為10,000元。
　　該項經濟業務的發生，一方面使產品成本中的人工費用增加，記入「生產成本」帳戶借方；計提車間管理人員的工資，使製造費用增加，記入「製造費用」帳戶借方；計提行政管理人員的工資，使管理費用增加，記入「管理費用」帳戶的借方；另一方面計提應付未付的工資，使企業的負債增加，應記入「應付職工薪酬」帳戶的貸方。其會計分錄為：
　　借：生產成本——甲產品　　　　　　　　　　　　　　60,000
　　　　　　　　——乙產品　　　　　　　　　　　　　　40,000
　　　　製造費用　　　　　　　　　　　　　　　　　　　10,000
　　　　管理費用　　　　　　　　　　　　　　　　　　　10,000
　　　　貸：應付職工薪酬——工資　　　　　　　　　　　120,000

(三) 製造費用的歸集和分配

製造費用是企業生產部門為組織和管理生產活動而發生的各項費用。製造費用在發生時，一般無法直接判定其應歸屬的成本核算對象，因此，不能直接計入產品生產成本，應先在「製造費用」帳戶進行歸集匯總，期末再採用適當的分配標準和方法，分配計入有關產品的生產成本中。一般常用的分配標準有生產工人工時、機器工時、直接人工費用等。其計算公式如下：

製造費用分配率＝製造費用總額／各種產品的分配標準之和

某種產品應分配的製造費用＝該種產品的分配標準×製造費用分配率

【例5-27】2014年12月10日，揚城有限責任公司以銀行存款預付明年第一季度車間廠房的租金30,000元。

該項經濟業務的發生，一方面，根據權責發生制原則，凡是不屬於本期的費用，即使款項已經支付，也不能作為本期費用，因此預付明年第一季度車間廠房的租金應作為預付帳款處理，預付帳款增加，應記入「預付帳款」帳戶的借方；另一方面，企業用銀行存款支付，使得資產減少，應記入「銀行存款」帳戶的貸方。其會計分錄為：

借：預付帳款　　　　　　　　　　　　　　　　30,000
　　貸：銀行存款　　　　　　　　　　　　　　　　30,000

【例5-28】2014年12月20日，揚城有限責任公司以現金支付生產車間辦公用品費用100元，廠部辦公用品費用200元。

該項經濟業務的發生，一方面，使得費用增加，但應分不同的受益部門記入「製造費用」和「管理費用」帳戶的借方；另一方面，企業用現金支付辦公用品費用，使得資產減少，應記入「庫存現金」帳戶的貸方。其會計分錄為：

借：製造費用　　　　　　　　　　　　　　　　100
　　管理費用　　　　　　　　　　　　　　　　200
　　貸：庫存現金　　　　　　　　　　　　　　　　300

【例5-29】2014年12月31日，揚城有限責任公司計提當月固定資產折舊25,000元，其中生產車間固定資產折舊23,500元，企業管理部門固定資產折舊1,500元。

該項經濟業務的發生，一方面使生產車間使用的固定資產計提的折舊與企業管理部門使用的固定資產計提的折舊增加，應分別記入「製造費用」帳戶的借方；另一方面，固定資產損耗的價值，不直接衝減「固定資產」帳戶的帳面價值，而是記入「累計折舊」帳戶的貸方。其會計分錄為：

借：製造費用　　　　　　　　　　　　　　　　23,500
　　管理費用　　　　　　　　　　　　　　　　1,500
　　貸：累計折舊　　　　　　　　　　　　　　　　25,000

【例5-30】2014年12月31日，揚城有限責任公司攤銷已預付但應由本月負擔

的生產車間設備保險費1,500元。

該項經濟業務，即應由本月負擔的生產車間設備保險費應借記「製造費用」帳戶；按期攤銷的費用，應貸記「預付帳款」帳戶。其會計分錄為：

借：製造費用　　　　　　　　　　　　　　　　　1,500
　　貸：預付帳款　　　　　　　　　　　　　　　　　　1,500

【例5-31】2014年12月31日，揚城有限責任公司預提本月辦公大樓租金8,500元。

該項經濟業務中，預提本月辦公大樓租金使企業費用增加，應記入「管理費用」帳戶的借方；而尚未支付的辦公大樓租金，應記入「其他應付款」帳戶的貸方。其會計分錄為：

借：管理費用　　　　　　　　　　　　　　　　　8,500
　　貸：其他應付款　　　　　　　　　　　　　　　　　8,500

【例5-32】2014年12月31日，將本月發生的製造費用按生產工人工時比例分配計入甲、乙產品生產成本。甲產品生產工時為4,000工時，乙產品生產工時為6,000工時。

該項經濟業務中首先應計算製造費用總額。根據前述相關資料，計算出本期的製造費用總額為40,200元（5,100元+10,000元+100元+23,500元+1,500元）。

然後按生產工人的工時比例進行分配，計算製造費用分配率。

製造費用分配率＝製造費用總額÷生產工人工時之和＝40,200÷（4,000+6,000）＝4.02（元/工時）

最後確定每種產品應負擔的製造費用數額。

甲產品負擔的製造費用＝4,000×4.02＝16,080（元）

乙產品負擔的製造費用＝6,000×4.02＝24,120（元）

上述分配結果應計入甲產品和乙產品的生產成本，成本增加應記入「生產成本」帳戶的借方；同時，製造費用分配數額結轉至產品生產成本後，使得製造費用減少，應記入「製造費用」帳戶的貸方。其會計分錄為：

借：生產成本——甲產品　　　　　　　　　　　　16,080
　　　　　　——乙產品　　　　　　　　　　　　24,120
　　貸：製造費用　　　　　　　　　　　　　　　　　40,200

（四）完工產品生產成本的計算和結轉

經過上述業務處理後，應計入產品生產成本的直接材料費用、直接人工費用和製造費用等都已歸集在「生產成本」帳戶的借方，在此基礎上就可以進行完工產品生產成本的計算。完工產品生產成本的計算公式如下：

完工產品的成本＝月初在產品的成本＋本月發生的生產費用－月末在產品的成本

從上述公式可看出，如果某種產品全部完工，則月末在產品的成本為零，該產

品生產成本明細帳所歸集的費用總額全部為該種完工產品的生產總成本；如果某種產品全部未完工，則該產品生產成本明細帳所歸集的費用總額全部為月末在產品總成本；如果某種產品部分完工部分未完工，則該產品生產成本明細帳所歸集的費用總額，應採用一定的方法在完工產品和在產品之間進行分配，然后計算出完工產品的生產總成本和單位成本。當期累計的生產費用在完工產品和在產品之間進行分配的具體方法將在后續課程「成本會計」裡詳細講述。產品完工驗收入庫時，完工產品的成本應從「生產成本」帳戶貸方轉出至「庫存商品」帳戶借方。

【例5-33】2014年12月31日，揚城有限責任公司本月投產的甲、乙兩種產品，甲產品1,000件全部完工驗收入庫，乙產品完工180件，另有10件尚未完工，月末在產品的成本為1,920元。

根據前述相關資料，甲產品的總成本為134,080元（58,000元+60,000元+16,080元），單位成本為134.08元（34,080/1,000）；乙產品的總成本為100,920元（36,800元+40,000元+24,120元），完工產品的成本為99,000元（100,920-1,920），單位成本為550元（99,000/180）。完工產品的成本轉出，應記入「生產成本」帳戶貸方，同時完工產品驗收入庫，庫存商品增加應記入「庫存商品」帳戶的借方。甲產品全部完工，「生產成本——甲產品」明細帳期末沒有餘額。乙產品部分未完工，「生產成本——乙產品」明細帳期末有借方餘額1,920元，代表在產品的成本。結轉完工入庫產品的製造成本，會計分錄為：

借：庫存商品——甲產品　　　　　　　　　　　　　　　134,080
　　　　　　——乙產品　　　　　　　　　　　　　　　　99,000
貸：生產成本——甲產品　　　　　　　　　　　　　　　134,080
　　　　　　——乙產品　　　　　　　　　　　　　　　　99,000

第四節　銷售過程業務的核算

一、銷售業務核算的主要內容

銷售過程是企業實現產品銷售和其他業務銷售的過程。在這一過程中，企業將生產出來的產品銷售出去，按照銷售價格和結算制度的規定，向購貨方辦理結算手續，及時收取貨款或形成債權，取得商品銷售收入。在這一銷售過程中，企業還必須付出相應數量的產品，為製造這些產品而耗費的生產成本，稱為商品銷售成本。此外，為了銷售產品，還會發生各種費用，如廣告費用、包裝費、裝卸費和運輸費等，稱為銷售費用。企業在取得銷售收入時，應按照國家稅法規定，計算繳納企業生產經營活動應負擔的稅金。商品銷售收入是製造企業的主營業務收入，主營業務收入一般占企業總收入的比重較大。企業除了主營業務外還會發生其他銷售業務，如銷售材料、出租包裝物、出租固定資產、代購代銷以及提供運輸等非工業勞務活

動。其他銷售業務取得的收入稱為其他業務收入，其他業務收入一般占企業總收入的比重較小。對於不同的企業，主營業務和其他業務的劃分可能不同，一個企業的主營業務可能是另一個企業的其他業務，即便在同一個企業裡，不同期間的主營業務和其他業務的內容也不是固定不變的。和主營業務銷售一樣，企業在其他銷售業務過程中，同樣會發生其他業務成本、銷售費用和銷售稅金。

綜上所述，銷售業務核算的內容主要包括主營業務銷售和其他業務銷售，企業應根據收入與費用相配比的原則，在辦理價款結算並確認銷售收入的同時，確認並結轉銷售成本、銷售費用、營業稅金及附加等。

二、商品銷售收入的確認與計量

製造企業的商品包括企業為銷售而生產的產品以及企業銷售的其他存貨，如原材料、包裝物等。根據《企業會計準則第14號——收入》的規定，銷售商品收入同時滿足下列5個條件時，才能予以確認：

(一) 企業已將商品所有權上的主要風險和報酬轉移給購貨方

企業已將商品所有權上的主要風險和報酬轉移給購貨方，是指與商品所有權有關的主要風險和報酬同時轉移給了購貨方。其中，與商品所有權有關的風險，是指商品可能發生減值或毀損等形成的損失；與商品所有權有關的報酬，是指商品價值增值或通過使用商品等形成的經濟利益。

判斷企業是否已將商品所有權上的主要風險和報酬轉移給購貨方，應當關注交易的實質而不是形式，同時考慮所有權憑證的轉移或實物的交付。如果與商品所有權有關的任何損失均不需要銷貨方承擔，與商品所有權有關的任何經濟利益也不歸銷貨方所有，就表明商品所有權上的主要風險和報酬轉移給了購貨方。

(二) 企業既沒有保留通常與所有權相聯繫的繼續管理權，也沒有對已售出的商品實施有效控制

通常情況下，企業售出商品后不再保留與商品所有權相聯繫的繼續管理權，也不再對售出商品實施有效控制，表明商品所有權上的主要風險和報酬已經轉移給購貨方，應在發出商品時確認收入。

在有的情況下，企業商品售出后，由於各種原因仍保留與商品所有權相聯繫的繼續管理權，或仍對商品可以實施有效控制，如售后回購、售后租回等，則說明此項銷售交易沒有完成，銷售不能成立，不應確認銷售商品收入。

(三) 收入的金額能夠可靠地計量

收入的金額能夠可靠地計量，是指收入的金額能夠合理地估計。如果收入的金額不能夠合理估計，則無法確認收入。通常情況下，企業在銷售商品時，商品銷售價格已經確定，企業應當按照從購貨方已收或應收的合同或協議價款確定收入金額。

有時，由於銷售商品過程中某些不確定因素的影響，也有可能存在商品銷售價格發生變動的情況，如附有銷售退回條件的商品銷售。如果企業不能合理估計退貨

的可能性，則無法確定銷售商品的價格，也就不能夠合理地估計收入的金額，不應在發出商品時確定收入，而應當在售出商品退貨期屆滿商品銷售價格能夠可靠計量時確定收入。

（四）相關的經濟利益很可能流入企業

相關的經濟利益很可能流入企業，是指銷售商品價款收回的可能性大於不能收回的可能性，即銷售商品價款收回的可能性超過50％。企業在確定銷售商品價款收回的可能性時，應當結合以前和買方交往的直接經驗、政府有關政策、其他方面取得信息等因素進行分析。企業銷售的商品符合合同或協議要求，已將發票帳單交付買方，買方承諾付款，通常表明滿足本確認條件（相關的經濟利益很可能流入企業）。如果企業根據以前與買方交往的直接經驗判斷買方信譽較差，或銷售時得知買方在另一項交易中發生了巨額虧損，資金週轉十分困難；或在出口商品時不能肯定進口企業所在國政府是否允許將款項匯出等，就可能會出現與銷售商品相關的經濟利益不能流入企業的情況，不應確認收入。如果企業判斷銷售商品收入滿足確認條件確認了一筆應收債權，以后由於購貨方資金週轉困難無法收回該債權時，不應調整原確認的收入，而應對該債權計提壞帳準備、確認壞帳損失。

（五）相關的已發生或將發生的成本能夠可靠地計量

通常情況下，銷售商品相關的已發生或將發生的成本能夠合理地估計，如庫存商品的成本、商品運輸費用等。如果庫存商品是本企業生產的，其生產成本能夠可靠計量；如果是外購的，購買成本能夠可靠計量。有時，銷售商品相關的已發生或將發生的成本不能夠合理地估計，此時企業不應確認收入，已收到的價款應確認為負債。

上述五個條件的具體應用將在后續課程「中級財務會計」詳細講述，本書涉及的商品銷售均假設同時滿足了上述五個條件，收入在商品發出時即可予以確認。

三、銷售業務核算應設置的帳戶

為了正確反應企業銷售產品實現的收入和發生的銷售成本、營業稅金及附加、銷售費用及往來結算情況，在會計核算中應設置「主營業務收入」「主營業務成本」「其他業務收入」「其他業務成本」「銷售費用」「營業稅金及附加」「應收帳款」「預收帳款」「應收票據」「應交稅費」等帳戶。「應交稅費」帳戶的內容請參考第二節供應過程的核算。

1.「主營業務收入」帳戶

該帳戶屬於損益類帳戶，用來核算企業在銷售商品、提供勞務或讓渡資產使用權等日常經營活動中取得的收入。其貸方登記企業銷售商品、提供勞務等實現的收入數額，借方登記銷貨退回而發生的收入衝銷數額和期末轉入「本年利潤」帳戶的收入數額；期末結轉后該帳戶無余額。該帳戶應按銷售產品的品種或類別設置明細帳，進行明細分類核算。

2.「主營業務成本」帳戶

該帳戶屬於損益類帳戶，用來核算企業因銷售商品、提供勞務或讓渡資產使用權等日常活動而發生的實際成本。其借方登記結轉已售商品、提供的各種勞務等的實際成本；貸方登記當月發生銷售退回的商品成本和期末轉入「本年利潤」帳戶的當期銷售產品成本；期末結轉后該帳戶應無餘額。該帳戶應按銷售產品的品種或類別設置明細帳，進行明細分類核算。

3.「其他業務收入」帳戶

該帳戶屬於損益類帳戶，用來核算企業確認的除主營業務活動以外的其他經營活動實現的收入，包括出租固定資產、出租無形資產、出租包裝物和商品、銷售材料等實現的收入。其貸方登記企業實現的其他業務收入的增加數額；借方登記期末轉入「本年利潤」帳戶的其他業務收入額；結轉后期末無餘額。該帳戶應按其他業務的種類設置明細帳，進行明細分類核算。

4.「其他業務成本」帳戶

該帳戶屬於損益類帳戶，用來核算企業確認的除主營業務活動以外的其他經營活動所發生的支出，包括銷售材料的成本、出租固定資產的折舊額、出租無形資產的攤銷額、出租包裝物的成本或攤銷額等。該帳戶借方登記各種其他業務發生的成本、費用增加數額；貸方登記期末轉入「本年利潤」帳戶的其他業務成本支出；期末結轉后該帳戶無餘額。該帳戶應按其他業務的種類設置明細帳，進行明細分類核算。

5.「銷售費用」帳戶

該帳戶屬於損益類帳戶，用來核算企業在銷售商品和材料、提供勞務等主營業務銷售和其他業務銷售過程中發生的各項費用，包括企業在銷售過程中發生的運輸費、裝卸費、包裝費、保險費、廣告費、商品維修費、預計產品質量保證損失、展覽費，以及企業發生的為銷售本企業商品而專設的銷售機構（含銷售網點、售後服務網點等）的職工薪酬、業務費、折舊費、固定資產修理費等費用。其借方登記發生的各種銷售費用；貸方登記轉入「本年利潤」帳戶的銷售費用；期末結轉后該帳戶應無餘額。該帳戶應按照費用項目進行明細分類核算。

6.「營業稅金及附加」帳戶

該帳戶屬於損益類帳戶，用來核算企業在主營業務銷售和其他業務銷售過程中發生的，應由企業負擔的各項稅費（包括消費稅、營業稅、資源稅、城市維護建設稅及教育費附加）的計算及結轉情況。其借方登記按規定應由企業負擔的稅金及附加；貸方登記期末轉入「本年利潤」帳戶中的營業稅金及附加數額；期末結轉后本帳戶應無餘額。該帳戶應按銷售產品的品種或類別設置明細帳，進行明細分類核算。

7.「應收帳款」帳戶

該帳戶屬於資產類帳戶，用來核算企業因銷售商品、提供勞務等應向購貨單位或接受勞務單位收取的款項，包括商品價款、增值稅稅款和代墊款項。不單獨設置

「預收帳款」帳戶的企業，預收的帳款也在本帳戶核算。其借方登記應收款項的增加；貸方登記已經收回的應收款項和轉作壞帳損失的應收款項；期末余額在借方，表示企業應收但尚未收回的款項，如為貸方余額，則反應企業預收的帳款。該帳戶應按照購貨單位或接受勞務的單位設置明細帳戶，進行明細分類核算。

8.「預收帳款」帳戶

該帳戶屬於負債類帳戶，用來核算企業按照合同規定向購貨單位預收的款項。其貸方登記預收購貨單位的款項；借方登記銷售實現時衝銷的貨款預收和退回多付的款項；期末余額一般在貸方表示預收購貨單位的款項，如是借方余額則表示購貨單位所欠的貨款。本帳戶應按照購貨單位名稱設置明細帳戶，進行明細分類核算。預收款不多的企業，也可以將預收的款項直接記入「應收帳款」帳戶的貸方，而不設本帳戶。

9.「應收票據」帳戶

應收票據是指企業因銷售商品、提供勞務等而收到的商業匯票。該帳戶屬於資產類帳戶，用來核算企業在銷售商品、提供勞務過程中收到的購貨單位或接受勞務單位開出的商業匯票增減變動及其結存情況。其借方登記企業在銷售商品、提供勞務過程中收到的商業匯票金額；貸方登記商業匯票到期收回及貼現的金額；期末余額在借方，表示尚未收回的應收票據金額。

四、銷售業務核算的帳務處理

【例5-34】2014年12月05日，揚城有限責任公司銷售甲產品1,000件給華南公司，每件售價600元，貨款為600,000元，增值稅稅額為102,000元，商品已發出，款項尚未收到。

該項經濟業務的發生，一方面使企業應收帳款增加，應記入「應收帳款」帳戶的借方；另一方面銷售商品實現的銷售收入，應記入「主營業務收入」帳戶的貸方；企業向購貨方收取的增值稅銷項稅額增加，應記入「應交稅費——應交增值稅（銷項稅額）」帳戶的貸方。其會計分錄為：

借：應收帳款——華南公司　　　　　　　　　　　　702,000
　　貸：主營業務收入——甲產品　　　　　　　　　　600,000
　　　　應交稅費——應交增值稅（銷項稅額）　　　　102,000

【例5-35】2014年12月10日，根據合同規定，揚城有限責任公司預收購貨單位遠方公司購買乙產品的價款170,000元，存入銀行。

該項經濟業務的發生，一方面企業預收帳款增加，應記入「預收帳款」帳戶的貸方；另一方面企業銀行存款增加，應記入「銀行存款」帳戶的借方。其會計分錄如下：

借：銀行存款　　　　　　　　　　　　　　　　　　170,000
　　貸：預收帳款——遠方公司　　　　　　　　　　　170,000

【例5－36】2014年12月15日，揚城有限責任公司向上述預付款的遠方公司發出100件乙產品，每件1,500元，總價款為150,000元，增值稅額為25,500元，當即收到對方以銀行存款補付差額款5,500元。

該項經濟業務的發生，一方面使企業預收帳款減少170,000元，應記入「預收帳款」帳戶的借方；另一方面使企業主營業務收入增加150,000元，應記入「主營業務收入」帳戶的貸方；企業向購貨方收取的增值稅銷項稅額增加25,500元，應記入「應交稅費——應交增值稅（銷項稅額）」帳戶的貸方；收到對方補付的差額款使銀行存款增加5,500元，應記入「銀行存款」帳戶借方。其會計分錄為：

借：預收帳款——遠方公司　　　　　　　　　　　　170,000
　　銀行存款　　　　　　　　　　　　　　　　　　　5,500
　貸：主營業務收入——乙產品　　　　　　　　　　150,000
　　　應交稅費——應交增值稅（銷項稅額）　　　　 25,500

【例5－37】2014年12月20日，揚城有限責任公司接到銀行通知，收到華南公司前欠銷貨款702,000元。

該項經濟業務的發生，一方面使企業銀行存款增加，應記入「銀行存款」帳戶的借方；另一方面使企業應收帳款減少，應記入「應收帳款」帳戶的貸方。其會計分錄為：

借：銀行存款　　　　　　　　　　　　　　　　　　702,000
　貸：應收帳款——華南公司　　　　　　　　　　　702,000

【例5－38】2014年12月20日，揚城有限責任公司向海豐公司出售一批不需用的A材料1,000千克，開出增值稅專用發票一張，每千克售價12元，總貨款為12,000元，增值稅稅率為17％，收到海豐公司開出的一張票面金額為14,040元，期限為四個月的不帶息商業匯票。

該項經濟業務中，銷售材料屬於公司其他銷售業務，因此該收入增加應記入「其他業務收入」帳戶的貸方；企業向購貨方收取的增值稅銷項稅額，應記入「應交稅費——應交增值稅（銷項稅額）」帳戶的貸方；另一方面收到商業匯票使企業資產增加，應記入「應收票據」帳戶的借方。其會計分錄為：

借：應收票據——海豐公司　　　　　　　　　　　　14,040
　貸：其他業務收入——A材料　　　　　　　　　　 12,000
　　　應交稅費——應交增值稅（銷項稅額）　　　　　2,040

【例5－39】2014年12月20日，結轉銷售A材料的成本。揚城有限責任公司銷售的上述A材料1,000千克，該批A材料的單位成本為每千克10.20元，共10,200元。

該項經濟業務的發生，一方面，應結轉已售材料的實際成本，記「其他業務成本」帳戶的借方；另一方面銷售發出材料，記「原材料」帳戶的貸方。其會計分錄為：

借：其他業務成本 10,200
　　貸：原材料——A 材料 10,200

【例 5 - 40】月末，揚城有限責任公司以銀行存款支付銷售產品的廣告費 2,500 元。

該項經濟業務的發生，一方面使企業銷售費用增加，應記入「銷售費用」帳戶的借方；另一方面使銀行存款減少，應記入「銀行存款」帳戶的貸方。其會計分錄為：

借：銷售費用 2,500
　　貸：銀行存款 2,500

【例 5 - 41】月末，計算並結轉本月已售 1,000 件甲產品和 100 件乙產品的銷售成本。

發出庫存商品的單位成本的確定方法包括先進先出法、加權平均法、個別計價法等。有關發出商品的計價方法請參考本書第八章第三節的內容。下面發出商品的單位成本按本月完工入庫產品的單位成本來確定，即甲產品每件的銷售成本為 134.08 元，乙產品每件的銷售成本為 550 元。

該項經濟業務的發生，一方面應結轉已售商品的銷售成本，即商品銷售成本增加應記「主營業務成本」帳戶的借方；另一方面銷售發出商品，使商品減少，應記入「庫存商品」帳戶的貸方。其會計分錄為：

借：主營業務成本——甲產品 134,080
　　　　　　　　——乙產品 55,000
　　貸：庫存商品——甲產品 134,080
　　　　　　　　——乙產品 55,000

【5 - 42】月末，揚城有限責任公司按本月銷售甲乙產品收入的 10% 計算本期應繳納的消費稅為 75,000 元（假設甲乙產品均為應稅消費品）。另外本月銷售甲乙產品應繳納的城市維護建設稅 5,000 元，教育費附加 3,000 元。

該項經濟業務的發生，一方面使營業稅金及附加增加 83,000 元（75,000 + 5,000 + 3,000），應記入「營業稅金及附加」帳戶的借方；另一方面，使尚未支付的稅費也增加 83,000 元（75,000 + 5,000 + 3,000），應記入「應交稅費」帳戶的貸方。其會計分錄為：

借：營業稅金及附加 83,000
　　貸：應交稅費——應交消費稅 75,000
　　　　　　　——應交城市維護建設稅 5,000
　　　　　　　——應交教育費附加 3,000

第五節　財務成果業務的核算

　　財務成果是企業在一定時期的經營活動中的最終成果，是按照配比的要求，將企業一定時期的全部收入減去與之相配比的全部費用后的結果。收入大於費用的差額稱為利潤，反之則為虧損。企業的利潤或虧損在很大程度上反應了企業經營的效益和經營管理水平的高低。企業若實現利潤，首先應繳納所得稅，然后再將稅后利潤按照規定程序進行分配，一部分留歸企業自行支配，一部分分給企業的所有者。企業若發生虧損，應按規定進行彌補。因此，財務成果的核算內容包括利潤形成業務和利潤分配業務兩大部分。

一、利潤形成業務核算的內容

（一）利潤的含義

　　利潤是指企業在一定會計期間內開展各項經濟業務活動取得的最終經營成果。利潤是按照配比原則的核算要求，將一定會計期間的各種收入與各種費用支出進行配比的結果。其計算公式為：

利潤＝收入－費用

　　收入大於費用的差額為利潤，反之則為虧損。上述公式中的收入和費用不同於會計要素的收入和費用，而是指廣義的收入和費用。廣義的收入不僅包括營業收入，還包括營業外收入；廣義費用不僅包括為取得營業收入而發生的各種耗費，還包括營業外支出和所得稅費用。也就是說，企業的利潤不僅包括日常生產經營活動取得的利潤，還包括了直接計入當期利潤的利得和損失。直接計入當期利潤的利得和損失，是指應當計入當期損益、會導致所有者權益發生增減變動的、與所有者投入資本或向所有者分配利潤無關的利得或者損失。

（二）利潤的構成

　　我國企業會計準則規定，企業的利潤由營業利潤、利潤總額和淨利潤三個層次構成。現將有關利潤指標各層次的計算公式表述如下：

1. 營業利潤

營業利潤＝營業收入－營業成本－營業稅金及附加－銷售費用－管理費用－財務費用－資產減值損失＋公允價值變動收益（－公允價值變動損失）＋投資收益（－投資損失）

　　其中，營業收入是指企業開展日常經營活動所確認的收入總額，包括主營業務收入和其他業務收入。營業成本是指企業開展日常經營活動所發生的實際成本總額，包括主營業務成本和其他業務成本。資產減值損失是指企業根據我國企業會計準則的規定，計提的各項資產減值準備所形成的損失。公允價值變動收益（或損失）是

指企業交易性金融資產等公允價值變動形成的應計入當期損益的利得（或損失）。投資收益（或損失）是指企業以各種方式對外投資所取得的收益（或發生的損失）。資產減值損失、公允價值變動損益及投資收益的內容將在后續課程「中級財務會計」再進一步學習。

2. 利潤總額

利潤總額 = 營業利潤 + 營業外收入 - 營業外支出

其中，營業外收入是指企業發生的與其日常經營活動無直接關係的各項利得。營業外收入並不是企業日常經營活動發生的，不需要企業付出資金耗費，因此，也不需要與有關的費用進行配比。營業外收入主要包括非流動資產處置利得、罰款收入、沒收的押金收入、債務重組利得、政府補貼、接受捐贈利得、非貨幣性資產交換利得等。營業外支出是指企業發生的與其日常經營活動無直接關係的各項損失，主要包括非流動資產處置損失、債務重組損失、非貨幣性資產交換損失、罰款支出、公益性捐贈支出、非常損失等。

3. 淨利潤

淨利潤是指在按稅法規定向國家繳納企業所得稅費用後的余額。

淨利潤 = 利潤總額 - 所得稅費用

所得稅費用是指企業按照企業所得稅法的規定，對企業每一納稅年度的生產經營所得和其他所得，按照規定的所得稅率計算繳納的一種稅款。根據 2008 年 1 月 1 日開始實施的《中華人民共和國企業所得稅法》的規定，企業的所得稅的基本稅率為 25%。其計算公式為：

所得稅 = 應納稅所得額 × 適用稅率

應納稅所得額 = 收入總額 - 不徵稅收入 - 免稅收入 - 各項扣除 - 虧損彌補

虧損彌補是指稅法規定，企業某一納稅年度發生的虧損可以用下一年度的所得彌補，下一年度的所得不足以彌補的，可以逐年延續彌補，但最長不得超過 5 年。

上述應納稅所得額的計算方法稱為直接計算法，實際工作中，通常採用間接計算法。在間接計算法下，應納稅所得額是在會計利潤的基礎上加或減按照稅法規定調整的項目金額后計算得出來的。稅收調整項目的內容主要是企業的財務會計和稅收規定不一致的應調整的金額。納稅調整的內容較複雜，這部分內容將在后續課程「中級財務會計」學習。

(三) 利潤形成核算應設置的帳戶

為了正確反應企業利潤形成情況，在會計核算中除了在本章前述幾節業務中已經設置的「主營業務收入」「其他業務收入」「主營業務成本」「其他業務成本」「管理費用」「財務費用」「銷售費用」「營業稅金及附加」等帳戶外，還應設置「營業外收入」「營業外支出」「所得稅費用」「本年利潤」等帳戶。

1.「營業外收入」帳戶

該帳戶屬於損益類帳戶，用來核算企業發生的與企業生產經營無直接關係的各項收入。其貸方登記企業發生的各項營業外收入；借方登記期末轉入「本年利潤」帳戶的營業外收入數；期末結轉后應無余額。該帳戶一般應按收入項目設置明細帳進行明細分類核算。

2.「營業外支出」帳戶

該帳戶屬於損益類帳戶,用來核算企業發生的與企業生產經營無直接關係的各項支出。其借方登記企業發生的各項營業外支出;貸方登記期末轉入「本年利潤」帳戶的營業外支出數;期末結轉后該帳戶應無余額。該帳戶應按支出項目設置明細帳進行明細分類核算。

3.「所得稅費用」帳戶

該帳戶屬於損益類帳戶,用來核算企業按稅法規定從本期利潤總額中計算的所得稅費用。其借方登記企業應計入本期損益的所得稅稅額;貸方登記企業期末轉入「本年利潤」帳戶的所得稅稅額;結轉后該帳戶應無余額。

4.「本年利潤」帳戶

該帳戶屬於所有者權益類帳戶,用來核算企業利潤形成和虧損的發生情況的帳戶。利潤的計算方法有兩種,一種是表結法,通過利潤表來計算利潤;一種是帳結法,即通過設置「本年利潤」帳戶來計算利潤。利潤是各項收入和各項費用支出相抵后的最終經營成果。會計期末,企業要將各項收入類帳戶和各項費用類帳戶結轉至「本年利潤」帳戶進行對比,計算出企業在一定會計期間的利潤或虧損。其貸方登記期末從「主營業務收入」「其他業務收入」「營業外收入」等帳戶轉入的收入數;借方登記期末從「主營業務成本」「營業稅金及附加」「其他業務成本」「銷售費用」「管理費用」「財務費用」「營業外支出」「所得稅費用」等帳戶轉入的費用數。將本期轉入的收入和費用的發生額進行對比,若為貸方余額,表示實現的淨利潤;若為借方余額,表示發生的淨虧損。在會計中期,該帳戶的余額保留在本帳戶,不予結轉,表示截至本期累計實現的淨利潤(或虧損)。年度終了,應將「本年利潤」帳戶的余額轉入「利潤分配」帳戶,結轉后該帳戶應無余額。

(四)利潤形成業務的會計處理

【例5-43】2014年12月25日,經批准,揚城有限責任公司沒收華興公司包裝物押金500元轉作營業外收入。

該項經濟業務的發生,一方面使其他應付款減少500元,應記入「其他應付款」帳戶的借方;另一方面使營業外收入增加500元,應記入「營業外收入」帳戶的貸方。其會計分錄為下:

借:其他應付款——華興公司   500
  貸:營業外收入   500

【例5-44】2014年12月28日,揚城有限責任公司以現金支付稅收滯納金200元。

該項經濟業務的發生,一方面使企業的營業外支出增加,應記入「營業外支出」帳戶的借方;另一方面使企業資產減少,應記入「庫存現金」帳戶的貸方。其會計分錄為:

借:營業外支出   200

貸：庫存現金　　　　　　　　　　　　　　　　　　　　　　200

【例5-45】2014年12月31日，將各項收入帳戶的余額轉入「本年利潤」帳戶。

　　根據本章前述發生的經濟業務可知，「主營業務收入——甲產品」帳戶貸方余額為600,000元，「主營業務收入——乙產品」帳戶貸方余額為150,000元，「其他業務收入——A材料」帳戶貸方余額為12,000元，「營業外收入」帳戶余額為500元。結轉收入類帳戶，一方面使企業利潤增加，應記入「本年利潤」帳戶的貸方，另一方面結轉各項收入應記入各收入類帳戶的借方。其會計分錄為：

　　借：主營業務收入　　　　　　　　　　　　　　　　　750,000
　　　　其他業務收入　　　　　　　　　　　　　　　　　 12,000
　　　　營業外收入　　　　　　　　　　　　　　　　　　　　500
　　　貸：本年利潤　　　　　　　　　　　　　　　　　　 762,500

【例5-46】2014年12月31日，將各項費用帳戶的余額轉入「本年利潤」帳戶。

　　根據本章前述發生的經濟業務可知，「主營業務成本——甲產品」帳戶借方余額為134,080元，「主營業務成本——乙產品」帳戶借方余額為55,000元，「其他業務成本——A材料」帳戶借方余額為10,200元、「營業稅金及附加」帳戶借方余額為83,000元，「管理費用」帳戶借方余額為36,840元（16,640+10,000+200+1,500+8,500），「銷售費用」帳戶借方余額為2,500元，「財務費用」帳戶借方余額為3,750元（750+1,500+1,500），「營業外支出」帳戶借方余額為200元。結轉費用類帳戶這項經濟業務的發生，一方面使企業利潤減少，應記入「本年利潤」帳戶的借方，另一方面結轉各項費用應記入各費用類帳戶的貸方。其會計分錄為：

　　借：本年利潤　　　　　　　　　　　　　　　　　　 325,570
　　　貸：主營業務成本　　　　　　　　　　　　　　　　 189,080
　　　　　其他業務成本　　　　　　　　　　　　　　　　　10,200
　　　　　營業稅金及附加　　　　　　　　　　　　　　　　83,000
　　　　　管理費用　　　　　　　　　　　　　　　　　　　36,840
　　　　　銷售費用　　　　　　　　　　　　　　　　　　　 2,500
　　　　　財務費用　　　　　　　　　　　　　　　　　　　 3,750
　　　　　營業外支出　　　　　　　　　　　　　　　　　　　 200

　　通過上項結轉，各收入費用都匯集於「本年利潤」帳戶，根據「本年利潤」帳戶借貸方記錄可計算出12月份的利潤總額為436,930元（762,500-325,570）。

【例5-47】期末，揚城有限責任公司按企業所得稅稅率25%計算應交所得稅，假設公司不存在納稅調整事項。

　　應納稅所得額是在利潤總額的基礎上進行納稅調整後確定的，該業務的具體核算將在后續課程「中級財務會計」講解。假設本企業不存在納稅調整事項，該公司

的應納稅所得額與利潤總額一致。企業當期所得稅為 109,232.5 元（436,930 × 25%）。該項經濟業務的發生，一方面使企業的所得稅費用增加，應記入「所得稅費用」帳戶的借方，另一方面企業應交未交的所得稅使企業的負債增加，應記入「應交稅費——應交所得稅」帳戶的貸方。其會計分錄為：

借：所得稅費用　　　　　　　　　　　　　　　109,232.50
　　貸：應交稅費——應交所得稅　　　　　　　　109,232.50

【例 5-48】期末，結轉所得稅費用到本年利潤。

結轉所得稅費用，一方面使企業利潤減少，應記入「本年利潤」帳戶的借方，另一方面結轉所得稅費用應記入「所得稅費用」帳戶的貸方。其會計分錄為：

借：本年利潤　　　　　　　　　　　　　　　　109,232.50
　　貸：所得稅費用　　　　　　　　　　　　　　109,232.50

結轉所得稅費用后，根據「本年利潤」帳戶借貸方記錄可以計算出 12 月份的淨利潤為 327,697.50 元（762,500 - 325,570 - 109,232.50）。

【例 5-49】月末，揚城有限責任公司以銀行存款向稅務部門預交所得稅 100,000 元。

該項經濟業務的發生，一方面使企業應交稅費減少 100,000 元，應記入「應交稅費——應交所得稅」帳戶的借方；另一方面使銀行存款減少 100,000 元，應記入「銀行存款」帳戶的貸方。其會計分錄為：

借：應交稅費——應交所得稅　　　　　　　　　100,000
　　貸：銀行存款　　　　　　　　　　　　　　　100,000

二、利潤分配業務核算的內容

（一）利潤分配的內容

我國現行的《公司法》規定，公司分配當年稅后利潤時應按以下法定順序進行分配：

（1）彌補公司以前年度虧損。公司的法定公積金不足以彌補以前年度虧損的，在依照規定提取法定公積金之前，應當先用當年利潤彌補虧損。這裡的虧損是指已按稅法規定，按稅前利潤連續彌補五年后仍未彌補完的虧損。

（2）提取法定盈余公積金。公司分配當年稅后利潤時，應當提取利潤的百分之十列入公司法定公積金。公司法定公積金累計額為公司註冊資本的百分之五十以上的，可以不再提取。

（3）提取任意公積金。經股東會或者股東大會決議提取任意公積金。公司從稅后利潤中提取法定公積金后，經股東會或者股東大會決議，還可以從稅后利潤中提取任意公積金。

（4）支付股利。公司彌補虧損和提取公積金后所余稅后利潤，加上以前年度未分配的利潤，構成可供投資者分配的利潤。有限責任公司股東按照實繳的出資比例

分取紅利；但全體股東約定不按照出資比例分取紅利除外。股份有限公司按照股東持有的股份比例分配，但股份有限公司章程規定不按持股比例分配的除外。未分配利潤可留待以后年度進行分配。

股東會、股東大會或者董事會違反前款規定，在公司彌補虧損和提取法定公積金之前向股東分配利潤的，股東必須將違反規定分配的利潤退還公司。公司持有的本公司股份不得分配利潤。

（二）利潤分配業務核算應設置的帳戶

為了反應利潤分配業務，在會計核算中企業應設置「利潤分配」「盈余公積」「應付利潤（股利）」等帳戶。

1.「利潤分配」帳戶

該帳戶屬於所有者權益類帳戶，用來核算企業一定會計期間淨利潤的分配或虧損的彌補和歷年結存的未分配利潤或未彌補虧損情況的帳戶。其借方登記實際分配的利潤數，包括提取的盈余公積、分配給投資者的利潤或股利和年末從「本年利潤」帳戶轉入的虧損數；貸方登記年末從「本年利潤」帳戶轉入的淨利潤。年末余額如在借方表示累計未彌補的虧損；如在貸方，表示累計未分配利潤。該帳戶應按利潤分配去向設置「提取法定盈余公積」「提取任意盈余公積」「應付股利」「盈余公積補虧」「未分配利潤」等明細帳戶，進行明細分類核算。年末，應將「利潤分配」帳戶下的其他明細分類帳戶的余額轉入「未分配利潤」明細帳戶，結轉後，除「未分配利潤」明細帳戶有余額外，其他明細分類帳戶均無余額。「利潤分配」帳戶的結構如圖 5－1 所示。

借方	利潤分配	貸方
（1）年末轉入的虧損額 （2）提取法定盈余公積 （3）提取任意盈余公積 （4）應付股利		（1）年末轉入的淨利潤 （2）盈余公積補虧
期末餘額：累計未彌補的虧損		期末餘額：累計未分配利潤

圖 5－1 「利潤分配」帳戶的結構圖

2.「盈余公積」帳戶

該帳戶屬於所有者權益類帳戶，用來核算企業從淨利潤中提取的盈余公積，包括法定盈余公積和任意盈余公積等。其貸方登記企業從利潤中提取的盈余公積金；借方登記用盈余公積彌補虧損或轉增資本等引起的盈余公積減少數額；期末余額在

貸方，表示期末盈餘公積的結存數。企業應設置「法定盈餘公積」「任意盈餘公積」等帳戶進行明細分類核算。

3.「應付利潤（股利）」帳戶

該帳戶屬於負債類帳戶，用來核算企業經董事會或股東大會或類似機構決議確定分配的現金股利或利潤。該帳戶貸方登記應支付給投資者的現金股利或利潤；借方登記實際支付數；期末余額在貸方，表示企業尚未支付的股利或利潤。該帳戶應按投資者進行明細核算。股份有限公司應付未付利潤記入「應付股利」帳戶，有限責任公司等其他的公司記入「應付利潤」帳戶。

(三) 利潤分配業務的會計處理

【例5－50】假設揚城有限責任公司2014年12月1日「本年利潤」期初貸方余額為3,000,000元，12月創造的淨利潤為327,697.50元（見【例5－48】資料），則2011年全年實現淨利潤為3,327,697.50元。

「本年利潤」帳戶年內各月的余額表示當年累計實現的淨利潤或淨虧損，年度終了，應將「本年利潤」帳戶的余額轉入「利潤分配——未分配利潤」帳戶，結轉后「本年利潤」帳戶年末無余額。本例中該公司本年實現的利潤為3,327,697.50元。其會計分錄為：

借：本年利潤　　　　　　　　　　　　　　　3,327,697.50
　　貸：利潤分配——未分配利潤　　　　　　　　　　3,327,697.50

如果該公司全年經營成果為虧損，則應作相反的會計分錄：

借：利潤分配——未分配利潤
　　貸：本年利潤

【例5－51】年末，揚城有限責任公司根據我國《公司法》的規定，按淨利潤的10%提取法定盈餘公積金。

應提取的法定盈餘公積金為332,769.75元（3,327,697.50×10%）。企業計提法定盈餘公積金這項業務，一方面使利潤分配增加，應記入「利潤分配」帳戶借方；另一方面使盈餘公積金增加，屬所有者權益增加，應記入「盈餘公積」帳戶的貸方。其會計分錄為：

借：利潤分配——提取法定盈餘公積　　　　　　332,769.75
　　貸：盈餘公積——法定盈餘公積　　　　　　　　332,769.75

【例5－52】年末，揚城有限責任公司根據董事會決議，按淨利潤的5%提取任意盈餘公積166,384.87元，向投資者分配利潤200,000元。

企業計提任意盈餘公積金及向投資者分配利潤這兩項業務，一方面屬於利潤分配的增加，應記入「利潤分配」帳戶借方；另一方面是盈餘公積金的增加，屬所有者權益增加，應記入「盈餘公積」帳戶的貸方，而向投資者分配利潤在沒有實際支付之前，形成了企業的一項負債，應記入「應付利潤」帳戶的貸方。其會計分錄為：

借：利潤分配——提取任意盈余公積　　　　　　　　166,384.87
　　　　貸：盈余公積——任意盈余公積　　　　　　　　　　166,384.87
　　借：利潤分配——應付利潤　　　　　　　　　　　　　200,000
　　　　貸：應付利潤　　　　　　　　　　　　　　　　　　200,000

【例5-53】年末，揚城有限責任公司將「利潤分配」帳戶所屬的除了未分配利潤外的其他各明細分類帳戶的余額結轉到「利潤分配——未分配利潤」明細分類帳戶。其會計分錄為：

　　借：利潤分配——未分配利潤　　　　　　　　　　　　699,154.62
　　　　貸：利潤分配——提取法定盈余公積　　　　　　　　332,769.75
　　　　　　　　　　——提取任意盈余公積　　　　　　　　166,384.87
　　　　　　　　　　——應付利潤　　　　　　　　　　　　200,000.00

　　經過上項結轉，「利潤分配——未分配利潤」明細帳戶貸方余額為2,628,542.90元（3,327,697.50 -699,154.62），表示年末未分配的利潤，其他各明細帳戶均無余額。

第六節　帳戶按用途和結構分類

　　前面幾節闡述了借貸記帳法在製造企業的應用，可見，為了更好地應用借貸記帳法，不僅要瞭解帳戶的經濟內容，還要瞭解帳戶的用途和結構。帳戶的用途，是指通過設置帳戶能夠提供哪些核算指標，也就是開設和運用帳戶的目的。帳戶的結構是指在一定記帳方法下，如何在帳戶中記錄經濟業務，具體到借貸記帳法就是指帳戶的借方核算什麼內容，貸方核算什麼內容，余額在哪一方，表示的含義是什麼。如：按經濟內容分類，「固定資產」和「累計折舊」帳戶都是資產類帳戶，但按用途和結構分類，「累計折舊」帳戶是用來抵減「固定資產」帳戶。「固定資產」用來反應資產的原始價值，「累計折舊」帳戶反應累計計提的折舊額，即固定資產價值的減少額，兩個帳戶余額相減可以反應固定資產的淨值。所以，這兩個帳戶提供的信息各不相同，具有不同的作用，但它們又相互聯繫。因此，在一個完整的帳戶體系下，帳戶除了按經濟內容進行分類外，還有必要按用途和結構進行分類。帳戶按用途和結構的分類是在按經濟內容分類的基礎上進一步的分類，是對經濟內容分類的必要補充。在借貸記帳法下，帳戶按用途和結構可分為盤存帳戶、結算帳戶、成本計算帳戶、集合分配帳戶、計價對比帳戶、資本帳戶、期間帳戶、財務成果帳戶、調整帳戶、雙重性質帳戶共10類帳戶。下面分別說明各類帳戶的用途、結構和特點。

一、盤存帳戶

　　盤存帳戶是用來核算和監督各項貨幣資金和實物資產的增減變動及結存數額的

帳戶。這類帳戶的結構是：借方登記各項貨幣資金和實物資產的增加數；貸方登記其減少數；期末余額總是在借方，表示各項貨幣資金和實物資產的結存數額。盤存帳戶的結構如圖5-2所示。

借方	盤存帳戶	貸方
期初餘額：期初貨幣資金或實物資產的結存額		
本期發生額：本期貨幣資金或實物資產的增加額	本期發生額：本期貨幣資金或實物資產的減少額	
期末餘額：期末貨幣資金或實物資產的結存額		

圖5-2 盤存帳戶的基本結構

屬於盤存類的帳戶有「庫存現金」「銀行存款」「原材料」「庫存商品」「固定資產」等帳戶。盤存帳戶有以下特點：①該類帳戶結存數額的真實性可以通過財產清查的方法，如實物盤點或核對帳目等方法，核查貨幣資金和財產物資的帳存數同實存數是否相符，並檢查其經營管理上存在的問題；②盤存帳戶中，除「庫存現金」和「銀行存款」等貨幣資金帳戶外，實物資產的明細帳可通過設置數量金額式明細帳，同時提供實物數量和金額兩種指標。

二、結算帳戶

結算帳戶是用來核算和監督企業同其他單位或個人之間的債權債務往來等結算業務的帳戶。結算業務的性質不同，決定了結算帳戶有著不同的用途和結構。結算帳戶按照用途和結構的不同，又可以分為債權結算帳戶、債務結算帳戶和債權債務結算帳戶三類。

（一）債權結算帳戶

債權結算帳戶，又稱為資產結算帳戶，是用來核算和監督企業同其他單位或個人之間的債權結算業務的帳戶。該類帳戶的結構是，借方登記債權的增加數，貸方登記債權的減少數，其余額一般在借方，表示期末尚未收回或尚未結算的債權數。該類帳戶的結構如圖5-3所示。

屬於債權結算帳戶的有：「應收票據」「應收帳款」「其他應收款」「預付帳款」等帳戶。

（二）債務結算帳戶

債務結算帳戶，又稱為負債結算帳戶，是用來核算和監督企業同其他單位或個人之間的債務結算業務的帳戶。該類帳戶的結構是，貸方登記債務的增加數，借方

借方	債權結算帳戶	貸方
期初餘額：期初尚未收回或尚未結算的債權的實有數		
本期發生額：本期債權的增加額		本期發生額：本期債權的減少額
期末餘額：期末尚未收回或尚未結算的債權的實有數		

圖5-3　債權結算帳戶的基本結構

登記債務的減少數，表示企業債務的償還或轉銷，其餘額一般在貸方，表示尚未償還或尚未結算的債務的實有數。該類帳戶的結構如圖5-4所示。

借方	債務結算帳戶	貸方
		期初餘額：期初尚未償還或尚未結算的債務的實有數
本期發生額：本期債務的減少額		本期發生額：本期債務的增加額
		期末餘額：期末尚未償還或尚未結算的債務的實有數

圖5-4　債務結算帳戶的基本結構

屬於債務結算帳戶的有：「應付票據」「應付帳款」「預收帳款」「其他應付款」「應付職工薪酬」「短期借款」「長期借款」「應交稅費」「應付利潤」等帳戶。

(三) 債權債務結算帳戶

債權債務結算帳戶，又稱為資產負債結算帳戶或往來帳戶，是用來核算和監督企業同其他單位或個人之間發生的債權和債務往來結算業務的帳戶。實際工作中，企業在與其他單位和個人經常發生業務往來時，有時企業是債權人，有時企業又是債務人，比如企業向某單位購貨，有時是賒購貨物，此時企業是債務人；但有時是企業預付購貨款，此時企業是債權人，而且企業與這些單位或個人的款項通常以淨額結算。為了集中核算和監督企業同其他單位或個人的債權債務的增減變動及餘額情況，企業可選擇只設置「應付帳款」和「預付帳款」兩帳戶中的一個或新設置一個「單位往來」帳戶，通過這個帳戶來同時反應購買商品的應付款項和預付款項。這樣，企業設置的「預付帳款」帳戶或「應付帳款」帳戶或「單位往來」帳戶就

成了債權債務結算帳戶。

債權債務結算帳戶的借方登記債權的增加數和債務的減少數，貸方登記債務的增加數和債權的減少數；余額可能在借方，也可能在貸方。債權債務結算帳戶的結構可用圖 5-5 表示。

借方　　　　　債權債務結算帳戶　　　　　貸方

期初餘額：期初債權大于債務的差額	期初餘額：期初債權小于債務的差額
本期發生額：本期債權的增加額或債務的減少額	本期發生額：本期債務的增加額或債權的減少額
期末餘額：净債權，即期末債權大于債務的差額	期末餘額：净債務，即期末債務大于債權的差額

圖 5-5　債權債務結算帳戶的基本結構

企業可設置的債權債務結算帳戶還有「應收帳款」「預收帳款」「其他應收款」「其他應付款」「其他往來」等帳戶。企業可以只設置「應收帳款」和「預收帳款」兩帳戶中的一個，或新設置一個「單位往來」帳戶，集中核算由於銷售商品和提供勞務發生的應收帳款和預收帳款；也可以將「其他應收款」與「其他應付款」帳戶合併，設置一個「其他往來」帳戶，用來集中核算其他應收款和其他應付款的增減變動和結余情況。

債權債務結算帳戶有以下特點：①結算帳戶只提供貨幣指標；②應按發生結算業務的對方單位或個人設置明細分類帳戶，以便及時進行結算和核對帳目；③對債權債務結算帳戶，需根據總分類帳戶所屬明細分類帳戶的余額方向分析判斷其帳戶的性質。這類帳戶從明細分類帳的角度看，如果是借方余額，表示對某單位或個人期末淨債權的結存數；如果是貸方余額，表示對某單位或個人期末淨債務的結存數。所有明細帳戶借方余額之和與貸方余額之和的差額，應同有關總分類帳戶的余額相等。從總分類帳角度看，借方余額表示期末總的債權大於總的債務的差額，貸方表示總的債務大於總的債權的差額。由於在總分類帳戶中，各明細單位或個人的債權和債務能自動抵減，所以總分類帳戶的余額不能明確反應企業與其他單位或個人債權債務的實際結存情況。這樣，在編製會計報表時，根據資產負債應分開列示，不能相互抵消的原則，對結算類帳戶通常要根據明細帳的余額分析填列，將屬於債權部分的余額列在資產負債表的資產方，將屬於債務部分的余額列在資產負債表的負債方。

三、成本計算帳戶

成本計算帳戶是用來核算和監督企業生產過程中某一階段所發生全部費用，並據此計算該階段各個成本計算對象實際成本的帳戶。該類帳戶的結構是：借方登記應計入某一成本計算對象的全部費用；貸方登記轉出已完成某個階段的成本計算對象的實際成本；期末如有余額，一般在借方，表示尚未完成某個階段成本計算對象的實際成本。成本計算帳戶的結構如圖5-6所示。

借方	成本計算帳戶	貸方
期初餘額：未轉出成本計算對象的實際成本		
本期發生額：本期發生的應計入某一成本計算對象的費用		本期發生額：轉出已完成某階段成本計算對象的實際成本
期末餘額：期末未轉出成本計算對象的實際成本		

圖5-6　成本帳戶的基本結構

成本計算類帳戶主要有「生產成本」「在途物資」「在建工程」等帳戶。「生產成本」帳戶借方用來歸集產品的生產成本，貸方轉出完工產品成本到「庫存商品」帳戶；「在途物資」帳戶借方用來歸集在途材料的採購成本，貸方轉出驗收入庫材料成本到「原材料」帳戶；「在建工程」帳戶借方用來歸集固定資產的購建成本，貸方轉出達到可使用狀態（如已安裝完畢）的工程設備成本到「固定資產」帳戶。成本計算帳戶的特點是：該類帳戶除了設置總分類帳戶之外，還應按各個成本計算對象分別設置明細分類帳進行明細核算，既提供貨幣指標，又提供實物指標。

四、集合分配帳戶

集合分配帳戶是用來匯集和分配企業生產經營過程中發生的某種間接費用的帳戶，借以核算和監督有關費用計劃的執行情況和費用的分配情況。該類帳戶的結構是：借方登記各種費用的發生數；貸方登記按照一定的分配標準分配計入各個成本計算對象的費用分配數。一般情況下，該類帳戶期末無余額。集合分配帳戶的結構如圖5-7所示。

借方	集合分配帳戶	貸方
本期發生額：歸集本期生產經營過程中發生的間接費用		本期發生額：本期分配到有關成本計算對象上的間接費用

圖 5-7　集合分配帳戶的基本結構

屬於集合分配帳戶的有「製造費用」帳戶。集合分配帳戶的特點是：該類帳戶具有明顯過渡性質，平時用來歸集那些不能直接計入某個成本計算對象的間接費用，期末按一定的標準，將費用分配到有關成本計算對象，如生產成本——某產品，分配完成后，該類帳戶的期末一般無余額。

五、計價對比帳戶

計價對比帳戶是指對某些業務按照兩種不同的計價標準進行計價、對比，確定其業務成果的帳戶。該類帳戶的借方登記某項業務的一種計價；貸方登記該項業務的另一種計價；期末將兩種計價對比，確定成果。計價對比帳戶的結構如圖 5-8 所示。

借方	計價對比帳戶	貸方
本期發生額：業務的第一種計價		本期發生額：業務的第二種計價
期末餘額：第一種計價大于第二種計價的差額		期末餘額：第二種計價大于第一種計價的差額

圖 5-8　計價對比帳戶的基本結構

屬於計價對比帳戶的主要有「材料採購」「本年利潤」等帳戶。在按計劃成本進行材料日常核算的企業應設置「材料採購」帳戶，該帳戶借方登記材料的實際採購成本（第一種計價），貸方登記入庫材料的計劃成本（第二種計價），將借貸兩方兩種計價對比，就可以確定材料採購業務的成果是超支還是節約。「本年利潤」帳戶的貸方登記各項收入，借方登記各項費用，期末將借、貸方發生額對比，確定本期財務成果（利潤或虧損）。

六、資本帳戶

資本帳戶，也稱為所有者投資帳戶，是用來反應企業所有者投資的增減變動及其結存情況的帳戶。該類帳戶的貸方登記資本及公積金的增加數或形成數，借方登記資本及公積金的減少數或支用數，其餘額總是在貸方，表示各項資本、公積金的實有數。資本帳戶的結構如圖5-9所示。

借方	資本帳戶帳戶	貸方
	期初餘額：期初資本和公積金實有額	
本期發生額：本期資本和公積金減少額	本期發生額：本期資本和公積金增加額	
	期末餘額：期末資本和公積金實有額	

圖5-9 資本帳戶的基本結構

屬於資本帳戶的有「實收資本」「資本公積」和「盈余公積」等帳戶。該類帳戶的總分類帳和明細分類帳只提供貨幣指標。

七、期間帳戶

期間帳戶，是指用來核算企業生產經營中某個會計期間發生的各項收入、費用的帳戶。該類帳戶的本期發生額最終都要結轉到「本年利潤」帳戶中去，期末沒有餘額。按核算內容的不同，期間帳戶可以分為期間收入帳戶和期間費用帳戶兩類。

（一）期間收入帳戶

收入帳戶是用來反應企業在一定會計期間內取得各種收入的帳戶。該類帳戶的結構是：貸方登記本期發生的收入增加數；借方登記本期發生的收入減少數和期末轉入「本年利潤」帳戶的收入數；期末結轉后該類帳戶一般無餘額。期間收入帳戶的結構如圖5-10所示。

屬於期間收入帳戶的有「主營業務收入」「其他業務收入」和「營業外收入」等帳戶。

借方	期間收入帳戶	貸方
本期發生額：本期發生的收入減少數和期末轉入"本年利潤"帳戶的收入數		本期發生額：本期發生的收入增加數

圖 5-10　期間收入帳戶基本結構

（二）期間費用帳戶

期間費用帳戶是用來核算和監督企業在一定時期內發生的，應記入當期損益的各項費用的帳戶。費用有廣義和狹義之分，即不僅包括為取得產品銷售收入及經營管理而發生的各種耗費。該類帳戶的結構是：借方登記本期費用支出的增加數；貸方登記本期費用支出的減少或期末轉入「本年利潤」帳戶的費用數。結轉後該類帳戶一般無餘額。期間費用帳戶的結構如圖 5-11 所示。

借方	期間費用帳戶	貸方
本期發生額：本期費用支出的增加數		本期發生額：本期費用支出的減少數和期末轉入"本年利潤"帳戶的費用數

圖 5-11　期間費用帳戶基本結構

屬於期間費用帳戶的有「主營業務成本」「其他業務成本」「營業稅金及附加」「管理費用」「銷售費用」「財務費用」「營業外支出」和「所得稅費用」等帳戶。期間費用帳戶的特點：只能反應企業某個經營期間的收支情況，期末沒有結存數，具有明顯的過渡性質；總分類帳和明細分類帳只提供貨幣指標。

八、財務成果帳戶

財務成果帳戶是用來核算和監督企業在一定時期內全部經營活動最終成果的帳戶。該類帳戶的貸方登記期末從各收入帳戶轉入的各項收入數；借方登記期末從各費用帳戶轉入的與本期收入相配比的各項費用數。期末如為貸方餘額，表示收入大於費用的差額，為企業本期實現的淨利潤數；若出現借方餘額，則表示本期費用支出大於收入的差額，為本期發生的虧損總額。財務成果帳戶的結構如圖 5-12 所示。

屬於財務成果帳戶的有「本年利潤」帳戶。財務成果帳戶的特點是：在年度中間，帳戶的餘額（無論是實現的利潤還是發生的虧損）不轉帳，一直在該帳戶中保留，目的是提供截至本期累計實現的利潤或發生的虧損，因此年度中間該帳戶有余

借方	財務成果帳戶	貸方
本期發生額：轉入的各項費用		本期發生額：轉入的各項收入
期末餘額：發生的虧損總額		期末餘額：實現的淨利潤

圖 5-12　財務成果帳戶的基本結構

額，可能在貸方，也可能在借方。年終結算，要將本年實現的利潤或發生的虧損從「本年利潤」帳戶轉入「利潤分配」帳戶。所以，年末轉帳後，該帳戶一般無餘額。

九、調整帳戶

調整帳戶是為求得被調整帳戶的實際餘額而設置的帳戶。在實際工作中，由於某些項目的價值會發生增減變化，為了滿足經營管理的需要，在會計核算中需要對這些項目同時設置兩個帳戶，一個帳戶用來核算原始值，另一個帳戶用來核算對原始數字的調整數字，將原始數字與調整數字相加或相減，以求得調整後的實有數字。核算原始數字的帳戶，稱為被調整帳戶，核算調整數字的帳戶，稱為調整帳戶。調整帳戶按調整方式的不同，可分為備抵調整帳戶、附加調整帳戶和備抵附加調整帳戶三類。

（一）備抵帳戶

備抵帳戶，又稱為抵減帳戶，是用來抵減被調整帳戶的餘額，以求得被調整帳戶的實際餘額的帳戶。其調整公式為：

被調整帳戶的餘額－備抵帳戶的餘額＝被調整的實際餘額

由公式可知，備抵帳戶與其被調整帳戶的餘額方向相反。現以「累計折舊」帳戶為例加以說明。「累計折舊」帳戶是「固定資產」帳戶的備抵帳戶，「固定資產」帳戶反應固定資產的原始價值，「累計折舊」帳戶反應固定資產由於磨損而減少的價值，「固定資產」帳戶的借方餘額減去「累計折舊」帳戶的貸方餘額，其差額就是固定資產的實際價值（淨值）。通過「累計折舊」帳戶和固定資產淨值這個指標的核算分析，可以瞭解固定資產的新舊程度。圖 5-13 所示為資產備抵帳戶「累計折舊」的基本結構。

屬於備抵調整帳戶的還有「利潤分配」等帳戶。「利潤分配」帳戶是「本年利潤」帳戶的備抵帳戶。「本年利潤」帳戶的期末貸方餘額，反應期末已實現利潤數，「利潤分配」帳戶的借方餘額，反應期末已分配的利潤數。用「本年利潤」帳戶的貸方餘額減去「利潤分配」帳戶的借方餘額，其差額表示企業期末尚未分配的利潤數。「累計折舊」帳戶是用來抵減某一資產帳戶（被調整帳戶），又稱為資產備抵帳

借方	累計折舊帳戶	貸方
本期發生額：轉銷的折舊額		期初餘額：期初結存的累計折舊額
		本期發生額：本期計提的折舊額
		期末餘額：期末結存的累計折舊額

圖 5 - 13　累計折舊備抵帳戶的基本結構

戶。「利潤分配」是用來抵減某一權益帳戶（被調整帳戶），又稱為權益備抵帳戶。

（二）附加帳戶

附加帳戶是用來增加被調整帳戶的余額，以求得被調整帳戶實際余額的帳戶。其調整公式為：

被調整帳戶的余額 + 附加帳戶的余額 = 被調整帳戶的實際余額

附加帳戶的特點：被調整帳戶的余額同附加帳戶的余額一定在相同的方向，也就是說，如果被調整帳戶的余額在借方（或貸方），則附加帳戶的余額同樣也在借方（或貸方）。在實際工作中該類帳戶很少使用。

（三）備抵附加帳戶

備抵附加帳戶是用來抵減或增加被調整帳戶的余額，以求得被調整帳戶的實際余額的帳戶。該類帳戶兼有備抵帳戶和附加帳戶的作用，當備抵附調整帳戶的余額與被調整帳戶的余額方向相同時，該帳戶便起附加調整帳戶的作用；當備抵附加帳戶的余額與被調整帳戶的余額方向相反時，該帳戶便起備抵帳戶的作用。該類帳戶最典型的是「材料成本差異」帳戶。在原材料採用計劃成本核算的情況下，「材料成本差異」帳戶是「原材料」帳戶的備抵附加帳戶。「材料成本差異」帳戶的結構是：貸方登記節約差異（原材料的實際成本小於計劃成本的差額），借方登記超支差異（原材料的實際成本大於計劃成本的差額），期末余額可能在借方，也可能在貸方。「材料成本差異」帳戶的結構如圖 5 - 14 所示。

若「材料成本差異」帳戶的余額在貸方，則抵減被調整帳戶「原材料」的實際成本，此時該帳戶是抵減帳戶。「原材料」的實際成本計算如下：

「原材料」的實際成本 =「原材料」帳戶借方余額（計劃成本）-「材料成本差異」帳戶的貸方余額

若「材料成本差異」帳戶的余額在借方，則附加被調整帳戶「原材料」的實際成本，此時該帳戶是附加帳戶。「原材料」的實際成本計算如下：

「原材料」的實際成本 =「原材料」帳戶借方余額（計劃成本）+「材料成本差異」帳戶的借方余額

借方　　　　　　　　　材料成本差异帳戶　　　　　　　　貸方	
本期發生額：超支差异，即原材料的實際成本大于計劃成本的差額	本期發生額：節約差异，即原材料的實際成本小于計劃成本的差額
期末餘額：期末超支差异	期末餘額：期末節約差异

圖5-14　材料成本差異帳戶的基本結構

調整帳戶有以下特點：①調整帳戶與被調整帳戶所反應的經濟內容相同，被調整帳戶反應的是原始數字，而調整帳戶反應對原始數字的調整數字；②調整的方式是將原始數字同調整數字相加或相減，就可以求得實有數字；③調整帳戶不能離開被調整帳戶而獨立存在，有調整帳戶就有被調整帳戶。

十、雙重性質帳戶

在借貸記帳法下，可以根據需要設置雙重性質帳戶。所謂雙重性質帳戶，是指既可以用來核算資產、費用，又可以用來核算負債、所有者權益和收入的帳戶。這類帳戶或者只有借方余額，或者只有貸方余額。根據雙重性質帳戶期末余額的方向，可以確定帳戶的性質。如果余額在借方，就是資產類帳戶；如果余額在貸方，就是負債類帳戶。例如，可設置「單位往來」帳戶來核算一個與本企業既有債權同時又有債務關係企業的經濟業務。當該帳戶期末余額在貸方時，表明本企業承擔了債務，是一種「應付」的性質，屬於負債；當該帳戶期末余額在借方時，表明本企業對對方的債權，是一種「應收」的性質，屬於資產。

共同類帳戶和債權債務結算帳戶都是雙重性質帳戶，如「衍生工具」「套期工具」「應收帳款」「應付帳款」等帳戶。由於任何一個雙重性質帳戶都是把原來的兩個有關帳戶合併在一起，並具有合併前兩個帳戶的功能，所以設置雙重性質帳戶，可以減少帳戶數量，使帳務處理簡便靈活。

應該說明的是，帳戶按用途和結構分類，每個帳戶的分類並不是唯一的，如「本年利潤」可分別歸屬於財務成果帳戶和計價對比帳戶。

複習思考題

一、名詞解釋

1. 實收資本
2. 資本（股本）溢價
3. 原材料按實際成本法核算
4. 期間費用
5. 成本項目
6. 製造費用

二、單選題

1. 下列各項不屬於銷售費用的是（　　）。
   A. 廣告費　　　　　　　　　B. 產品的增值稅銷項稅額
   C. 送貨運雜費　　　　　　　D. 產品的展銷費
2. 關於製造費用帳戶，下列說法錯誤的是（　　）。
   A. 借方登記實際發生的各項製造費用
   B. 貸方登記分配轉入產品成本的製造費用
   C. 期末應結轉到「本年利潤」帳戶
   D. 期末一般無餘額
3. 採購人員的差旅費應記入的帳戶為（　　）。
   A. 材料採購　　　　　　　　B. 管理費用
   C. 其他應收款　　　　　　　D. 銷售費用
4. 下列稅金計入「營業稅金及附加」的是（　　）。
   A. 增值稅進項稅　　　　　　B. 所得稅
   C. 增值稅銷項稅　　　　　　D. 消費稅
5. 下列項目的發生不影響利潤總額的是（　　）。
   A. 主營業務收入　　　　　　B. 管理費用
   C. 所得稅費用　　　　　　　D. 銷售費用
6. 期末應轉入「本年利潤」帳戶的是（　　）。
   A. 生產成本　　　　　　　　B. 製造費用
   C. 應付利息　　　　　　　　D. 財務費用
7. 「利潤分配」帳戶貸方餘額表示（　　）。
   A. 利潤總額　　　　　　　　B. 累計未彌補的虧損
   C. 累計未分配利潤　　　　　D. 淨利潤
8. 下列會引起所有者權益總額發生變動的是（　　）。
   A. 分配現金股利　　　　　　B. 分配股票股利
   C. 盈余公積補虧　　　　　　D. 資本公積轉增資本

9. 短期借款所發生的利息，一般應計入（　　）。
A. 管理費用　　　　　　　　　　B. 財務費用
C. 銷售費用　　　　　　　　　　D. 投資收益

10. 企業某年度發生的可供投資者分配的利潤是指（　　）。
A. 本年淨利潤
B. 本年淨利潤，加上以前年度未分配的利潤
C. 本年淨利潤，減去提取的盈餘公積
D. 公司彌補虧損和提取公積金後所余稅後利潤，加上以前年度未分配利潤

三、多選題

1. 下列屬於期間費用的有（　　）。
A. 銷售費用　　　　　　　　　　B. 財務費用
C. 管理費用　　　　　　　　　　D. 製造費用
E. 生產成本

2. 下列項目中，屬於利潤分配的是（　　）。
A. 計算應繳納所得稅　　　　　　B. 提取法定盈餘公積
C. 償還長期借款　　　　　　　　D. 用稅後利潤彌補以前年度虧損
E. 向投資者分配利潤

3. 材料採購成本包括（　　）。
A. 買價　　　　　　　　　　　　B. 可抵扣的增值稅
C. 採購人員的工資　　　　　　　D. 運輸途中的合理損耗
E. 市內小額零星運雜費

4. 下列應計入固定資產成本的有（　　）。
A. 買價　　　　　　　　　　　　B. 可抵扣的增值稅
C. 運輸費用　　　　　　　　　　D. 安裝費用
E. 採購人員的工資

5. 下列稅金應記入「營業稅金及附加」帳戶的有（　　）。
A. 增值稅　　　　　　　　　　　B. 消費稅
C. 城市維護建設稅　　　　　　　D. 房產稅
E. 所得稅

6. 銷售商品收入同時滿足下列條件的，才能予以確認（　　）。
A. 商品所有權上的主要風險和報酬已經轉移
B. 不再對已售出的商品實施有效控制和管理
C. 相關的經濟利益很可能流入企業
D. 相關收入和成本能夠可靠計量
E. 商品已發出

7. 利潤一般由以下幾個層次指標構成（　　）。
   A. 淨利潤　　　　　　　　　　　B. 利潤總額
   C. 營業利潤　　　　　　　　　　D. 營業外收支淨額
   E. 主營業務利潤
8. 下列屬於製造企業其他業務收入的有（　　）。
   A. 出售材料收入　　　　　　　　B. 罰款收入
   C. 出租包裝物　　　　　　　　　D. 清理固定資產淨損益
   E. 銷售商品收入
9. 下列屬於營業外支出核算內容的有（　　）。
   A. 非常損失　　　　　　　　　　B. 罰款支出
   C. 非流動資產處置損失　　　　　D. 採購材料運輸途中合理損耗
   E. 工資支出
10. 下列應計入產品生產成本的有（　　）。
    A. 生產產品人員的工資　　　　　B. 車間管理人員的工資
    C. 廠部管理費　　　　　　　　　D. 罰款支出
    E. 生產產品耗用的材料

四、判斷題

1. 企業對投資者實際投入企業的金額超過其在註冊資本中所占的份額的部分，應計入資本公積帳戶。（　　）
2. 短期借款的利息採用按月支付時，應借記財務費用，貸記銀行存款。（　　）
3. 假設短期借款的利息採用按季支付，則季度前兩個月的月末應按權責發生制要求計提利息，計提利息時，應借記財務費用，貸記銀行存款。（　　）
4. 購入材料的實際成本包括購買的價款，採購過程中發生的運雜費，入庫前挑選整理費用，購入材料應負擔的稅金（如增值稅、消費稅等）及其他費用。（　　）
5. 對於尚未驗收入庫的在途物資的採購成本，應計入原材料帳戶。（　　）
6. 購買材料所取得的能夠抵扣的增值稅進項稅，會計核算時應計入原材料成本。（　　）
7. 期末，應將製造費用、管理費用、財務費用、銷售費用等費用類帳戶餘額結轉至本年利潤帳戶。（　　）
8. 預收帳款帳戶是資產類帳戶，期末餘額一般在借方。（　　）
9. 在會計中期，本年利潤帳戶的餘額不結轉。年度終了時，應將本年利潤帳戶的餘額轉入利潤分配帳戶。（　　）
10. 利潤分配帳戶的期末餘額表示累計未彌補的虧損或累計未分配的利潤。（　　）

五、業務題

(一) 目的：練習資金籌集業務核算

資料：華聯有限責任公司 2 月份發生下列籌資業務。

(1) 收到南方公司投入款項 80,000 元，已存入「銀行存款」帳戶。

(2) 收到 A 公司投入的專利權一項，確認價值 300,000 元，按合同約定，A 公司占註冊資本份額為 200,000 元。

(3) 收到 B 公司投入新設備一臺，價值 180,000 元，設備已交付使用。

(4) 向銀行取得 3 個月的週轉借款 20,000 元，年利率為 9%，已轉入本公司「銀行存款」帳戶。

(5) 本月歸還到期的短期借款本金 20,000 元，並支付利息 150 元。

(6) 月初向銀行借入 3 年期的款項 200,000 元，用於建造辦公用房，年利率為 12%，該筆款項已轉入本公司「銀行存款」帳戶。

要求：編製上述經濟業務的會計分錄。

(二) 目的：練習供應過程業務的核算

資料：華聯有限責任公司 2 月份發生下列業務。

(1) 公司購入一臺機器設備，該備的買價為 250,000 元，增值稅率為 17%，貨款及稅金尚未支付，設備不需要安裝。

(2) 公司用銀行存款購入一臺需要安裝的機器設備，買價為 70,000 元，增值稅率為 17%，設備投入安裝，款項已用銀行存款支付。

(3) 上述設備在安裝過程中領用本企業的原材料 500 元（假設原材料進項稅可以抵扣），另外，用銀行存款支付安裝費 1,000 元。

(4) 上述設備安裝完畢，達到預定可使用狀態，並經驗收合格交付使用，結轉工程成本。

(5) 向東方公司購入 A 材料 8,000 千克，單價為 10 元。收到東方公司開來的增值稅專用發票，價款為 80,000 元，增值稅稅額為 13,600 元，貨款及增值稅均以銀行存款支付。

(6) 用銀行存款支付 A 材料運費 2,000 元，材料已驗收入庫。

(7) 向南方公司購入 B 材料 400 千克，單價為 5 元；C 材料 100 千克，單價 15 元。收到南方公司開來的增值稅專用發票，貨款為 3,500 元，增值稅稅額為 595 元，貨款及增值稅稅額均未支付，B、C 兩種材料均未入庫。

(8) 以銀行存款支付上述 B、C 兩種材料的運費 500 元（運費按材料重量比例分配），B、C 材料均已驗收入庫。

(9) 根據合同規定，預付 A 工廠購買 D 材料款 18,720 元。

(10) 收到 A 工廠發來預付款購買的 D 材料 2,000 千克，單價為 8 元，增值稅稅額為 2,720 元，材料已驗收入庫。

要求：編製上述經濟業務的會計分錄。

(三) 目的：練習產品生產業務的核算

資料：華聯有限責任公司生產甲、乙兩種產品，4月份發生下列生產業務：

(1) 生產甲產品領用A材料1,000千克，單價為5元；領用B材料100千克，單價為10元；生產乙產品領用A材料500千克，單價為5元；領用B材料600千克，單價為10元。

(2) 月末，計算本月應付職工工資16,500元，其中：甲產品生產工人工資為7,000元，乙產品生產工人工資為6,000元，車間管理人員工資為2,500元，廠部管理人員工資為1,000元。

(3) 用銀行存款3,000元支付本季度車間房租，並攤銷應由本月負擔的部分。

(4) 以現金支付生產車間辦公用品費用200元，廠部辦公用品費用300元。

(5) 生產車間一般消耗領用C材料200千克，單價為8元。

(6) 預提本月辦公大樓租金1,500元。

(7) 計提當月固定資產折舊5,000元，其中生產車間固定資產折舊4,500元，企業管理部門固定資產折舊500元。

(8) 月末，將本月發生的製造費用按生產工人的工資比例分配轉入生產成本。

(9) 月末，甲產品200件、乙產品75件全部完工驗收入庫，結轉完工產品的實際生產成本並計算產品的單位成本。

要求：編製上述經濟業務的會計分錄。

(四) 目的：練習銷售業務的核算

資料：華聯有限責任公司2月份發生下列銷售業務：

(1) 銷售給華都公司甲產品10件，單價為650元；乙產品20件，單價為350元。增值稅率為17%，貨款及增值稅均未收到。

(2) 以銀行存款支付銷售甲、乙兩種產品的運費1,500元。

(3) 預收豐遠公司購買甲產品款15,210元存入銀行。

(4) 銷售給豐遠公司甲產品20件，單價為650元，增值稅稅額為2,210元，用銀行存款代墊運雜費180元，貨款、增值稅已預收，運費尚未收到。

(5) 計算本月應交已售產品消費稅2,000元。

(6) 以銀行存款600元支付產品廣告費。

(7) 公司出售一批不需用的A材料，貨款為14,000元，增值稅稅率為17%，收到遠山公司開出一張票面金額為16,380元，期限為6個月的不帶息商業匯票。

(8) 結轉本月已售甲、乙兩種產品的成本，甲產品單位成本為350元，乙產品單位成本為160元。

(9) 結轉本月已售A材料成本8,200元。

要求：編製上述經濟業務的會計分錄。

(五) 目的：練習利潤形成及分配業務的核算

資料：華聯有限責任公司12月份發生下列有關業務：

(1) 收到捐贈 7,000 元，存入銀行。
(2) 以現金支付罰款支出 2,250 元。
(3) 收到出租包裝物押金 3,000 元，已存入銀行。
(4) 將本期實現的主營業務收入 30,000 元、其他業務收入 4,000 元、營業外收入 7,000 元、發生的主營業務成本 15,000 元、其他業務成本 2,000 元、營業稅金及附加 1,500 元、銷售費用 1,000 元、管理費用 2,340 元、財務費用 200 元、營業外支出 2,250 元，轉入「本年利潤」帳戶。
(5) 按 25% 的所得稅稅率計算並結轉本期應交所得稅。
(6) 「本年利潤」帳戶有貸方期初餘額 150,000 元，請結轉本年利潤到利潤分配。
(7) 按全年稅後利潤的 10% 提取法定盈餘公積金。
(8) 決定向投資者分配利潤 40,000 元。
(9) 結轉利潤分配除了未分配利潤外的明細科目。
要求：編製上述經濟業務的會計分錄。
(六) 目的：綜合業務練習
資料：1. 華聯有限責任公司 2014 年 12 月 1 日各有關帳戶的餘額如下表所示。

帳戶餘額表
2014 年 12 月 1 日　　　　　　　　　　　單位：元

會計科目	期初借方餘額	期初貸方餘額
庫存現金	6,000	
銀行存款	240,000	
應收帳款	43,150	
原材料	85,000	
庫存商品	150,000	
固定資產	304,000	
預付帳款	1,850	
短期借款		255,000
應付職工薪酬		50,000
應交稅費		25,000
實收資本		500,000
合計	830,000	830,000

2. 華聯有限責任公司 2014 年 12 月發生的經濟業務如下：
(1) 2 日，收到恒遠公司投入的貨幣資金 250,000 元，存入銀行。
(2) 4 日，收到豐華公司投入的新設備一臺，經雙方協商作價 110,000 元，該設備不需要安裝，已辦理資產轉移手續並投入使用。

（3）5日，向銀行取得短期借款200,000元，期限6個月，年利率為9%，利息按季度結算，所得借款存入銀行。

（4）8日，購入A材料10千克，貨款為10,000元，運費為800元，裝卸搬運費為200元，增值稅進項稅額為1,700元，貨款當即用銀行存款支付，材料尚未到達。

（5）上述材料到達企業，結轉A材料的採購成本。

（6）10日，購入A、B、C三種材料，買價為74,000元，增值稅的進項稅額為12,580元，款項尚未支付。A、B、C三種材料的資料如下表所示。

購入材料的資料　　　　　　　　　　　　　單位：元

材料名稱	重量	單價	金額
A材料	10千克	1,000	10,000
B材料	20千克	1,400	28,000
C材料	20千克	1,800	36,000

（7）10日，以銀行存款支付A、B、C三種材料的運費及裝卸費3,500元（按重量分配）。

（8）10日，A、B、C三種材料驗收入庫，計算並結轉入庫材料的實際成本。

（9）15日，倉庫發出材料，情況如下表所示。

發出材料匯總表　　　　　　　　　　　　　單位：元

項目	A材料	B材料	C材料	合計
生產產品耗用	24,000	13,000	9,800	46,800
其中：甲產品	14,000	5,000	3,800	22,800
乙產品	10,000	8,000	6,000	24,000
車間一般耗用	7,000	3,000		10,000
廠部一般耗用	4,000	500	1,500	6,000
合計	35,000	16,500	11,300	62,800

（10）15日，結算本月應付職工工資。生產工人工資36,000元，其中：甲產品工人工資20,000元，乙產品工人工資16,000元，車間管理人員工資7,000元，行政管理人員工資3,000元，合計46,000元。

（11）15日，開出現金支票一張，從銀行提取現金50,000元，備發工資。

（12）15日，以庫存現金發放工資50,000元。

（13）18日，以銀行存款償還10日的購料款及增值稅額。

（14）19日，收到債務人用現金償還的貨款150元。

(15) 20 日，開出轉帳支票一張，購買辦公用品價值 120 元，交廠部使用。
(16) 20 日，以庫存現金支付業務招待費 4,400 元。
(17) 21 日，收到購貨單位歸還以前所欠貨款 18,000 元，存入銀行。
(18) 25 日，銷售乙產品一批，貨款為 40,000 元，增值稅的銷項稅額為 6,800 元，代墊運費為 1,200 元，已向銀行辦理托收手續。
(19) 28 日，以銀行存款支付本月廣告費 1,500 元。
(20) 29 日，銷售甲產品一批，貨款為 50,000 元，增值稅的銷項稅額為 8,500 元，收到面值為 58,500 元、期限為 4 個月的商業承兌匯票一張。
(21) 31 日，攤銷已預付的本月應負擔的租金 1,850 元，其中，車間使用固定資產的租金 1,000 元，管理部門用的固定資產的租金 850 元。
(22) 31 日，計提本月固定資產的折舊費，其中車間使用固定資產應計提折舊費為 5,200 元，廠部使用固定資產應計提折舊費為 2,000 元。
(23) 31 日，計算並分配結轉本月發生的製造費用（按生產工人工時比例分配，其中甲產品的工時為 6,000 小時，乙產品的工時為 4,000 小時）。
(24) 31 日，本月甲產品投入 200 件全部完工，乙產品投入 150 件全部為在產品，結轉甲產品入庫的實際成本。
(25) 31 日，結轉本月已售產品的生產成本 40,000 元。
(26) 31 日，按照規定計算出本月應負擔的營業稅金及附加為 7,000 元。
(27) 31 日，計提本期借款利息 4,600 元，計入財務費用。
(28) 結轉費用帳戶到本年利潤。
(29) 結轉收入帳戶到本年利潤。
(30) 按本年利潤總額計算所得稅費用，所得稅率為 25%。
(31) 結轉所得稅費用。
(32) 將本年利潤結轉到利潤分配帳戶。
(33) 按本年稅后利潤的 10% 計提法定盈余公積。
(34) 按本年稅后利潤的 5% 分配普通股股利。
(35) 將利潤分配的明細科目（除未分配利潤外）結轉到未分配利潤明細科目。

要求：
1. 根據上述經濟業務編製會計分錄。
2. 登記 T 型帳戶的期初余額、發生額，計算各帳戶的發生額合計及期末余額。
3. 編製發生額及余額試算平衡表。

六、案例分析題

資料：小王擔任 A 企業的會計，A 企業 2014 年 8 月發生如下兩筆經濟業務：
(1) 8 月 1 日，按購貨合同約定，A 企業預收 B 企業預付的貨款 100,000 元，存入銀行。

（2）8月5日，A企業向B企業發出產品150件，總價款150,000元，增值稅額25,500元。

小王對上述業務做出如下會計處理：
(1) 借：銀行存款　　　　　　　　　　　　　　　　100,000
　　　貸：預收帳款——B企業　　　　　　　　　　　100,000
(2) 借：預收帳款——B企業　　　　　　　　　　　　175,500
　　　貸：主營業務收入　　　　　　　　　　　　　150,000
　　　　　應交稅費——應交增值稅（銷項稅額）　　　25,500

帳務處理後，小王發現「預收帳款——B企業」帳戶出現了借方余額75,500元，小王認為自己的帳務處理肯定是錯誤的，因為預收帳款是負債類帳戶，帳戶的余額應該在貸方。

要求：請分析小王的帳務處理是否正確，為什麼「預收帳款——B企業」帳戶出現了借方余額？

第六章
會計憑證

本章主要介紹了會計憑證的填製、審核、傳遞與保管。通過本章的學習，要求正確認識和理解會計憑證的意義和種類；熟練掌握原始憑證的填製和審核方法及內容；熟練掌握記帳憑證的填製和審核；瞭解會計憑證的傳遞與保管的內容。本章學習的重點是記帳憑證的構成要素和格式以及填製要求。學習的難點是收款憑證、付款憑證和轉帳憑證的填製和審核。

第一節　會計憑證的意義與種類

一、會計憑證的概念

為了保證會計信息的可靠性，如實地反應企業單位各種經濟業務對會計諸要素的影響情況，經過會計確認而進入複式記帳系統的每一項經濟業務在其發生的過程中所涉及的每一個原始數據都必須有根有據。這就要求企業對外或對內所發生的每一項交易或事項，都應該在其發生時具有相關的書面文件來接受這些相關的數據，也就是應該由經辦或完成該項經濟業務的有關人員運用這些書面文件具體地記錄每一項經濟業務所涉及的業務內容、數量和準確金額，同時，為了對書面文件所反應的有關內容的合法性、合理性和真實性負責，還需要經辦人員在這些書面文件上簽字蓋章。這些書面文件就是會計憑證。

所謂會計憑證，就是用來記錄經濟業務，明確經濟責任，並作為登記帳簿依據的書面證明文件，是重要的會計資料。

在實際工作中，購買物品時由供貨單位開出的發票、支付款項時由收款單位開出的收據、財產收發時由經辦人員開出的收貨單和發貨單等，都屬於會計憑證。填製和審核會計憑證作為會計工作的第一步，是會計核算的基本環節。

二、會計憑證的意義

會計憑證是會計信息的載體之一，會計核算工作程序主要包括「憑證—帳簿—報表」三個步驟，會計憑證則是其中的起點和基礎。也就是說，填製、取得並審核

會計憑證是會計循環全過程中的初始階段和最基本的環節，這個環節的工作正確與否，直接關係到會計循環中其他步驟內容的正確性。所以，在會計核算過程中，會計憑證具有非常重要的作用。

(一) 會計憑證是提供原始資料、傳導經濟信息的重要工具

會計信息是經濟信息的重要組成部分。它一般是通過數據以憑證、帳簿、報表等形式反應出來的。隨著生產的發展，及時準確的會計信息在企業管理中的作用愈來愈重要。任何一項經濟業務的發生，都要編製或取得會計憑證。會計憑證是記錄經濟活動的最原始資料，是經濟信息的載體。通過會計憑證的加工、整理和傳遞，可以直接取得和傳導經濟信息，既協調了會計主體內部各部門、各單位之間的經濟活動，保證生產經營各個環節的正常運轉，又為會計分析和會計檢查提供了基礎資料。

(二) 會計憑證是登記帳簿的依據

任何單位，每發生一項經濟業務如庫存現金的收付、商品的收發，以及往來款項的結算等，都必須通過填製會計憑證來如實記錄經濟業務的內容、數量和金額，審核無誤后才能登記入帳。如果沒有合法的憑證作依據，任何經濟業務都不能登記到帳簿中去。因此，會計憑證的填製和審核工作，是保證會計帳簿資料真實性、正確性的重要前提。

(三) 填製和審核會計憑證能夠更好地發揮會計的監督作用

通過對會計憑證的審核，可以查明各項經濟業務是否符合法規、制度的規定，有無盜竊、鋪張浪費和損公肥私行為，從而發揮會計的監督作用，保護各會計主體所擁有資產的安全完整，維護投資者、債權人和有關各方的合法權益。

(四) 填製和審核會計憑證，便於分清經濟責任，加強經濟管理中的責任制

由於會計憑證記錄了每項經濟業務的內容，並要由有關部門和經辦人員簽章，這就要求有關部門和有關人員對經濟活動的真實性、正確性、合法性負責。這樣，無疑會增強有關部門和有關人員的責任感，促使他們嚴格按照有關政策、法令、制度、計劃或預算辦事。如有發生違法亂紀或經濟糾紛事件，也可借助於會計憑證確定各經辦部門和人員所負的經濟責任，並據以進行正確的裁決和處理，從而加強經營管理的崗位責任制。

三、會計憑證的種類

由於各個單位的經濟業務是複雜多樣的，因而所使用的會計憑證種類繁多，其用途、性質、填製的程序乃至格式等都因經濟業務的需要不同而具有多樣性。因此，按照不同的標誌可以對會計憑證進行不同的分類。按會計憑證填製的程序和用途不同可將其分為原始憑證和記帳憑證兩大類。

(一) 原始憑證

1. 原始憑證的概念

所謂原始憑證是指在經濟業務發生時填製或取得的，用以證明經濟業務的發生或完成情況，並作為記帳依據的書面證明。

原始憑證是進行會計核算的原始資料和重要依據，一切經濟業務的發生都應由經辦部門或經辦人員向會計部門提供能夠證明該項經濟業務已經發生或已經完成的書面單據，以明確經濟責任，並作為編製記帳憑證的原始依據。原始憑證是進入會計信息系統的初始數據資料。一般而言，在會計核算過程中，凡是能夠證明某項經濟業務已經發生或完成情況的書面單據就可以作為原始憑證，如有關的發票、收據、銀行結算憑證、收料單、發料單等；凡是不能證明該項經濟業務已經發生或完成情況的書面文件就不能作為原始憑證，如生產計劃、購銷合同、銀行對帳單、材料請購單。

原始憑證不僅是一切會計事項的入帳根據，而且也是企業單位加強內部控制經常使用的手段之一。

2. 原始憑證的種類

原始憑證按其取得的來源不同，可以分為自製原始憑證和外來原始憑證。

自製原始憑證，是指由本單位內部經辦業務的部門或人員，在辦理某項經濟業務時自行填製的憑證。自製原始憑證按其填製的手續和完成情況的不同，可以分為一次憑證、累計憑證、匯總原始憑證和記帳編製憑證四種。

一次憑證，是指只反應一項經濟業務，或同時反應若干項同類性質的經濟業務，其填製手續是一次完成的憑證，也叫一次有效憑證。如「收料單」「領料單」等都是一次憑證。這裡列舉領料單的具體格式如表 6－1 所示。

表 6－1　　　　　　　　　　　　　領料單

領料部門：　　　　　　　　201×年×月×日　　　　　　　　　編號：

用途：修理設備　　　　　　　　　　　　　　　　　　　　　　　倉庫：

材料編號	材料名稱及規格	計量單位	數量		價格		備註
			請領	實領	單價	金額	

領料單位負責人：　　　領料人：　　　發料人：　　　製單：

累計憑證，是指在一定時期內連續記載若干項同類性質的經濟業務，其填製手續是隨著經濟業務發生而分次（多次）完成的憑證，如「限額領料單」等。限額領料單的具體格式如表 6－2 所示。

表 6-2　　　　　　　　　　　　限額領料單

領料部門：　　　　　　　　　　　　　　　　　　　　　　發料倉庫：
用途：　　　　　　　　　201×年×月×日　　　　　　　　編號：

材料類別	材料編號	材料名稱及規格	計量單位	領用限額	實際領用	單價	金額	備註

日期	請領		實發		限額結余	退庫	
	數量	領料單位蓋章	數量	發料人	領料人		數量	退庫單編號
合計								

供應部門負責人：　　　　生產計劃部門負責人：　　　　倉庫負責人：

匯總原始憑證，是指在會計核算工作中，為簡化記帳憑證的編製工作，將一定時期內若干份記錄同類經濟業務的原始憑證加以匯總，用以集中反應某項經濟業務總括發生情況的會計憑證，如「發料憑證匯總表」等。編製匯總原始憑證可以簡化編製記帳憑證的手續，但它本身不具備法律效力。發料憑證匯總表的具體格式如表 6-3 所示。

表 6-3　　　　　　　　　　　　發料憑證匯總表
　　　　　　　　　　　　　　 201×年×月×日

應貸科目 \ 應借科目		生產成本	製造費用	管理費用	在建工程	合計	備註
原材料	原料及主要材料						
	輔助材料						
	修理用備件						
	燃料						
	合計						
週轉材料							
合計							

記帳編製憑證，是根據帳簿記錄和經濟業務的需要對帳簿記錄的內容加以整理而編製的一種自製原始憑證，如「製造費用分配表」等。製造費用分配表的具體格式如表 6-4 所示。

表 6-4　　　　　　　　　　　製造費用分配表
車間：　　　　　　　　　　　201×年×月×日

分配對象（產品名稱）	分配標準（生產工時等）	分配率	分配金額
合計			

會計主管：　　　　　　　審核：　　　　　　　製表：

　　外來原始憑證，是指在同外單位發生經濟業務往來時，從外單位取得的憑證。外來原始憑證一般都屬於一次憑證。例如，從供應單位取得的購貨發票、上繳稅金的收據、乘坐交通工具的票據等。這裡列舉購貨發票中的增值稅專用發票，其具體格式如表 6-5 所示。

表 6-5　　　　　　　　　　　增值稅專用發票
開票日期：201×年×月×日　　　　　發票聯　　　　　　　　　　　No.

購貨單位	名稱		納稅人登記號			
	地址、電話		開戶銀行及帳號			
商品或勞務名稱	計量單位	數量	單價	金額	稅率 %	稅額
合計						
價稅合計（大寫）		拾　萬　仟　佰　拾　元　角　分　¥				
銷貨單位	名稱		納稅人登記號			
	地址、電話		開戶銀行及帳號			

收款人：　　　　　開票單位（未蓋章無效）：　　　　　結算方式：

　　由於複式記帳系統的數據處理對象是過去的交易事項，無論是自製憑證還是外來憑證，都證明經濟業務已經執行或已經完成，因而在審核后就可以作為會計記帳的依據，將其數據輸入複式記帳系統。凡是不能證明經濟業務已經實際執行或完成的文件，例如材料請購單、生產計劃等，只反應預期的經濟業務，這些業務既然尚未實際執行，那麼有關數據自然不能進入複式記帳系統進行加工處理。所以，這些文件不屬於會計上的原始憑證，不能單獨作為會計記帳的根據。

(二) 記帳憑證

通過對原始憑證內容的學習，我們已經知道，原始憑證來自各個不同方面，數量龐大，種類繁多，格式不一，其本身不能明確表明經濟業務應記入的帳戶名稱和方向，不經過必要的歸納和整理，難以達到記帳的要求，所以，會計人員必須根據審核無誤的原始憑證編製記帳憑證，將原始憑證中的零散內容轉換為帳簿所能接受的語言，以便據以直接登記有關的會計帳簿。

1. 記帳憑證的概念

所謂記帳憑證，是指由會計人員根據審核無誤的原始憑證，根據複式記帳原理編製的用來履行記帳手續的會計分錄憑證，它是登記帳簿的直接依據。

會計循環中的一個很重要的環節就是進行會計確認，這裡的會計確認包括兩個步驟：一個步驟是決定哪些原始數據應該記錄和怎樣記錄，另一個步驟是決定已經記錄並在帳戶中反應的信息應否在會計報表上列示和怎樣列示。

會計確認的第一步是從原始憑證的審核開始的。應該說，原始憑證上所載有的一切可以用貨幣計量的內容還僅僅是一些不規整的數據，且僅僅是數據而已。通過對原始憑證的審核，需要確認原始憑證上的數據是否能夠輸入會計信息系統，經過確認，對於那些可以輸入會計信息系統的數據需要採用複式記帳系統來處理其中含有的會計信息，即編製會計分錄，如此方能將原始憑證上的零散的數據轉化為所需要的會計信息。在實際工作中，會計分錄填寫在記帳憑證上，這一步的確認是會計循環過程中的一個基本步驟，而這一步的核心載體就是記帳憑證。在記帳憑證上編製了會計分錄，並據以登記有關帳簿，標誌著第一次會計確認的結束。

原始憑證和記帳憑證之間存在著密切的聯繫，原始憑證是記帳憑證的基礎，記帳憑證是根據原始憑證編製的；原始憑證附在記帳憑證后面作為記帳憑證的附件，記帳憑證是對原始憑證內容的概括和說明；記帳憑證與原始憑證的本質區別就在於原始憑證是對經濟業務發生或完成起證明作用，而記帳憑證僅是為了履行記帳手續而編製的會計分錄憑證。

2. 記帳憑證的種類

記帳憑證按照不同的標誌可以分為不同類別。

(1) 按其反應的經濟業務內容分類

記帳憑證按其反應的經濟業務內容的不同，可以分為專用記帳憑證和通用記帳憑證。

專用記帳憑證是專門用來記錄某一特定種類經濟業務的記帳憑證。按其所記錄的經濟業務是否與貨幣資金收付有關又可以進一步分為收款憑證、付款憑證和轉帳憑證三種。收款憑證，是用來反應貨幣資金增加的經濟業務而編製的記帳憑證，也就是記錄庫存現金和銀行存款等收款業務的憑證。收款憑證的具體格式如表6－6所示。付款憑證，是用來反應貨幣資金減少的經濟業務而編製的記帳憑證，也就是記錄庫存現金和銀行存款等付款業務的憑證。付款憑證的具體格式如表6－7所示。收、付款憑證既是登記庫存現金、銀行存款日記帳和有關明細帳的依據，也是出納

員辦理收、付款項的依據。轉帳憑證,是用來反應不涉及貨幣資金增減變動的經濟業務(即轉帳業務)而編製的記帳憑證,也就是記錄與庫存現金、銀行存款的收付款業務沒有關係的轉帳業務的憑證。轉帳憑證的具體格式如表6-8所示。

表6-6　　　　　　　　　　收款憑證
借方科目:　　　　　　　__年__月__日　　　　　　　　收字第　　號

摘要	貸方科目		金額	記帳
	總帳科目	明細科目		
合計				

附件單據　　張

會計主管_____　　審核_____　　記帳_____　　出納_____　　製單_____

表6-7　　　　　　　　　　付款憑證
貸方科目:　　　　　　　__年__月__日　　　　　　　　付字第　　號

摘要	借方科目		金額	記帳
	總帳科目	明細科目		
合計				

附件單據　　張

會計主管_____　　審核_____　　記帳_____　　出納_____　　製單_____

表6-8　　　　　　　　　　轉帳憑證
　　　　　　　　　　　　__年__月__日　　　　　　　　轉字第　　號

摘要	總帳科目	明細科目	借方金額	貸方金額	記帳
合計					

附件單據　　張

會計主管_____　　審核_____　　記帳_____　　製單_____

專用記帳憑證定義中所說的某一類經濟業務或特定業務內容是有特指的。對於一個會計主體的經濟業務，可以從多角度進行分類。比如將經濟業務與資金運動的三個階段聯繫起來，可以劃分為資金進入企業業務、資金使用（循環與週轉）業務和資金退出企業業務；將經濟業務與其影響會計等式中會計要素的情況聯繫起來，可以劃分為影響等式雙方要素，雙方同增；影響等式雙方要素，雙方同減；只影響左方要素，有增有減和只影響右方要素、有增有減四種類型。這裡所說的某一類經濟業務，指的是從經濟業務與貨幣資金收支之間關係的角度所做的分類。按照這種分類方法，企業的經濟業務可以劃分為收款業務、付款業務和轉帳業務三類。對經濟業務的這種分類方法與記帳憑證的填製有著直接關係。

通用記帳憑證是採用一種通用格式記錄各種經濟業務的記帳憑證，這種通用記帳憑證既可以反應收、付款業務，也可以反應轉帳業務。通用記帳憑證的具體格式如表6-9所示。

表6-9　　　　　　　　　　　記帳憑證

　　年　月　日　　　　　　　　字第　　號

摘要	總帳科目	明細科目	借方金額	貸方金額	記帳
合計					

附件單據　　　張

會計主管_____　審核_____　記帳_____　出納_____　製單_____

專用記帳憑證和通用記帳憑證適用於不同的會計主體，一個會計主體在會計核算中是使用專用記帳憑證，還是使用通用記帳憑證，應從實際情況出發。

（2）按其是否需要經過匯總分類

記帳憑證按其是否需要經過匯總，可以分為匯總記帳憑證和非匯總記帳憑證。

匯總記帳憑證，是指根據一定時期內單一的記帳憑證按一定的方法加以匯總而重新填製的憑證，包括分類匯總記帳憑證和全部匯總記帳憑證。分類匯總記帳憑證是按照收款憑證、付款憑證和轉帳憑證分別加以匯總編製出匯總收款憑證、匯總付款憑證和匯總轉帳憑證三種；全部匯總記帳憑證是根據平時編製的全部記帳憑證按照相同科目歸類匯總其借、貸方發生額而編製的，一般稱為科目匯總表或記帳憑證匯總表。無論是分類匯總記帳憑證還是全部匯總憑證，其目的都是為了簡化登記總帳的工作。匯總記帳憑證的格式和填製方法將在第十章學習。

非匯總記帳憑證，是根據原始憑證編製的只反應某項經濟業務會計分錄而沒有經過匯總的記帳憑證。前面介紹的收款憑證、付款憑證、轉帳憑證以及通用記帳憑

證等均屬於非匯總記帳憑證。

(3) 按其包括的會計科目是否單一分類

記帳憑證按其包括的會計科目是否單一，分為單式記帳憑證和複式記帳憑證。

單式記帳憑證，又稱單科目憑證，是指每張記帳憑證只填列一個會計科目，其對方科目只供參考，不憑以記帳的憑證。只填列借方科目的稱為借項記帳憑證，其格式如表6-10所示；只填列貸方科目的稱為貸項記帳憑證，其格式如表6-11所示。採用單式記帳憑證，由於一張憑證只填列一個會計科目，因此，使用單式記帳憑證便於匯總每個會計科目的發生額和進行分工記帳。但在一張憑證上反應不出經濟業務的全貌，也不便於查帳。

表6-10　　　　　　　　　　借項記帳憑證
對應科目：　　　　　　　201×年×月×日　　　　　　　　編號：

摘要	一級科目	二級或明細科目	金額	記帳
合計				

附件單據　　張

會計主管：　　記帳：　　稽核：　　製單：　　出納：　　交款人：

表6-11　　　　　　　　　　貸項記帳憑證
對應科目：　　　　　　　201×年×月×日　　　　　　　　編號：

摘要	一級科目	二級或明細科目	金額	記帳
合計				

附件單據　　張

會計主管：　　記帳：　　稽核：　　製單：　　出納：　　交款人：

複式記帳憑證，又稱多科目憑證，是將一項經濟業務所涉及的全部會計科目都集中填製在一張記帳憑證上的憑證。複式記帳憑證能夠集中體現帳戶對應關係，相對於單式記帳憑證而言能減少記帳憑證的數量。但複式記帳憑證不便於匯總和會計

人員分工記帳。目前會計實務中基本上採用複式記帳憑證。

第二節　原始憑證的填製與審核

一、原始憑證的基本內容

不同的經濟業務需要用不同的原始憑證進行反應，所以每一張原始憑證所記錄的具體業務內容也就不可能完全一致。例如「領料單」記錄的是原材料的領用情況，而「收料單」記錄的是原材料的收入情況，兩者所記錄的具體業務內容顯然是有區別的。但是，為了能夠發揮原始憑證的應有作用，作為經濟業務數據的特有載體，無論哪一種原始憑證，都要說明每一項經濟業務的具體發生和完成情況，都要明確經辦單位、人員以及其他相關單位的責任。因此，撇開各個原始憑證的具體的形式和內容，就其共同點而言，各種原始憑證具備如下的基本內容，這些基本內容通常可以稱為原始憑證的基本要素。

（1）原始憑證的名稱，如「增值稅專用發票」，「限額領料單」等。通過原始憑證的名稱，能基本體現該憑證所反應的經濟業務類型。

（2）填製原始憑證的具體日期和經濟業務發生的日期。應該說明的是這兩個日期大多情況下是一致的，但也有不一致的時候。此時應將這兩個日期在原始憑證中分別進行反應。

（3）填製原始憑證的單位或個人名稱。

（4）對外原始憑證要有接受憑證的單位名稱。

（5）經濟業務的內容。原始憑證對經濟業務內容的反應，可以通過原始憑證內專設的「內容摘要」欄進行，如「收據」「通用發票」等，也可以通過原始憑證本身來體現，如「飛機票」等。

（6）經濟業務的數量、單價和金額。這是對經濟活動完整地進行反應所必需的，也是會計記錄所要求的。沒有具體金額的書面文件（如勞務合同等）一般是不能作為會計上的原始憑證的。

（7）經辦人員的簽字或蓋章。如果是外來的原始憑證，還要有填製單位的財務專用章或公章。

上述原始憑證所應具備的基本內容可以對照前面列舉的有關原始憑證具體樣式進行理解和掌握。

另外，在自製的原始憑證中，有的企業單位根據管理和核算所提出的要求，為了滿足計劃、統計或其他業務方面相關工作的需要，還要列入一些補充內容，諸如在原始憑證上註明與該筆經濟業務有關的生產計劃任務、預算項目以及經濟合同號碼等，以便更好地發揮原始憑證的多重作用。

二、原始憑證的填製（或取得）要求

不同的原始憑證，其填製的方法也不同。自製原始憑證一般是根據經濟業務的執行或完成的實際情況直接填製的，如倉庫根據實際收到材料的名稱和數量填製的「收料單」等，也有一部分自製原始憑證是根據有關帳簿記錄資料按照經濟業務的要求加以歸類、整理而重新編製的，如「製造費用分配表」等。外來原始憑證是由其他單位或個人填製的，其填製內容和方法與自製原始憑證基本相同，也要具備能證明經濟業務完成情況和明確經濟責任所需要的相關內容。

各種原始憑證所反應的基本內容是進行會計信息加工處理過程中所涉及的最基本的原始資料，所以填製或取得原始憑證這個環節的工作正確與否是至關重要的。為了保證整個會計信息系統所產生的相關資料的真實性、正確性和及時性，必須按要求填製或取得原始憑證。

由於原始憑證的具體內容、格式不同，產生的渠道也不同，因而其填製或取得的具體要求也有一定的區別，但從總體要求來說，按照《中華人民共和國會計法》（以下簡稱《會計法》）和《會計基礎工作規範》的規定，原始憑證的填製或取得必須符合下述幾項基本要求：

（一）原始憑證反應的具體內容要真實可靠

填寫原始憑證，必須符合真實性會計原則的要求，原始憑證上所記載的內容必須與實際發生的經濟業務內容相一致，實事求是、嚴肅認真地進行填寫，為了保證原始憑證記錄真實可靠，經辦業務的部門或人員都要在原始憑證上簽字或蓋章，對憑證的真實性和正確性負責。

（二）原始憑證所反應的內容要完整、項目要齊全、手續要完備

前已述及，原始憑證上有很多具體內容，因此，在填寫原始憑證時，對於其基本內容、補充資料都要按照規定的格式、內容逐項填寫齊全，不得漏填或省略不填。特別是有關簽字蓋章部分，自製的原始憑證必須有經辦部門負責人或指定人員的簽字或蓋章，從外單位或個人取得的原始憑證，必須有填製單位公章或個人簽字蓋章，對外開出的原始憑證必須加蓋單位公章。所謂的「公章」應是具有法律效力和規定用途、能夠證明單位身分和性質的印鑒，如業務公章、財務專用章、發票專用章、收款專用章或結算專用章等。對於無法取得相關證明的原始憑證如火車票等，應由經辦人員註明其詳細情況后方可作為原始憑證。

（三）原始憑證的書寫要簡潔、清楚，大小寫要符合會計基礎規範的要求

原始憑證上的文字，要按規定要求書寫，字跡要工整、清晰，易於辨認，不得使用未經國務院頒布的簡化字。合計的小寫金額前要冠以人民幣符號「￥」（用外幣計價、結算的憑證，金額前要加註外幣符號，如「HK＄」或「US＄」等），幣值符號與阿拉伯數字之間不得留有空白；所有以元為單位的阿拉伯數字，除表示單價等情況外，一律填寫到角分，無角分的要以「0」補位。漢字大寫金額數字，一律

用正楷字或行書字書寫，如壹、貳、叁、肆、伍、陸、柒、捌、玖、拾、佰、仟、萬、億、元（圓）、角、分、零、整（正）。大寫金額最后為「元」的應加寫「整」（或「正」）字斷尾。

在填寫原始憑證的過程中，如果發生錯誤，應採用正確的方法予以更正，不得隨意塗改、刮擦憑證，如果原始憑證上的金額發生錯誤，則不得在原始憑證上更改，而應由出具單位重開。對於支票等重要的原始憑證如果填寫錯誤，一律不得在憑證上更正，應按規定的手續註銷留存，另行重新填寫新的憑證。

（四）原始憑證要及時填製並按照規定的程序進行傳遞

按照及時性會計原則的要求，企業經辦業務的部門或人員應根據經濟業務的發生或完成情況，在有關制度規定的範圍內，及時地填製或取得原始憑證，並按照規定的程序及時送交會計部門，經過會計部門審核之後，據以編製記帳憑證。

除了以上各項基本內容之外，原始憑證填製的內容還包括以下具體要求：

從外單位取得的原始憑證，必須蓋有填製單位的公章；從個人那裡取得的原始憑證，必須有填製人員的簽名或蓋章；自製原始憑證必須有經辦部門領導或指定人員簽名或蓋章；對外開出的原始憑證，必須加蓋本單位公章；購買實物的原始憑證，必須有驗收證明；支付款項的原始憑證，必須有收款單位和收款人的收款證明；發生銷貨退回的，除填製退貨發票外，還必須有退貨驗收證明；退款時，必須取得對方的收款收據或者匯款銀行的憑證，不得以退貨發票代替收據；經上級部門批准的經濟業務，應當將批准文件作為原始憑證附件；從外單位取得的原始憑證如有遺失，應當取得原開出單位蓋有公章的證明，並註明原憑證的號碼、金額等，由經辦單位會計機構負責人、會計主管人員和單位領導人批准后，才能代作原始憑證。

三、原始憑證的審核

我們知道，原始憑證載有的內容只是含有會計信息的原始數據，必須經過會計確認，才能進入會計信息系統進行加工處理。原始憑證在填製或取得的過程中，由於種種原因，難免會出現錯誤和舞弊。為了保證原始憑證的真實性、完整性和合法性，企業的會計部門對各種原始憑證都要進行嚴格的審核，只有經過嚴格審核合格的原始憑證，才能作為編製記帳憑證和登記帳簿的依據。審核原始憑證不僅是確保會計初始信息真實、可靠的一項重要措施，同時也是發揮會計監督作用的重要手段，還是會計機構、會計人員的重要職責。

我國《會計法》第14條規定：會計機構、會計人員必須按照國家統一的會計制度的規定對原始憑證進行審計，對不真實、不合法的原始憑證有權不予接受，並向單位負責人報告；對記載不準確、不完整的原始憑證予以退回，並要求按照國家統一的會計制度的規定更正、補充。《會計法》的這條規定給了會計人員相應的監督權限，為企業會計人員嚴肅、認真地審核原始憑證提供了法律上的依據。由此也不難看出，企業會計人員對原始憑證的審核，主要是審核原始憑證的真實性、完

整性和合法性三個方面。具體分述如下：

(一) 審核原始憑證的真實性

按照會計真實性原則的要求，原始憑證所記載的內容必須與實際發生的經濟業務內容一致。所以，審核原始憑證的真實性，就是要審核原始憑證所記載的與經濟業務有關的當事單位和當事人是否真實，原始憑證的填製日期、經濟業務內容、數量以及金額是否與實際情況相符等。

(二) 審核原始憑證的完整性

原始憑證反應的內容包括很多個項目。所以，在審核時要注意審核原始憑證填製的內容是否完整，應該填列的項目有無遺漏，有關手續是否齊全，金額的大小寫是否相符，特別是有關簽字或蓋章是否都已具備等。

(三) 審核原始憑證的合法性

審核原始憑證的合法性就是審核原始憑證所反應的經濟業務內容是否符合國家政策、法律法規、財務制度和計劃的規定，成本費用列支的範圍、標準是否按規定執行，有無違反財經紀律、貪污盜竊、虛報冒領、偽造憑證等違法亂紀行為。

會計機構、會計人員在審核原始憑證時，對於不真實、不合法的原始憑證如偽造或塗改的原始憑證等，有權不予受理，並向單位負責人報告，請求查明原因，追究當事人的責任，進行嚴肅處理。對於不合法、不合規定的一切開支，會計人員有權拒絕付款和報銷；對於記載不準確、不完整的原始憑證，應予以退回，並要求經辦人員按照國家統一的會計制度的規定進行更正、補充。

會計信息系統所具有的監督作用主要體現在原始憑證的審核上。通過對原始憑證的審核，確保輸入會計信息系統的數據真實、合理、合法，從而為會計系統最終所提供的財務報告信息的質量提供有效保證。所以，只有經過審核無誤的原始憑證，才能作為編製和登記有關帳簿的依據。

第三節　記帳憑證的填製與審核

一、記帳憑證的基本內容

記帳憑證的一個重要作用就在於將審核無誤的原始憑證中所載有的原始數據通過運用帳戶和複式記帳方法編製會計分錄而轉換為會計帳簿所能接受的專有語言，從而成為登記帳簿的直接依據，完成第一次會計確認。因此，作為登記帳簿直接依據的記帳憑證，雖然種類不同，格式各異，但一般要具備以下7個方面的基本內容：

(1) 記帳憑證的名稱，如「收款憑證」「付款憑證」「轉帳憑證」等。

(2) 記帳憑證的填製日期，一般用年、月、日表示，需要注意的是記帳憑證的填製日期不一定就是經濟業務發生的日期；

(3) 記帳憑證的編號；

（4）經濟業務的內容摘要，由於記帳憑證是對原始憑證直接處理的結果，所以只需將原始憑證上的內容簡明扼要地在記帳憑證中予以說明即可；

（5）經濟業務所涉及的會計科目及金額，這是記帳憑證中所要反應的主要內容；

（6）所附原始憑證的張數，以便於日后查證；

（7）有關人員的簽字蓋章，通過這一步驟，一方面能夠明確各自的責任，另一方面又有利於防止在記帳過程中出現的某些差錯，從而在一定程度上保證了會計信息系統最終所輸出會計信息的真實、可靠。

二、記帳憑證的填製

記帳憑證是根據審核無誤的原始憑證編製的，各種記帳憑證可以根據每一張原始憑證單獨編製，也可以根據若干張原始憑證匯總編製。

在採用專用記帳憑證的企業中，其收款憑證和付款憑證，是根據有關庫存現金和銀行存款收付業務的原始憑證填製的。凡是引起庫存現金、銀行存款增加的經濟業務，都要根據庫存現金、銀行存款增加的原始憑證，編製庫存現金、銀行存款的收款憑證；凡是引起庫存現金、銀行存款減少的業務，都要根據庫存現金、銀行存款減少的原始憑證，編製庫存現金、銀行存款的付款憑證。出納人員對於已經收訖的收款憑證和已經付訖的付款憑證及其所附的各種原始憑證，都要加蓋「收訖」和「付訖」的戳記，以免重收重付。轉帳憑證是根據有關轉帳業務的原始憑證填製的，作為登記有關帳簿的直接依據。

在採用通用記帳憑證的企業裡，對於各種類型的經濟業務，都使用一種通用格式的記帳憑證進行反應。通用記帳憑證的填製方法與轉帳憑證的填製方法基本相同。

在填製記帳憑證時，除了必須做到格式統一、內容完整、編製及時、會計科目運用正確之外，還要符合以下幾項特殊要求：

（一）必須根據審核無誤的原始憑證填製記帳憑證

除填製更正錯帳、編製結帳分錄和按權責發生制要求編製的調整分錄的記帳憑證可以不附原始憑證以外，其余的記帳憑證一般都應該附有原始憑證，同時，還應在記帳憑證中註明所附原始憑證的張數，以便日后查閱。如果一張原始憑證同時涉及幾張記帳憑證，應將其附在一張主要的記帳憑證的后面，並在其他記帳憑證中予以說明。

在記帳憑證上編製會計分錄與教學上編製會計分錄有何不同？兩者的做法在道理上是相通的，只不過在記帳憑證上編製會計分錄時，必須按規定的格式在相應的位置填寫記帳方向、帳戶名稱和金額等。另外，收款憑證反應的是收款業務內容，在編製的會計分錄中，其借方科目應是「銀行存款」或「庫存現金」等，表明貨幣資金的增加。

在付款憑證上編製會計分錄與在收款憑證上編製會計分錄有何不同？雖然兩者

的做法在道理上是相通的，但由於憑證格式不同，在付款憑證上，記帳方向、帳戶名稱和金額等的書寫位置有明顯變化。另外，付款憑證反應的是付款業務內容，在編製的會計分錄中，其貸方科目應是「銀行存款」或「庫存現金」等，表明貨幣資金的減少。

在轉帳憑證上編製會計分錄的做法既不同於收款憑證，也不同於付款憑證。記帳方向、帳戶名稱和金額等都需要填列在表格中的相應位置，在表格之外不再設立會計科目的單獨位置。

(二) 必須採用科學的方法對記帳憑證進行編號

編號的目的是為了分清記帳憑證的先后順序，便於登記帳簿和日后記帳憑證與會計帳簿之間的核對，並防止散失。在使用通用憑證的企業裡，可按經濟業務發生的先后順序分月按自然數1、2、3……順序編號；在採用收款憑證、付款憑證和轉帳憑證的企業裡，可以採用「字號編號法」，即按照專用記帳憑證的類別順序分別進行編號，例如，收字第×號，付字第×號、轉字第×號等。也可採用「雙重編號法」，即按總字順序編號與按類別順序編號相結合。例如，某收款憑證為「總字第×號，收字第×號」。一筆經濟業務，如果需要編製多張專用記帳憑證時，可採用「分數編號法」，例如，一筆經濟業務需要編製兩張轉帳憑證，憑證的順序號為10號時，其編號可為轉字第 $10\frac{1}{2}$ 號、轉字第 $10\frac{2}{2}$ 號。前面的整數表示業務順序，分子表示兩張中的第1張和第2張。不論採用哪種憑證編號方法，每月末最後一張記帳憑證的編號旁邊要加註「全」字，以免憑證散失。

(三) 對於特殊的業務應採取特殊的方法處理

在採用專用記帳憑證的企業中，對於從銀行提取現金或將庫存現金存入銀行等貨幣資金內部相互劃轉的經濟業務，為了避免重複記帳，按照慣例一般只編製付款憑證，不編製收款憑證。即從銀行提取現金，只編製銀行存款的付款憑證；將庫存現金存入銀行，只編製現金的付款憑證；在同一項經濟業務中，如果既有現金或銀行存款的收付內容，又有轉帳內容應分別填製收、付款憑證和轉帳憑證。

為了更好地理解和掌握採用專用記帳憑證的情況下如何處理貨幣資金內部相互劃轉的問題，先看一下為現金和銀行存款之間的相互存取業務編製的會計分錄.

將庫存現金存入銀行的會計分錄為：

借：銀行存款　　　　　　　　　　　　　　　×××
　　貸：庫存現金　　　　　　　　　　　　　×××

從銀行提取現金的會計分錄為：

借：庫存現金　　　　　　　　　　　　　　　×××
　　貸：銀行存款　　　　　　　　　　　　　×××

從業務內容上看，以上每一項經濟業務既具有收款性質，又同時具有付款性質。如將庫存現金存入銀行時，對於「庫存現金」帳戶來說是付出，而對於「銀行存

款」帳戶來說則是收入。那麼,從銀行提取現金時,對於「銀行存款」帳戶來說是付出,而對「庫存現金」帳戶則是收入。那麼,對於每一項經濟業務應當填製什麼樣的專用記帳憑證呢?當然,不能既填製收款憑證,又填製付款憑證,這樣做沒有必要。因為,對於一項經濟業務填製一張記帳憑證就足夠了。另外,同時填製兩張記帳憑證,也容易造成重複記帳。所以對於這種貨幣資金內部相互劃轉的業務,按照慣例,應統一按減少方填製付款憑證,而不再填製收款憑證。

(四)記帳憑證填製完畢,應進行複核與檢查,並按所使用的方法進行試算平衡

實行會計電算化的企業單位,其機制記帳憑證應當符合記帳憑證的一般要求。無論是印刷的記帳憑證,還是機制記帳憑證,都要加蓋製單人員、審核人員、記帳人員、會計機構負責人等的印章或簽字,以明確各自的責任。

三、記帳憑證的審核

正確編製記帳憑證是正確地進行會計核算的前提。所以,記帳憑證填製完成以後,必須由會計主管人員或其他指定人員進行嚴格審核。應該說,記帳憑證的審核同原始憑證的審核一樣,也是會計確認的一個重要環節,都是為了保證會計信息的真實、可靠,對經濟業務在會計帳簿上正式加以記錄之前所採取的複式記帳系統內部的一種防護性措施。因此,為了正確登記帳簿和監督經濟業務,除了在記帳憑證的編製過程中,有關人員應認真負責、正確填製、加強自審之外,還要對記帳憑證建立綜合審核制度。

記帳憑證審核的主要內容有:第一,和原始憑證核對。記帳憑證是否附有原始憑證,記帳憑證的內容與所附原始憑證的內容是否相符;記帳憑證上填寫的附件張數與實際原始憑證張數是否相符;會計科目的應用是否正確。第二,審核會計分錄。二級或明細科目是否齊全;會計科目的對應關係是否清晰;金額的計算是否正確。第三,記帳憑證上的其他內容。內容摘要的填寫是否清楚,是否正確歸納了經濟業務的實際內容;記帳憑證中有關項目是否填列齊全;有關人員是否簽字或蓋章等。

嚴格地說,記帳憑證的審核,同原始憑證一樣,共同組成會計確認的一個環節,都是在會計帳簿上正式加以記錄之前的必要步驟。在記帳憑證的審核過程中,如果發現差錯,應查明原因,按照規定的辦法及時處理和更正。只有經過審核無誤的記帳憑證,才能作為登記帳簿的直接依據。

第四節 會計憑證的傳遞與保管

為了確保會計資料的安全、完整,會計憑證的傳遞和保管就成為會計工作的一項重要內容。

一、會計憑證的傳遞

會計憑證的傳遞，是指憑證從取得或填製時起，經過審核、記帳、裝訂到歸檔保管時止，在單位內部各有關部門和人員之間按規定的時間、路線辦理業務手續和進行處理的過程。

正確、合理地組織會計憑證的傳遞，對於及時處理和登記經濟業務，協調單位內部各部門各環節的工作，加強經營管理的崗位責任制，實行會計監督，具有重要作用。例如，對材料收入業務的憑證傳遞，應明確規定：材料運達企業后，需多長時間驗收入庫，由誰負責，又由誰在何時將收料單送交會計及其他有關部門；會計部門由誰負責審核收料單，何時編製記帳憑證和登記帳簿，又由誰負責整理或保管憑證等。這樣，既可以把材料從驗收入庫到登記入帳的全部工作在本單位內部進行分工，並通過各部門的協作來共同完成，同時也便於考核經辦業務的有關部門和人員是否按照規定的會計手續辦理業務。

會計憑證的傳遞主要包括憑證的傳遞路線、傳遞時間和傳遞手續三個方面的內容。

各單位應根據經濟業務的特點、機構設置、人員分工情況，以及經營管理上的需要，明確規定會計憑證的聯次及其流程。既要使會計憑證經過必要的環節進行審核和處理，又要避免會計憑證在不必要的環節停留，從而保證會計憑證沿著最簡捷、最合理的路線傳遞。

會計憑證的傳遞時間，是指各種憑證在各經辦部門、環節所停留的最長時間。它應由各部門和有關人員，在正常情況下辦理經濟業務所需時間來合理確定。明確會計憑證的傳遞時間，能防止拖延處理和積壓憑證，保證會計工作的正常秩序，提高工作效率。一切會計憑證的傳遞和處理，都應在報告期內完成，否則，將會影響會計核算的及時性。

會計憑證的傳遞手續，是指在憑證傳遞過程中的銜接手續，應該做到既完備嚴密，又簡便易行。憑證的收發、交接都應按一定的手續制度辦理，以保證會計憑證的安全和完整。

為了確保會計憑證的傳遞工作正常有序，以便完好地發揮會計憑證的作用，企業內部應制定出一套合理的會計憑證傳遞制度，使憑證傳遞的整個過程環環相扣，從而加速經濟業務的處理進程，保證會計部門迅速、及時地取得和處理會計憑證，提高各項工作的效率，充分發揮會計監督作用。會計憑證的傳遞路線、傳遞時間和傳遞手續，還應根據實際情況的變化及時加以修改，以確保會計憑證傳遞的科學化、制度化。

二、會計憑證的保管

會計憑證是各項經濟活動的歷史記錄，是需要的經濟檔案。為了便於隨時查閱

利用，各種會計憑證在辦理好各項業務手續，並據以記帳后，應由會計部門加以整理、歸類，並送交檔案部門妥善保管。為了保管好會計憑證，更好地發揮會計憑證的作用，《會計基礎工作規範》第 55 條對此作了明確的規定，具體可歸納為以下幾點：

（一）會計憑證的整理歸類

會計部門在記帳以后，應定期（一般為每月）將會計憑證加以歸類整理，即把記帳憑證及其所附原始憑證，按記帳憑證的編號順序進行整理，在確保記帳憑證及其所附原始憑證完整無缺后，將折疊整齊，加上封面、封底、裝訂成冊，並在裝訂線上加貼封簽，以防散失和任意拆裝。在封面上要註明單位名稱、憑證種類、所屬年月和起訖日期、起訖號碼、憑證張數等。會計主管或指定裝訂人員要在裝訂線封簽處簽名或蓋章，然后入檔保管。

對於那些數量過多或各種隨時需要查閱的原始憑證，可以單獨裝訂保管，在封面上註明記帳憑證的日期、編號、種類，同時在記帳憑證上註明「附件另訂」字樣。各種經濟合同和重要的涉外文件等憑證，應另編目錄，單獨登記保管，並在有關記帳憑證和原始憑證上註明。

（二）會計憑證的造冊歸檔

每個會計年度各個月份的會計憑證都應由會計部門按照歸檔的要求，負責整理立卷或裝訂成冊。按照 2015 年財政部和國家檔案局修訂發布的《會計檔案管理辦法》的規定，會計憑證的保管期限為 30 年，自會計年度終了后第一天算起。會計憑證必須做到妥善保管、存放有序、查找方便，並要嚴防毀損、丟失和洩密。

（三）會計憑證的借閱

會計憑證原則上不得借出，如有特殊需要，須報請批准，但不得拆散原卷冊，並應限期歸還。需要查閱已入檔的會計憑證時，必須辦理借閱手續。其他單位因特殊原因需要使用原始憑證時，經本單位負責人批准，可以複製。但向外單位提供的原始憑證複印件，應在專設的登記簿上登記，並由提供人員和收取人員共同簽名或蓋章。

（四）會計憑證的銷毀

會計憑證的保管期限，應嚴格按照會計規範的要求辦理。保管期未滿的，任何人都不得隨意銷毀會計憑證。按規定銷毀會計憑證時，必須開列清單，報經批准后，由檔案部門和會計部門共同指派人員監銷。在銷毀會計憑證前，監督銷毀人員應認真清點核對，銷毀后，在銷毀清冊上簽名或蓋章，並將監銷情況報本單位負責人。

複習思考題

一、名詞解釋

1. 原始憑證
2. 記帳憑證
3. 收款憑證
4. 付款憑證
5. 轉帳憑證
6. 通用記帳憑證

二、單選題

1. 全部匯總的記帳憑證是（　　）。
   A. 單式記帳憑證　　　　　　B. 複式記帳憑證
   C. 科目匯總表　　　　　　　D. 通用記帳憑證

2. 下面不屬於原始憑證的是（　　）。
   A. 發貨單　　　　　　　　　B. 借據
   C. 購貨合同　　　　　　　　D. 運費結算憑證

3. 在一定時期內連續記錄若干同類經濟業務的會計憑證是（　　）。
   A. 原始憑證　　　　　　　　B. 記帳憑證
   C. 累計憑證　　　　　　　　D. 一次憑證

4. 從銀行提取現金的業務，應編製（　　）。
   A. 現金收款憑證
   B. 銀行存款收款憑證
   C. 現金付款憑證
   D. 銀行存款付款憑證

5. 「限額領料單」屬於（　　）。
   A. 自製一次憑證　　　　　　B. 累計憑證
   C. 外來一次憑證　　　　　　D. 原始憑證匯總表

6. 會計憑證是（　　）的依據。
   A. 編製會計報表　　　　　　B. 編製匯總表
   C. 登記帳簿　　　　　　　　D. 編製會計分錄

7. 外來原始憑證一般都是（　　）。
   A. 一次憑證　　　　　　　　B. 匯總憑證
   C. 累計憑證　　　　　　　　D. 聯合憑證

8. 非貨幣資金業務（　　）。
   A. 不是會計所反應的內容　　B. 直接引起現金或銀行存款的減少
   C. 直接引起現金或銀行存款的增加　　D. 又稱轉帳業務

9. 收款憑證的貸方科目可能是（　　）。
   A. 庫存現金　　　　　　　　　B. 銀行存款
   C. 管理費用　　　　　　　　　D. 其他應收款
10. 借項記帳憑證是（　　）憑證。
    A. 單式記帳　　　　　　　　　B. 複式記帳
    C. 轉帳　　　　　　　　　　　D. 一次

三、多選題

1. 以下不能作為原始憑證的是（　　）。
   A. 購貨合同　　　　　　　　　B. 生產計劃
   C. 材料請購單　　　　　　　　D. 銀行對帳單
   E. 發料單
2. 企業的借款單是（　　）。
   A. 原始憑證　　　　　　　　　B. 一次憑證
   C. 自製憑證　　　　　　　　　D. 累計憑證
   E. 原始憑證匯總表
3. 記帳憑證審核的主要內容是（　　）。
   A. 與所附原始憑證的內容是否一致
   B. 有關項目是否填列齊全
   C. 會計科目與帳戶對應關係是否正確
   D. 所記金額是否同所附原始憑證的合計數相一致
   E. 有關人員是否簽字或蓋章
4. 填製記帳憑證可根據（　　）。
   A. 原始憑證　　　　　　　　　B. 原始憑證匯總表
   C. 自製原始憑證　　　　　　　D. 外來原始憑證
   E. 收款、付款、轉帳憑證
5. 企業購入原材料一批已驗收入庫，貨款已付，根據這項業務所填製的會計憑證是（　　）。
   A. 收款憑證　　　　　　　　　B. 付款憑證
   C. 收料單　　　　　　　　　　D. 發料單
   E. 產品成本計算單
6. 在填製的付款憑證中「借方科目」可能涉及（　　）帳戶。
   A. 庫存現金　　　　　　　　　B. 銀行存款
   C. 應付帳款　　　　　　　　　D. 應交稅費
   E. 銷售費用
7. 影響企業會計憑證傳遞路線的因素有（　　）。

A. 企業生產組織的特點   B. 企業經濟業務的內容
C. 企業管理的要求   D. 憑證的種類與數量
E. 規定保管期限

8. 一次憑證是（　　）。
A. 原始憑證的一種
B. 經濟業務填製的手續一次完成，已填列的憑證不能重複使用
C. 會計人員根據同類經濟業務加以匯總編製
D. 由會計人員根據原始憑證填製的會計憑證
E. 用於記錄一項或若干項同類經濟業務的原始憑證

9. 轉帳憑證屬於（　　）。
A. 記帳憑證   B. 原始憑證
C. 複式記帳憑證   D. 通用記帳憑證
E. 專用記帳憑證

10. 原始憑證和記帳憑證間的聯繫（　　）。
A. 原始憑證是記帳憑證的基礎
B. 原始憑證是記帳憑證的附件
C. 記帳憑證是對原始憑證內容的概括和說明
D. 原始憑證可作為登記總帳的依據
E. 原始憑證是自製憑證，記帳憑證是累計憑證

四、判斷題

1. 累計憑證是指在一定時期內連續記載若干項同類經濟業務，其填製手續隨著經濟業務發生而分次完成的憑證，如「限額領料單」。（　　）

2. 匯總原始憑證是指在會計核算工作中，為簡化記帳憑證編製工作，將一定時期內若干份記錄同類經濟業務的記帳憑證加以匯總，用以集中反應某項經濟業務總括發生情況的會計憑證。（　　）

3. 在一項經濟業務中，如果既涉及現金和銀行存款的收付，又涉及轉帳業務，應同時填製收（或付）款憑證和轉帳憑證。（　　）

4. 原始憑證是登記日記帳、明細帳的依據。（　　）

5. 製造費用分配表屬於記帳編製憑證。（　　）

6. 將記帳憑證分為收款憑證、付款憑證、轉帳憑證的依據是憑證填製的手續和憑證的來源。（　　）

7. 根據帳簿記錄和經濟業務的需要而編製的自製原始憑證是記帳編製憑證。（　　）

8. 會計憑證在記帳之后，應加以整理、裝訂並歸檔，2年后方可銷毀。（　　）

9. 根據一定期間的記帳憑證全部匯總填製的憑證如「科目匯總表」是一種累計

憑證。   ( )

10. 一筆經濟業務，在需要編製多張專用記帳憑證時，可採用「分數編號法」。
( )

五、案例分析題

資料：黃先生是企業財務方面的主要負責人，在一次複核時他發現，由於會計小林的不小心把三張記帳憑證弄丟了，黃先生在經過審核原始憑證後，批評小林工作太馬虎，同時讓他重新編製三張記帳憑證。另外一次，黃先生在複核時發現小陳編製的銀行存款付款憑證所附 20 萬元的現金支票存根丟失，同時發現還有幾張現金付款憑證所附原始憑證與憑證所註張數不符，黃先生馬上讓小陳停止工作，並且與他一起回憶、追查這張支票的去向。小陳對此非常不滿，認為黃先生小題大做，故意整他，偏向小林。(本案例參考朱小平、徐泓編著《初級會計學》第六版)

請問：你如何看待這件事？

第七章
會計帳簿

本章介紹了會計帳簿的種類、設置原則、填製要求、登記規則、帳簿的更換和保管等內容。通過本章的學習，要求正確理解會計帳簿的基本內容和分類，重點掌握日記帳、分類帳的格式、記帳規則和登帳方法，以及更正帳簿錯誤的規則和對帳與結帳的要求，瞭解並掌握帳簿的啟用規則、更換與保存要求。本章學習的重點是日記帳、分類帳設置的原則及格式；記帳規則；登記方法和錯帳更正規則。學習的難點是錯帳的更正方法。

第一節　會計帳簿的意義與種類

一、會計帳簿的概念

填製會計憑證之后，還必須要設置和登記帳簿，其原因是二者雖然都是用來記錄經濟業務的，但二者具有的作用不同。在會計核算中，對每一項經濟業務，都必須取得和填製會計憑證，因為會計憑證數量很多，又很分散，而且每張憑證只能記載個別經濟業務的內容，所提供的資料是零星的，不能全面、連續、系統地反應和監督一個經濟單位在一定時期內某一類和全部經濟業務活動情況，且不便於日后查閱。因此，為了給經濟管理提供系統的會計核算資料，各單位都必須在憑證的基礎上設置和運用登記帳簿的方法，把分散在會計憑證上的大量核算資料，加以集中和歸類整理，生成有用的會計信息，從而為編製會計報表、進行會計分析以及審計提供主要依據。

所謂會計帳簿，是指由具有專門格式而又聯結在一起的若干帳頁所組成的簿籍。在帳簿中應按照會計科目開設有關帳戶，用來序時地、分類地記錄和反應經濟業務的增減變動及其結果。會計帳簿是會計資料的主要載體之一。會計帳簿由帳頁組成，帳頁一旦標明會計科目，這個帳頁就成為用來記錄該科目所核算內容的帳戶。也就是說，帳頁是帳戶的載體，而帳簿是帳戶的集合。

根據會計憑證在有關帳戶中進行登記，就是指把會計憑證所反應的經濟業務內容記入設立在帳簿中的帳戶，即通常所說的登記帳簿，也稱記帳。

二、會計帳簿的作用

通過會計帳簿的概念，我們應該看到，會計帳簿的構成形式是相互連接的多個帳頁，其記錄的內容又是企業單位日常發生的各種各樣的經濟業務。會計帳簿既是累積、儲存信息的數據庫，也是會計信息的處理中心。設置和登記會計帳簿，是會計循環的主要環節，是會計核算的一種專門方法，因此，會計帳簿在會計核算過程中具有重要的作用。

（一）會計帳簿是系統歸納、累積會計資料的重要工具

會計帳簿能夠序時地、分類地記錄和反應企業單位日常發生的大量的經濟業務，將分散在會計憑證上的核算資料加以歸類、整理，從而為企業單位正確地計算費用、成本、利潤提供總括和明細資料，為企業的經濟管理提供系統、完整的會計信息，為改善經營管理、加強經濟核算、合理使用資金提供必要的資料，同時，借助於會計帳簿的記錄資料，可以監督各項財產物資的妥善保管，保護財產物資的安全與完整。

（二）會計帳簿的記錄資料是定期編製會計報表的主要的、直接的依據

帳簿記錄累積了一定時期發生的大量的經濟業務的數據資料，這些資料經過歸類、整理，就成為編製會計報表的依據。可以說，會計帳簿的設置與登記過程是否正確，直接影響到會計報表的質量。

（三）會計帳簿提供的資料是考核經營成果、進行會計監督的依據

通過會計帳簿記錄資料，為考核企業的經營成果、分析計劃和預算的完成情況提供數據資料；同時，設置和登記不同種類的會計帳簿，還便於會計工作的分工，更有利於保存會計信息資料，以便於日後查閱。

由上述內容可見，在會計工作中，每一個企事業單位都必須根據會計規範要求和實際情況設置必要的帳簿，同時做好記帳工作，以發揮會計帳簿的作用。

三、會計帳簿的設置原則

會計帳簿的設置，是指對帳簿的種類、格式、內容以及登記方法的選擇和確定。各單位應在會計規範的總體要求指導下，報據本單位生產經營或業務規模的大小、經濟業務的繁簡、會計人員的多少、會計報表編製的需要以及經營管理的特點和要求，科學合理地設置會計帳簿。具體應遵循以下幾項原則：

（一）全面性、系統性原則

設置的會計帳簿要能夠全面、系統地反應會計主體的經濟活動情況，為企業經營管理提供所需要的會計核算資料；同時，要符合各單位生產經營規模和經濟業務的特點，使設置的會計帳簿能如實反應各單位經濟活動的全貌。

（二）組織性、控制性原則

帳簿的設置要有利於帳簿的組織和記帳人員的分工，有利於加強單位責任制和

內部控制制度，使帳簿的設置和記錄有利於加強財產物資的管理，便於帳實核對，以保證企業各項財產物資的安全完整和有效利用。

(三) 科學性、合理性原則

帳簿設置要根據不同帳簿的作用和特點，使帳簿結構做到嚴密科學，有關帳簿之間要有統馭關係或平行制約關係，以保證帳簿資料的真實、正確和完整；帳簿格式的設計與選擇力求簡明、實用，以提高會計信息處理和利用的效率。帳簿設置及登記的內容要能夠提供會計報表編製所需要的全部數據資料。

四、會計帳簿的種類

由於會計核算對象的複雜性和不同的會計信息使用者對會計信息需要的多重性，導致了反應會計信息的載體——帳簿的多樣化。不同的會計帳簿可以提供不同的信息，滿足不同的需要。為了更好地瞭解和使用會計帳簿，就需要對帳簿進行分類。會計帳簿按照不同的標誌可以劃分為不同的類別。

(一) 按其用途分類

會計帳簿按其用途不同可以分為序時帳簿、分類帳簿和備查帳簿。

1. 序時帳簿

序時帳簿也稱日記帳，是指按照經濟業務發生時間的先後順序逐日、逐筆登記的帳簿。正因為如此，在歷史上曾將其稱為「流水帳」。序時帳簿包括普通日記帳和特種日記帳。普通日記帳是對全部經濟業務都按其發生時間的先后順序逐日、逐筆登記的帳簿；特種日記帳是只對某一特定種類的經濟業務按其發生時間的先后順序逐日、逐筆登錄的帳簿。由於普通日記帳要序時地記錄全部的經濟業務，其記帳工作量比較龐大，因而在會計發展的早期用得較多。目前，在實際工作中應用比較廣泛的是特種日記帳，如「現金日記帳」「銀行存款日記帳」等。

2. 分類帳簿

分類帳簿是指對全部經濟業務按照總分類帳戶和明細分類帳戶進行分類登記的帳簿。分類帳簿按其反應經濟業務詳細程度的不同，又可以分為總分類帳簿（即按照總分類帳戶分類登記的帳簿）和明細分類帳簿（即按照明細分類帳戶分類登記的帳簿）。總分類帳簿（總帳）是根據總分類帳戶開設的，能夠全面地反應會計主體的經濟活動情況，對所屬的明細帳起統馭作用，可以直接根據記帳憑證登記，也可以將憑證按一定方法定期匯總后進行登記。而明細分類帳（也稱明細帳）是根據明細分類帳戶開設的，用來提供明細核算資料，應根據記帳憑證或原始憑證逐筆詳細登記，是對總分類帳的補充和說明。

在實際工作中，根據需要也可以將序時帳和分類帳結合在一起，如「日記總帳」。

分類帳簿與序時帳簿的作用不同。序時帳簿能夠提供連續、系統的會計信息，反應企業資金運動的全貌；分類帳簿則根據經營和決策的需要而設置，歸集並匯總

各類信息，反應資金運動的不同狀態、形式和構成。因此，通過分類帳簿，才能把各類數據按帳戶來結合成總括、連續、系統的會計信息，滿足會計報表編製的需要。

3. 備查帳簿

備查帳簿也稱輔助帳簿，是指對某些在序時帳和分類帳中未能記載或記載不全的事項進行補充登記的帳簿，亦被稱為補充登記簿。備查帳簿只是對其他帳簿記錄的一種補充，與其他帳簿之間不存在嚴密的依存和鉤稽關係。例如為反應所有權不屬於企業，由企業租入的固定資產而開設的「租入固定資產備查簿」、反應票據內容的「應付（收）票據備查簿」等。

(二) 按其外表形式分類

會計帳簿按其外表形式的不同可以分為訂本式帳簿、活頁式帳簿和卡片式帳簿。

1. 訂本式帳簿

訂本式帳簿是指在帳簿啟用之前就已把順序編號的帳頁裝訂成冊的帳簿。這種帳簿能夠防止帳頁散失和被非法抽換，但不便於分工和計算機記帳。對於那些比較重要的內容一般採用訂本式帳簿，實際工作中，序時帳簿、聯合帳簿、總分類帳簿等應採用訂本式帳簿。

2. 活頁式帳簿

活頁式帳簿是指在帳簿啟用時帳頁不固定裝訂成冊而將零散的帳頁放置在活頁夾內，隨時可以取放的帳簿。活頁帳克服了訂本帳的缺點，但活頁式帳簿中的帳頁容易散失和被抽換。一般明細分類帳可根據需要採用活頁式帳簿。

3. 卡片式帳簿

卡片式帳簿是由許多具有一定格式的硬制卡片組成，存放在卡片箱內，根據需要隨時取放的帳簿。卡片帳主要用於不經常變動的內容的登記，如「固定資產明細帳」等。

企業在設置帳簿體系時，應將那些比較重要、容易丟失的項目，採用訂本式帳簿，對那些次要的或不容易丟失的項目，可以採用活頁式或卡片式帳簿。

(三) 按其帳頁格式分類

會計帳簿按其帳頁格式的不同可以分為三欄式帳簿、多欄式帳簿和數量金額式帳簿。

1. 三欄式帳簿

三欄式帳簿是指帳頁格式採用的是借、貸、余（或收、付、存）三欄形式的帳簿。三欄式帳簿只從金額方面提供某類經濟業務的增減變動及結存情況。三欄式帳簿用途最為廣泛，一般用於除多欄式和數量金額式之外的所有帳簿。

2. 多欄式帳簿

多欄式帳簿是指帳頁格式按經濟業務的特點採用多欄形式的帳簿。多欄式帳簿一般用於平時只在借方或貸方一方登帳，期末一次性結轉的明細分類帳簿。如各種收入類、成本費用類明細帳簿都可採用多欄式。多欄式帳簿又按平時登帳的方向可

分為借方多欄式帳簿（如管理費用、財務費用、銷售費用、營業外支出、生產成本、製造費用等）、貸方多欄式帳簿（如主營業務收入、其他業務收入、營業外收入等）和借方貸方多欄式帳簿（如應交增值稅明細帳等）。

3. 數量金額式帳簿

數量金額式帳簿是指在帳頁中既反應數量，又反應單價和金額的帳簿。該帳簿最大的特點是既有實物量度，又有貨幣量度。數量金額式帳簿一般用於財產物資的明細帳記錄，如原材料、庫存商品等明細帳。

第二節　會計帳簿的設置與登記

一、會計帳簿的基本內容

由於管理的要求不同，所設置的帳簿也不同，各種帳簿所記錄的經濟業務也不同，其形式也多種多樣，但從構造上看，其一般由三大部分組成：

（1）封面，標明帳簿名稱和記帳單位名稱。

（2）扉頁，填明啟用的日期和截止的日期、頁數、冊次、經管帳簿人員一覽表和簽章、會計主管簽章、帳戶目錄等。帳簿扉頁上的「帳簿使用登記表」的格式如表 7-1 所示。

（3）帳頁，其基本內容包括：帳戶的名稱（一級科目、二級或明細科目）、記帳日期、憑證種類和號數欄、摘要欄、金額欄、總頁次和分戶頁次等。

表 7-1　　　　　　　　　　　帳簿使用登記表

單位名稱				
帳簿名稱				
冊次及起訖頁		自　　頁起至　　頁止共　　頁		
啟用日期		年　　月　　日		
停用日期		年　　月　　日		
經管人員姓名	接管日期	交出日期	經管人員蓋章	會計主管蓋章
	年　月　日	年　月　日		
	年　月　日	年　月　日		
	年　月　日	年　月　日		
	年　月　日	年　月　日		

二、會計帳簿的格式與登記方法

不同的會計帳簿由於反應的經濟業務內容和詳細程度不同，因而，其帳頁格式也有一定的區別。以下就序時帳簿、總分類帳簿和明細分類帳簿的格式及登記方法分別進行介紹。

(一) 序時帳簿的格式與登記方法

這裡所說的序時帳簿主要是指特種日記帳。企業通常設置的特種日記帳主要有庫存現金日記帳和銀行存款日記帳。

1. 庫存現金日記帳的格式及登記方法

庫存現金日記帳是用來核算和監督庫存現金日常收、付、結存情況的序時帳簿，通過庫存現金日記帳可以全面、連續地瞭解和掌握企業單位每日庫存現金的收支動態和庫存余額，為日常分析、檢查企業單位的庫存現金收支活動提供資料。庫存現金日記帳的格式主要有三欄式和多欄式兩種。

三欄式庫存現金日記帳，通常設置收入、付出、結余或借方、貸方、余額三個主要欄目，用來登記庫存現金的增減變動及其結果。

三欄式庫存現金日記帳是由現金出納員根據庫存現金收款憑證、庫存現金付款憑證以及銀行存款的付款憑證（反應從銀行提取現金業務），按照現金收、付款業務和銀行存款付款業務發生時間的先后順序逐日、遂筆登記。三欄式庫存現金日記帳的一般格式及登記方法如表7-2所示。

表7-2　　　　　　　　庫存現金日記帳（三欄式）

201×年		憑證		摘要	對方科目	收入	付出	結余
月	日	收款	付款					
3	1			月初余額				300
	2		付1	從銀行提現金	銀行存款	1,000		1,300
	5		付2	張三差旅費	管理費用		300	1,000

為了更清晰地反應帳戶之間的對應關係，瞭解庫存現金變化的來龍去脈，還可以在三欄式日記帳中「收入」和「付出」兩個欄目下，按照庫存現金收、付的對方科目設置專欄，形成多欄式庫存現金日記帳。多欄式庫存現金日記帳的格式如表7-3所示。

表 7-3　　　　　　　　　庫存現金日記帳（多欄式）

201×年		憑證號數	摘要	對應帳戶（貸方）		現金收入合計	對應帳戶（借方）			現金支出合計	余額
月	日			銀行存款	營業外收入		材料採購	應付工資	其他應收款		
6	1	5	期初余額								200
	3	6	提現金備發工資	4,000		4,000					4,200
	13	9	發放工資					4,000		4,000	200
	15	11	支付搬運費				30			30	170
	18	15	出租會場收入		500	500					670
	28	17	預支差旅費						500	500	170
	30		本期發生額及期末余額	4,000	500	4,500	30	4,000	500	4,530	170

採用多欄式庫存現金日記帳時，按照收入、付出的對應科目分設專欄逐日逐筆登記，到月末結帳時，分欄加計發生額，對全月庫存現金的收入來源、付出去向都可以一目了然，能夠為企業的經濟活動分析和財務收支分析提供詳細具體的資料。但是，在使用會計科目較多的情況下，多欄式日記帳的帳頁過寬，不便於分工登記，而且容易發生錯欄串行的錯誤。因此，在實際工作中可以將多欄式庫存現金日記帳分設兩本，即分為多欄式庫存現金收入日記帳和多欄式庫存現金支出日記帳。多欄式庫存現金收入日記帳和多欄式庫存現金支出日記帳格式分別如表7-4和表7-5所示。

表 7-4　　　　　　　　　現金收入日記帳（多欄式）

201×年		憑證號數	摘要	貸方科目			收入合計	支出合計	結余
月	日								

表 7-5　　　　　　　　現金支出日記帳（多欄式）

201×年		憑證號數	摘要	借方科目			支出合計	收入合計	結餘
月	日								

2. 銀行存款日記帳的格式及登記方法

銀行存款收、付業務的結算方式有多種，為了反應具體的結算方式以及相關的單位，需要在三欄式現金日記帳的基礎上，通過增設欄目設置銀行存款日記帳，即在銀行存款日記帳中增設採用的結算方式等具體的欄目。三欄式銀行存款日記帳的具體格式與庫存現金日記帳格式相似，如表 7-6 所示。

表 7-6　　　　　　　　銀行存款日記帳（三欄式）

201×年		憑證	摘要	結算憑證		對方科目	收入	付出	結餘
月	日			種類	號數				
3	1		月初余額						100,000
	3	銀付1	提取現金	現金支票	0561	庫存現金		50,000	50,000
	6	銀付2	付材料款	轉帳支票	3126	材料採購		20,000	30,000
	9	銀收1	銷售收入	轉帳支票	2891	主營業務收入	130,000		160,000

銀行存款日記帳由出納員根據銀行存款收款憑證、銀行存款付款憑證以及庫存現金的付款憑證（反應將現金送存銀行業務）序時登記的。總體來說，銀行存款日記帳的登記方法與庫存現金的登記方法基本相同。但有以下幾點需要注意：

（1）出納員在辦理銀行存款收、付款業務時，應對收款憑證和付款憑證進行全面的審查複核，保證記帳憑證與所附的原始憑證的內容一致，方可依據正確的記帳憑證在銀行存款日記帳中記明：日期（收、付款憑證編製日期）、憑證種類（銀收、銀付或現收）、憑證號數（記帳憑證的編號）、採用的結算方式（支票、本票或匯票等）、摘要（概括說明經濟業務內容）、對應帳戶名稱、金額（收入、付出或結餘）等項內容。

（2）銀行存款日記帳應按照經濟業務發生時間的順序逐筆分行記錄，當日的業

務當日記錄，不得將記帳憑證匯總登記，每日業務記錄完畢應結出余額，做到日清月結。

（3）銀行存款日記帳必須按行次、頁次順序登記，不得跳行、隔頁，不得以任何借口隨意更換帳簿，記帳過程中一旦發現錯誤應採用正確的方法進行更正，會計期末，按規定結帳。

銀行存款日記帳根據需要可以採用多欄式，或者進一步將銀行存款日記帳分設兩本，即多欄式銀行存款收入日記帳和多欄式銀行存款支出日記帳。多欄式銀行存款日記帳的具體格式和登記方法除特殊欄目（如結算方式等）外基本同於多欄式庫存現金日記帳，故在此不做重複介紹。

（二）總分類帳的格式與登記方法

總分類帳是按照一級會計科目的編號順序分類開設並登記全部經濟業務的帳簿。總分類帳的常見格式是三欄式（即借方、貸方、余額三個主要欄目），可區分為不反應對應科目的三欄式和反應對應科目的三欄式。總分類帳的登記依據和方法，主要取決於所採用的會計核算組織程序。它可以直接根據記帳憑證逐筆登記，也可以把記帳憑證先匯總，編製成匯總記帳憑證或科目匯總表，再根據匯總的記帳憑證定期登記。三欄式（不反應對應科目）總帳的具體格式及登記方法與庫存現金日記帳相似，如表7-7所示。

表7-7　　　　　　　　　　　　總帳（三欄式）

會計科目：原材料

201×年		憑證	摘要	借方	貸方	借或貸	余額
月	日						
3	1		月初余額			借	100,000
	3	轉1	車間領用		50,000	借	50,000
	6	付2	購入	30,000		借	80,000

每月都應將本月已完成的經濟業務全部登記入帳，並於月末結出總帳中各總分類帳戶的本期發生額和期末余額，與其他有關帳簿核對相符之后，作為編製會計報表的主要依據。

（三）明細分類帳的格式及登記方法

明細分類帳是根據二級會計科目或明細科目設置帳戶，並根據審核無誤后的會計憑證登記某一具體經濟業務的帳簿。各種明細分類帳可根據實際需要，分別按照二級會計科目和明細科目開設帳戶，進行明細分類核算，以便提供資產、負債、所有者權益、收入、費用和利潤等的詳細信息。這些信息，也是進一步加工成會計報

表信息的依據。因此，各企業單位在設置總分類帳的基礎上，還應按照總帳科目下設若干必要的明細分類帳，作為總分類帳的必要補充說明。這樣，既能根據總分類帳瞭解該類經濟業務的總括情況，又能根據明細分類帳進一步瞭解該類經濟業務的具體和詳細情況。明細分類帳一般採用活頁式帳簿，也可以用卡片式帳簿（如固定資產明細帳）和訂本式帳簿等。

根據管理上的要求和各種明細分類帳所記載經濟業務的特點，明細分類帳的格式主要有以下三種：

1. 三欄式明細分類帳

三欄式明細分類帳的格式和三欄式總分類帳的格式相同，即帳頁只設有借方金額欄、貸方金額欄和余額金額欄三個欄目。這種格式的明細帳適用於只要求提供貨幣信息而不需要提供非貨幣信息（實物量指標等）的帳戶。三欄式明細分類帳一般適用於記載債權債務類經濟業務，如應付帳款、應收帳款、其他應收款、其他應付款等內容，其帳頁格式與總帳帳頁格式相同。

2. 數量金額式明細帳

數量金額式明細帳要求在帳頁上對借方、貸方、余額欄分別設置數量欄和金額欄，以便同時提供貨幣信息和實物量信息。這一類的明細帳適用於既要進行金額核算又要進行實物核算的財產物資類科目，如原材料、庫存商品等科目的明細帳。數量金額式明細帳的格式及登記方法如表 7-8 所示。

表 7-8　　　　　　　　　　　原材料明細帳

材料類別：原材料　　　　　　　　　　　　　　　　計量單位：千克
材料名稱或規格：圓鋼　　　　　　　　　　　　　　存放地點：1 號庫
材料編號：114　　　　　　　　　　　　　　　　　　儲備定額：5,000 千克

| 201×年 || 憑證號數 | 摘要 | 借方（收入） ||| 貸方（發出） ||| 借或貸 | 余額（結存） |||
月	日			數量	單價	金額	數量	單價	金額		數量	單價	金額
1	1		月初余額							借	9,000	1	9,000
	2		入庫	2,000	1	2,000				借	11,000	1	11,000
	3		發出				3,000	1	3,000	借	8,000	1	8,000

3. 多欄式明細帳

多欄式明細分類帳是根據經濟業務的特點和經營管理的需要，在一張帳頁內按有關明細科目或項目分設若干專欄的帳簿。按照登記經濟業務內容的不同又分為「借方多欄式」，如「物資採購明細帳」「生產成本明細帳」「製造費用明細帳」等；「貸方多欄式」，如「主營業務收入明細帳」等；「借方、貸方多欄式」，如「本年利潤明細帳」「應交增值稅明細帳」等。這裡僅列舉借方多欄式明細帳（製造費用）的具體格式及登記方法，如表 7-9 所示。

表7-9　　　　　　　　　　　　製造費用明細帳

201×年		憑證號數	摘要	借方					合計
月	日			工資	福利費	折舊費	辦公費	……	
1	1	轉3	分配工資	5,000					5,000
	1	轉4	計提福利費		1,000				6,000
	31	轉6	提取折舊			500			6,500
	31	轉9	分配	5,000	1,000	500	0	0	6,500

這一行用紅字登記，反映製造費用的減少

對於借方多欄式明細帳，由於只在借方設多欄，因此平時在借方登記費用、成本的發生額，月末將借方發生額一次轉出的貸方業務無法在貸方登記，應該用紅字在借方多欄中登記。貸方多欄式明細帳也採用同樣方法登記借方業務的轉出。

（四）備查帳簿的格式及登記方法

備查帳簿是對主要帳簿起補充說明作用的帳簿。它沒有固定的格式，一般是根據會計核算和經營管理的實際需要而設置的，主要包括租借設備、物資的輔助登記，有關應收、應付款項（票據）的備查簿，擔保、抵押品的備查簿等。

第三節　會計帳簿的啟用與登記規則

一、帳簿的啟用規則

在啟用新帳簿時，應在帳簿的有關位置記錄相關信息：

第一，設置帳簿的封面與封底。除訂本帳不另設封面以外，各種活頁帳都應設置封面和封底，並登記單位名稱、帳簿名稱和所屬會計年度。

第二，在啟用新會計帳簿時，應首先填寫在扉頁上印製的「帳簿使用登記表」中的啟用說明，其中包括單位名稱、帳簿名稱、帳簿編號、起止日期、單位負責人、主管會計人員和記帳人員等項目，並加蓋單位公章。在會計人員工作發生變更時，應辦理交接手續，並填寫「帳簿使用登記表」中的有關交接欄目。

第三，填寫帳戶目錄，總帳應按照會計科目順序填寫科目名稱及啟用頁號。在啟用活頁式明細分類帳時，應按照所屬會計科目填寫科目名稱和頁碼，在年度結帳

后，撤去空白帳頁，填寫使用頁碼。

第四，粘貼印花稅票，應粘貼在帳簿的右上角，並且劃線註銷；在使用交款書繳納印花稅時，應在右上角註明「印花稅已交」及交款金額。

二、帳簿的登記規則

各種會計帳簿的登記，必須遵循基本規則的要求。我國《會計法》第 15 條規定：「會計帳簿登記，必須以經過審核的會計憑證為依據，並符合有關法律、行政法規和國家統一的會計制度的規定。會計帳簿包括總帳、明細帳、日記帳和其他輔助性帳簿」。

會計帳簿應當按照連續編號的頁碼順序登記。會計帳簿記錄發生錯誤或者隔頁、缺號、跳行的，應當按照國家統一的會計制度規定的方法更正，並由會計人員和會計機構負責人（會計主管人員）在更正處蓋章。使用電子計算機進行會計核算的，其會計帳簿的登記、更正，應當符合國家統一的會計制度的規定。

由於會計帳簿是儲存數據資料的主要會計檔案，因而登記帳簿應有專人負責。平時登記帳簿時必須用藍黑墨水筆書寫，不得用鉛筆或圓珠筆記帳，除「結帳劃線」「改錯」「衝銷帳簿記錄」等外，不得用紅色墨水筆。

帳簿記錄發生錯誤時，不準隨意塗改、挖補、刮擦等，應採用正確的方法進行更正。帳戶結出余額后，應在「借或貸」欄內寫明「借」或「貸」字，沒有余額的帳戶，應在「借或貸」欄內寫「平」字並在余額欄內元位上用「0」表示。帳簿的登記規則和方法詳如表 7－10 所示。

表 7－10

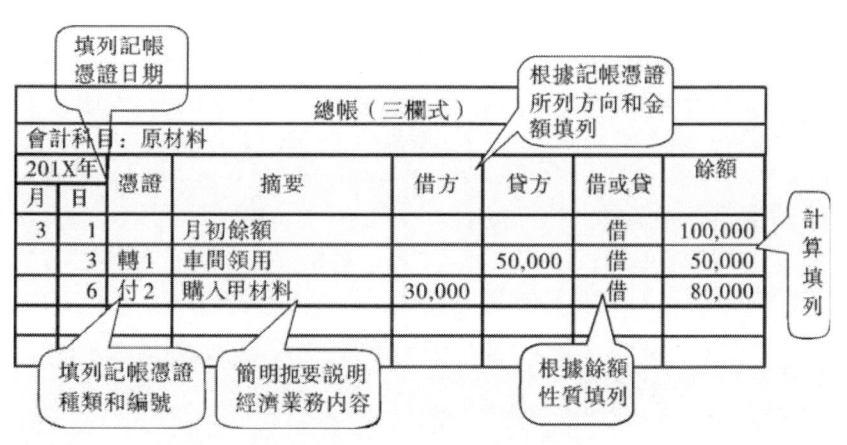

會計科目：原材料							
201X年		憑證	摘要	借方	貸方	借或貸	餘額
月	日						
3	1		月初餘額			借	100,000
	3	轉1	車間領用		50,000	借	50,000
	6	付2	購入甲材料	30,000		借	80,000

（總帳（三欄式））

填列記帳憑證日期
根據記帳憑證所列方向和金額填列
填列記帳憑證種類和編號
簡明扼要說明經濟業務內容
根據餘額性質填列
計算填列

有關會計人員調動工作或離職時，應辦理交接手續。

對於新的會計年度建帳問題，一般來說，總帳、日記帳和多數明細帳應每年更換一次。但有些財產物資明細帳和債權債務明細帳，由於材料品種、規格和往來單

位較多，更換新帳，重抄一遍工作量較大，因此，可以跨年度使用，不必每年度更換一次（如固定資產卡片簿）。各種備查簿也可以連續使用。

會計帳簿作為一種重要的會計檔案，必須按照制度統一規定的保存年限妥善保管，不得丟失。保管期滿后，按規定的審批程序報經批准后，再行銷毀。

三、錯帳的更正規則

(一) 錯帳的基本類型

會計人員在記帳過程中，由於種種原因可能會產生憑證的編製錯誤或帳簿的登記錯誤，即發生錯帳。其錯帳的基本類型主要有以下幾種：

第一，記帳憑證正確，但依據正確的記帳憑證登記帳簿時發生過帳錯誤。

第二，記帳憑證錯誤，導致帳簿登記也發生錯誤。這種類型的錯誤又包括三種情況：一是由於記帳憑證上的會計科目用錯而引發的錯帳；二是記帳憑證上會計科目正確，但金額多寫而引發的錯帳；三是記帳憑證上會計科目正確，但金額少寫而引發的錯帳。

(二) 錯帳的更正方法

如果帳簿記錄發生錯誤，不得任意使用刮擦、挖補、塗改等方法去更改字跡，而應該根據錯誤的具體情況，採用正確的方法予以更正。按《會計基礎工作規範》的要求，更正錯帳的方法一般有三種，即劃線更正法、紅字更正法和補充登記法。

1. 劃線更正法

在結帳前，如果發現帳簿記錄有錯誤，而記帳憑證沒有錯誤，即純屬帳簿記錄中的文字或數字的筆誤，可用劃線更正法予以更正。

其更正的方法是：先將帳頁上錯誤的文字或數字劃一條紅線，以表示予以註銷，然后，將正確的文字或數字用藍字寫在被註銷的文字或數字的上方，並由記帳人員在更正處蓋章。應當注意的是，更正時，必須將錯誤數字全部劃銷，而不能只劃銷、更正其中個別錯誤的數碼，並應保持原有字跡仍可辨認，以備查考。

【例7－1】揚城有限責任公司用銀行存款5,600元購買辦公用品。會計人員在根據記帳憑證（記帳憑證正確）記帳時，誤將總帳中銀行存款貸方的5,600誤寫成5,900元。採用劃線更正法更正的具體辦法是：應將總帳中銀行存款帳戶貸方的錯誤數字5,900元全部用一條紅線劃銷（注意：不能只劃銷個別錯誤的數字），然后在其上方寫出正確的數字5,600元，並在更正處蓋章或簽名，以明確責任。

2. 紅字更正法

紅字更正法，適用於以下兩種錯誤的更正：

第一，根據記帳憑證所記錄的內容登記帳簿以后，發現記帳憑證的應借、應貸會計科目或記帳方向有錯誤，應採用紅字更正法。其更正的具體辦法是：先用紅字（只是金額用紅字）填製一張與錯誤記帳憑證內容完全相同的記帳憑證，並據以紅字登記入帳，衝銷原有錯誤的帳簿記錄；然后，再用藍字或黑字填製一張正確的記

帳憑證，據以用藍字或黑字登記入帳。

【例7-2】揚城有限責任公司的李明出差，借差旅費5,000元，開出現金支票支付。會計誤記為庫存現金減少5,000元。

錯誤的分錄如下：
借：其他應收款——李明　　　　　　　　　　　　　　　5,000
　　貸：庫存現金　　　　　　　　　　　　　　　　　　　5,000

更正時，先用紅字（以下用☐代替紅字）填製一張會計分錄與原錯誤記帳憑證相同的記帳憑證，並據以用紅字登記入帳，衝銷原有錯誤的帳簿記錄。

借：其他應收款——李明　　　　　　　　　　　　　　5,000
　　貸：庫存現金　　　　　　　　　　　　　　　　　　5,000

然后，再用藍字填製一張正確的記帳憑證並據以登記入帳。
借：其他應收款——李明　　　　　　　　　　　　　　　5,000
　　貸：銀行存款　　　　　　　　　　　　　　　　　　　5,000

第二，根據記帳憑證所記錄的內容記帳以後，發現記帳憑證中應借、應貸的會計科目、記帳方向正確，只是金額發生錯誤，而且所記金額大於應記的正確金額。對於這種錯誤應採用紅字更正法予以更正。其更正的具體辦法是：將多記的金額用紅字（只是金額用紅字）填製一張與原錯誤憑證中科目、借貸方向相同的記帳憑證，其金額是錯誤金額與正確金額兩者的差額，登記入帳。

【例7-3】揚城有限責任公司的生產車間領用一般耗用材料1,000元，誤記成10,000元。

錯誤分錄如下：
借：製造費用　　　　　　　　　　　　　　　　　　　　10,000
　　貸：原材料　　　　　　　　　　　　　　　　　　　　10,000

發現錯誤后，將多記金額填製一張紅字金額的記帳憑證，並登記入帳。
借：製造費用　　　　　　　　　　　　　　　　　　　　9,000
　　貸：原材料　　　　　　　　　　　　　　　　　　　　9,000

3. 補充登記法

記帳以後，如果發現記帳憑證和帳簿的所記金額小於應記金額，而應借、應貸的會計科目並無錯誤時，那麼應採用補充登記的方法予以更正。其更正的具體辦法是：按少記的金額用藍字填製一張應借、應貸會計科目與原錯誤記帳憑證相同的記帳憑證，並據以登記入帳，以補充少記的金額。

【例7-4】揚城有限責任公司的生產車間領用一般耗用材料10,000元，誤記成1,000元。

錯誤分錄如下：

借：製造費用　　　　　　　　　　　　　　　　　　　　　1,000
　　貸：原材料　　　　　　　　　　　　　　　　　　　　　　1,000

這屬於金額少記的錯誤，應採用補充登記的方法予以更正，即用藍字編製一張與原錯誤憑證應借科目、應貸科目、記帳方向相同的記帳憑證，其金額為9,000元(10,000－1,000)，並據以藍字登記入帳。

借：製造費用　　　　　　　　　　　　　　　　　　　　　9,000
　　貸：原材料　　　　　　　　　　　　　　　　　　　　　　9,000

採用紅字更正法和補充登記法更正錯帳時，都要在憑證的摘要欄註明原錯誤憑證號數、日期和錯誤原因，便於日後核對。

在計算機帳務處理環境下，根據自己的權限進入系統進行錯帳更正，在更正錯帳的同時，留下更正日期、權限口令以及更正內容等資料備查。

第四節　會計帳簿的更換與保管

一、會計帳簿的更換

為了反應每個會計年度的財務狀況和經營成果情況，保持會計資料的連續性，企業應按照會計制度的規定在適當的時間進行帳簿的更換。

所謂帳簿的更換是指在會計年度終了時，將上年度的帳簿更換為次年度的新帳簿的工作。在每一會計年度結束，新一會計年度開始時，應按會計制度的規定，更換一次總帳、日記帳和大部分明細帳。少部分明細帳還可以繼續使用，年初可以不必更換帳簿，如固定資產明細帳等。

更換帳簿時，應將上年度各帳戶的余額直接記入新年度相應的帳簿中，並在舊帳簿中各帳戶年終余額的摘要欄內加蓋「結轉下年」戳記；同時，在新帳簿中相關帳戶的第一行摘要欄內加蓋「上年結轉」戳記，並在余額欄內記入上年余額。這裡需要注意，進行年度之間的余額結轉時不需要編製記帳憑證。

二、會計帳簿的保管

會計帳簿是會計工作的重要歷史資料，也是重要的經濟檔案，在經營管理中具有重要作用。因此，每一個企業、單位都應按照國家有關規定，加強對會計帳簿的管理，做好帳簿的保管工作。

帳簿的保管，應該明確責任，保證帳簿的安全和會計資料的完整，防止交接手續不清和可能發生的舞弊行為。在帳簿交接保管時，應將該帳簿的頁數、記帳人員姓名、啟用日期、交接日期等列表附在帳簿的扉頁上，並由有關方面簽字蓋章。帳簿要定期（一般為年終）收集，審查核對，整理立卷，裝訂成冊，專人保管，嚴防丟失和損壞。

帳簿應按照《會計檔案管理辦法》規定的期限進行保管。總帳、明細帳、日記帳和其他輔助性帳簿保管期限為 30 年；固定資產卡片在固定資產報廢清理后應繼續保存 5 年。保管期滿后，要按照《會計檔案管理辦法》的規定，由財會部門和檔案部門共同鑒定，報經批准后進行處理。

合併、撤銷單位的會計帳簿，要根據不同情況，分別移交給並入單位、上級主管部門或主管部門指定的其他單位接受保管，並由交接雙方在移交清冊上簽名蓋章。

帳簿日常應由各自分管的記帳人員專門保管，未經領導和會計負責人或有關人員批准，不許非經管人員翻閱、查看、摘抄和複製。會計帳簿除非特殊需要或司法介入要求，一般不允許攜帶外出。

新會計年度對更換下來的舊帳簿應進行整理、分類，對有些缺少手續的帳簿，應補辦必要的手續，然后裝訂成冊，並編製目錄，辦理移交手續，按期歸檔保管。

對會計帳簿的保管既是會計人員應盡的職責，又是會計工作的重要組成部分。

複習思考題

一、名詞解釋

1. 序時帳簿
2. 分類帳簿
3. 備查帳簿
4. 三欄式
5. 數量金額式
6. 多欄式
7. 紅字更正法
8. 補充登記法
9. 劃線更正法

二、單選題

1. 企業生產車間因生產產品領用材料 10,000 元，在填製記帳憑證時，將借方科目記為「管理費用」並已登記入帳，應採用的錯帳更正方法是（　　）
   A. 劃線更正法　　　　　　　　B. 紅字更正法
   C. 補充登記法　　　　　　　　D. 重填記帳憑證法
2. 在啟用之前就已將帳頁裝訂在一起，並對帳頁進行了連續編號的帳簿稱為（　　）。
   A. 訂本帳　　　　　　　　　　B. 卡片帳
   C. 活頁帳　　　　　　　　　　D. 明細分類帳
3. 下列做法中，不符合會計帳簿記帳規則的是（　　）。
   A. 使用圓珠筆登帳
   B. 帳簿中書寫的文字和數字一般應占格距的 1/2
   C. 登記帳簿后在記帳憑證上註明已經登帳的符號

D. 按帳簿頁次順序連續登記，不得跳行隔頁

4. 下列項目中，屬於帳證核對的內容是（　　）。

A. 會計帳簿與記帳憑證核對

B. 總分類帳簿與所屬明細分類帳簿核對

C. 原始憑證與記帳憑證核對

D. 銀行存款日記帳與銀行對帳單核對

5. 記帳之後，發現記帳憑證中 20,000 元誤寫為 2,000 元，會計科目名稱及應記方向無誤，應採用的錯帳更正方法是（　　）。

　A. 劃線更正法　　　　　　　　B. 紅字更正法
　C. 補充登記法　　　　　　　　D. 紅字沖銷法

6. 管理費用明細帳應採用（　　）。

　A. 三欄式　　　　　　　　　　B. 數量金額式
　C. 多欄式　　　　　　　　　　D. 二欄式

7. 「租入固定資產登記簿」屬於（　　）。

　A. 分類帳簿　　　　　　　　　B. 序時帳簿
　C. 備查帳簿　　　　　　　　　D. 卡片帳簿

8. 錯帳更正時，劃線更正法的適用範圍是（　　）。

A. 記帳憑證中會計科目或借貸方向錯誤，導致帳簿記錄錯誤

B. 記帳憑證正確，登記帳簿時發生文字或數字錯誤

C. 記帳憑證中會計科目或借貸方向正確，所記金額大於應記金額，導致帳簿記錄錯誤

D. 記帳憑證中會計科目或借貸方向正確，所記金額小於應記金額，導致帳簿記錄錯誤

9. 卡片帳一般在（　　）時採用。

　A. 無形資產總分類核算　　　　B. 固定資產明細分類核算
　C. 原材料總分類核算　　　　　D. 原材料明細分類核算

10. 將帳簿劃分為序時帳簿、分類帳簿和備查帳簿的依據是（　　）。

　A. 帳簿的用途　　　　　　　　B. 帳頁的格式
　C. 帳簿的外表形式　　　　　　D. 帳簿的性質

三、多選題

1. 必須採用訂本式帳簿的有（　　）。

　A. 庫存現金日記帳　　　　　　B. 固定資產明細帳
　C. 銀行存款日記帳　　　　　　D. 原材料明細帳
　E. 總帳

2. 下列可以作為庫存現金日記帳借方登記的依據的是（　　）。

A. 庫存現金收款憑證　　　　　　B. 庫存現金付款憑證
C. 銀行存款收款憑證　　　　　　D. 銀行存款付款憑證
E. 轉帳支票

3. 下列應逐日逐筆登記的有（　　）。
A. 實收資本總帳　　　　　　　　B. 應收帳款總帳
C. 銀行存款日記帳　　　　　　　D. 庫存現金日記帳
E. 主營業務收入總帳

4. 必須逐日結出余額的帳簿是（　　）。
A. 現金總帳　　　　　　　　　　B. 銀行存款總帳
C. 現金日記帳　　　　　　　　　D. 銀行存款日記帳
E. 主營業務收入明細帳

5. 按照帳頁格式的不同，會計帳簿分為（　　）。
A. 兩欄式帳簿　　　　　　　　　B. 三欄式帳簿
C. 數量金額式帳簿　　　　　　　D. 多欄式帳簿
E. 總分類帳簿

6. 企業開出轉帳支票1,680元購買辦公用品，編製記帳憑證時，誤記金額1,860元，科目及方向無誤並已記帳，下列更正方法錯誤的是（　　）。
A. 補充登記180元　　　　　　　B. 在憑證中劃線更正
C. 紅字衝銷180元　　　　　　　D. 把錯誤憑證撕掉重編
E. 僅在帳簿中劃線更正

7. 紅色墨水可以用來（　　）。
A. 登帳　　　　　　　　　　　　B. 衝銷帳簿記錄
C. 改錯　　　　　　　　　　　　D. 結帳劃線
E. 專門填寫摘要欄

8. 下列內容可以採用三欄式明細帳的有（　　）。
A. 其他應收款　　　　　　　　　B. 應付帳款
C. 應收帳款　　　　　　　　　　D. 短期借款
E. 原材料

9. 紅字更正法的要點是（　　）。
A. 用紅字金額填寫一張與錯誤記帳憑證完全相同的記帳憑證並用紅字記帳
B. 用紅字金額填寫一張與錯誤原始憑證完全相同的記帳憑證並用紅字記帳
C. 用藍字金額填寫一張與錯誤記帳憑證完全相同的記帳憑證並用紅字記帳
D. 再用紅字重填一張正確的記帳憑證，登記入帳
E. 再用藍字重填一張正確的記帳憑證，登記入帳

10. 劃線更正法的要點是（　　）。
A. 在錯誤的文字或數字（單個數字）上劃一條紅線註銷

B. 在錯誤的文字或數字（整個數字）上劃一條紅線註銷
C. 在錯誤的文字或數字（整個數字）上劃一條藍線註銷
D. 將正確的文字或數字用藍字寫在劃線的上端
E. 更正人在劃線處蓋章

四、判斷題

1. 在整個帳簿體系中，日記帳簿和分類帳簿是主要帳簿，備查帳簿為輔助帳簿。（　）
2. 三欄式帳簿一般適用於費用、成本等明細帳。（　）
3. 企業對經營租入的固定資產，可以設置備查帳簿進行登記。（　）
4. 多欄式庫存現金日記帳是庫存現金日記帳的一種特殊形式。（　）
5. 結帳之前，如果發現帳簿中所記文字或數字有過帳筆誤或計算錯誤，而記帳憑證並沒有錯，可用劃線更正法更正。（　）
6. 帳簿即會計帳戶。（　）
7. 就現金業務而言，目前我國企業設現金日記帳和現金總分類帳，同時還應設現金明細分類帳。（　）
8. 總分類帳可採用三欄式帳頁，而明細分類帳則應根據其經濟業務的特點採用不同格式的帳頁。（　）
9. 平行登記要求總帳與其相應的明細帳必須同一時刻登記。（　）
10. 卡片式帳簿的優點是能夠避免帳頁散失，防止不合法的抽換帳頁。（　）

五、業務題

目的：練習錯帳的更正方法。

資料：華聯有限責任公司在帳證核對過程中，發現帳簿出現以下錯誤：

(1) 車間計提折舊 20,000 元。記帳憑證記錄為：

借：製造費用　　　　　　　　　　　　　　　　　20,000
　貸：累計折舊　　　　　　　　　　　　　　　　　20,000

記帳時，製造費用帳簿記錄為 200,000。

(2) 生產領用材料 10,000 元。記帳憑證記錄為：

借：生產成本　　　　　　　　　　　　　　　　　　1,000
　貸：原材料　　　　　　　　　　　　　　　　　　1,000

並已登記入帳。

(3) 用現金發放工資 50,000 元。記帳憑證記錄為：

借：應付職工薪酬　　　　　　　　　　　　　　　58,000
　貸：庫存現金　　　　　　　　　　　　　　　　　58,000

並已登記入帳。

（4）收回其他單位欠款 100,000 元。記帳憑證記錄為：
借：應收帳款　　　　　　　　　　　　　　　　　100,000
　貸：銀行存款　　　　　　　　　　　　　　　　　100,000
並已登記入帳。
（5）企業管理部門領用維修用材料 1,000 元。記帳憑證記錄為：
借：製造費用　　　　　　　　　　　　　　　　　　1,000
　貸：原材料　　　　　　　　　　　　　　　　　　　1,000
並已登記入帳。
要求：按正確的方法更正以上錯帳。

六、案例分析題

資料：鄭先生應聘一家外國公司的會計，發現這家公司有幾個與其他公司不一樣的地方：一是公司的所有帳簿都使用活頁帳，理由是這樣便於改錯；二是公司的往來帳簿都是採用抽單核對的方法，直接用往來會計憑證控制，不再記帳；三是在記帳時發生了錯誤允許使用塗改液，但是強調必須由責任人簽字；四是經理要求鄭先生在登記現金總帳的同時也要負責出納工作。經過不到 3 個月的試用期，儘管這家公司的報酬高出其他類似公司，鄭先生還是決定辭職。（本案例參考朱小平、徐泓編著《初級會計學》第六版）

請問：他為什麼會辭職？如果處在他的位置你會辭職嗎？

第八章
編製報表前的準備工作

本章主要闡述了期末帳項調整、財產清查、對帳與結帳等內容。通過本章的學習，要求熟練掌握期末帳項調整、存貨的盤存制度、存貨的計價方法和財產清查結果的處理；瞭解財產清查的含義、種類和方法，理解對帳的概念，並能正確掌握結帳的技術方法。本章學習的重點是期末帳項調整、存貨的盤存制度、存貨的計價方法和財產清查結果的處理。學習的難點是實地盤存制和永續盤存制下確認存貨成本和財產清查結果的處理以及編製銀行存款余額調節表。

第一節　編製報表前準備工作概述

一、編製報表前準備工作的意義

　　企業持續、正常的生產經營活動是一個川流不息、循環往復的過程。為了進行分期核算、分期結算帳目和編製報表，需要劃分會計期間，從而產生了本期和非本期的區別，如收入中哪些屬於本期收入，哪些不屬於本期收入；費用中哪些屬於本期費用，哪些不屬於本期費用。只有劃清會計期間，才能按會計期間提供收入、費用、成本、經營成果和財務狀況等報表資料，才有可能對不同會計期間的報表資料進行比較。因此要以權責發生制為標準，對帳簿記錄中的有關收入、費用等帳項進行必要的調整，以便正確地反應本期收入和費用、正確計算本期的損益。

　　為了保證帳簿記錄的正確和完整，應當加強會計憑證的日常審核，定期進行帳證核對和帳帳核對，但是帳簿記錄的正確性還不能說明帳簿記錄的客觀真實性。因為種種原因可能使各項財產的帳面數額與實際結存數額發生差異，或者雖然帳實相符，但某些材料、物資已毀損變質，如保管過程中發生的自然損耗；收發管理中發生錯收、錯付；計量、檢驗不準確而發生的錯誤；管理人員的過失發生存貨的毀損變質和不法分子的貪污盜竊、破壞等。此外，現金、銀行存款等各項貨幣資金和各項應收、應付款的帳面數額與實際數額都有發生帳實不符的可能。因此，為了正確掌握各項財產物資、債權債務的真實情況，保證報表資料的準確可靠，必須在帳簿記錄的基礎上運用財產清查這一專門方法，對各項財產物資、債權債務進行定期或

不定期的盤點和核對。

通過期末帳項調整、財產清查等準備工作，可以在把所有的業務都登記入帳的基礎上，計算出所有帳戶的本月發生額合計和期末餘額，並保證帳證、帳帳和帳實一致，從而可以根據試算平衡之後的有關帳戶的期末餘額或本期發生額來編製會計報表。只有做好了會計報表編製前的準備工作，才能確保編製的會計報表數字真實、內容完整、計算準確、編報及時。

二、編製報表前準備工作的內容

綜上所述，帳項調整的目的，是為了正確劃分各會計期間的收入和費用，使報告期的全部收入和全部成本與費用相匹配，以便正確計算並考核各期的財務成果。期末帳項調整是在日常帳簿記錄的基礎上進行的，為了保證會計報表所提供的信息能夠滿足報表使用者的要求，編製報表前，應做好下列準備工作：

（1）期末帳項調整。按照權責發生制的原則，正確地劃分各個會計期間的收入、費用，為正確地計算結轉本期經營成果提供有用的資料。

（2）財產清查。財產清查包括財產物資的清查和債權債務的清查等內容，其目的就是要保證帳實相符。

（3）對帳。通過對帳保證帳證、帳帳、帳實相符。

（4）結帳。通過結帳，計算並結轉各帳戶的本期發生額及余額。

第二節　期末帳項調整

一個企業在日常經營活動中所發生的有關收入和費用的經濟業務均應及時登記入帳，以便正確確定企業某一會計期間的經營成果。但是，由於劃分會計期間的緣故，平時有關收入與費用帳戶中匯集的，還不是當期的全部收入與費用，也就是說由於有些已經實現的收入和已經發生的費用，在本期並沒有實際收到或支付現款，因而沒有獲取到原始憑證，在平時並沒有入帳，這就需要通過期末帳項調整而補充登記入帳。因此，為了正確反應本期收入和費用，正確計算本期的損益，需要以權責發生制為標準，對帳簿記錄中的有關收入、費用等帳項，進行必要的調整，調整那些收入和費用的收付期和歸屬期不一致的收入和費用。這種期末按權責發生制要求對部分會計事項予以調整的行為，就是帳項調整，它通常是在編製會計報表前進行。帳項調整時所編製的會計分錄，就是調整分錄。

期末帳項調整，雖然主要是為了在利潤表中正確地反應本期的經營成果，但是收入和費用的調整也必然會使有關資產、負債和所有者權益等項目發生相應的增減變動情況，所以期末帳項調整正確與否，除了能準確反應企業本期收入和費用的形成以及損益的計算，還能夠使會計報表使用者更能及時全面掌握企業的財務狀況，

為報表使用者作出決策提供足夠準確的財務信息。企業通常需要調整的帳項，包括以下五類：①預收收入的分配；②應計收入的記錄；③預付費用的攤銷；④應計費用的記錄；⑤其他事項的調整。

一、預收收入款項的調整

預收收入是指企業已經收到款項並已入帳，但尚未提供商品或勞務的收入，如預收商品或勞務的銷貨款等。

按照權責發生制的原則，雖然企業已經收到了款項，但若尚未提供商品或勞務，這筆預收收入就不能作為企業本期實現的收入，而是形成企業的一項流動負債。當企業以後各期陸續提供商品或勞務時，應根據每期提供商品或勞務的數量，對已入帳的預收款項進行調整，轉為提供商品或勞務期間已實現的收入。

【例8-1】成華廣告有限責任公司2014年1月1日按合同規定，預收華強公司半年的廣告費120,000元，存入銀行。成華廣告有限責任公司按合同要求，每月製作並在電視臺播放華強公司的廣告直至6月30日。

上例中成華公司收到華強公司預付的廣告費後，由於尚未提供勞務，不能確認收入，因此，在1月1日應將預收款項120,000元，作為負債記入「預收帳款」帳戶的貸方。該項經濟業務應作如下會計分錄：

借：銀行存款　　　　　　　　　　　　　120,000
　　貸：預收帳款——華強公司　　　　　　　　120,000

成華廣告有限責任公司在收到華強公司的預付款後，很快製作並在電視臺播放了華強公司的廣告宣傳片，此時確認成華廣告有限責任公司已提供勞務，應於1月末將預收款項中已實現銷售的部分款項轉作本期收入。該項經濟業務應作如下會計分錄：

借：預收帳款——華強公司　　　　　　　20,000
　　貸：主營業務收入　　　　　　　　　　　　20,000

以後2～6月每個月月末會計分錄同上。

二、應計收入款項的調整

應計收入是指那些本期已實現，但尚未收到款項的各種收入。應計收入雖未在本期實際收到，但收入已經在本期實現，相應的產品或勞務已經提供，因此，這類收入應調整記入本期收入。

應計收入款項調整的會計處理過程中通常要運用到「其他應收款」帳戶。該帳戶是資產類帳戶，用以核算企業除應收票據、應收帳款、預付帳款、應收股利、應收利息等以外的其他各種應收及暫付款項。其他各種應收及暫付款項主要包括應收的各種賠款、罰款；應向職工收取的各種墊付款項；備用金等。該帳戶借方登記其他各種應收及暫付款項的增加；貸方登記收回或轉銷的其他各種應收及暫付款項。期末餘額在借方，表示企業尚未收回的其他應收款項。該帳戶應按照對方單位（或

個人）設置明細帳戶，進行明細核算。

【例 8-2】揚城有限責任公司 2014 年 7 月末、8 月末、9 月末根據其在銀行的存款數額和銀行利率估算當月的銀行存款利息收入各為 2,000 元，季末實際結算利息為 6,000 元。

該筆業務取得的利息是企業存放在開戶銀行裡隨時準備動用的流動資金所產生的利息收入，一般情況下是將其視為銀行借款利息支出的減項處理，衝減「財務費用」帳戶。同時，為了區別投資等其他業務產生的利息收入（確認應收時記入「應收利息」科目），該筆業務可記入「其他應收款」即借記「其他應收款」帳戶，貸記「財務費用」帳戶。每個季度的每個月均照此處理，待該季度結束，根據銀行計算出的本季度的實際利息收入進行結算時，再借記「銀行存款」帳戶，貸記「其他應收款」帳戶。如果企業估算的利息收入與實際利息收入不一致，其差額作為增減財務費用處理。其帳項調整的會計分錄為：

7 月末：
借：其他應收款　　　　　　　　　　　　　　　　　2,000
　貸：財務費用　　　　　　　　　　　　　　　　　　2,000
8 月末、9 月末處理同上。
第三季度末根據銀行實際結算出的利息編製如下會計分錄：
借：銀行存款　　　　　　　　　　　　　　　　　　6,000
　貸：其他應收款　　　　　　　　　　　　　　　　　6,000
如果本季度每月估計的利息收入為 2,000 元，共計 6,000 元，而該季度實際利息收入為 6,200 元，實際利息收入比估計利息收入多 200 元，則應做如下調整：
借：銀行存款　　　　　　　　　　　　　　　　　　6,200
　貸：其他應收款　　　　　　　　　　　　　　　　　6,000
　　　財務費用　　　　　　　　　　　　　　　　　　　200
也可以採用另外的處理方法，即季度的最后一個月不需對該月份利息收入單獨進行調整，待實際收到銀行結算出的利息時，借記「銀行存款」帳戶，將本季度前兩個月估算的利息收入記入「其他應收款」帳戶的貸方，將實際利息收入與前兩個月估算的利息收入的差額作為第三個月的利息收入，直接記入「財務費用」帳戶的貸方。

如上例：
7 月末和 8 月末做如下會計分錄：
借：其他應收款　　　　　　　　　　　　　　　　　2,000
　貸：財務費用　　　　　　　　　　　　　　　　　　2,000
9 月末實際收到 6,200 元利息收入，則
借：銀行存款　　　　　　　　　　　　　　　　　　6,200
　貸：其他應收款　　　　　　　　　　　　　　　　　4,000
　　　財務費用　　　　　　　　　　　　　　　　　　2,200

三、預付費用款項的調整

預付費用是指預先支付應由本期和以後各期負擔的費用。企業支付的某些費用，會使本期及后續的會計期間受益，所以應歸屬於各受益期間，例如預付房租、保險費、報紙雜誌費等。

【例8-3】揚城有限責任公司2014年1月1日用銀行存款預付全年度機器設備保險費18,000元。

預付費用一般設置「預付帳款」帳戶來進行核算，核算企業已經支出但應由本期和以后各期分攤且分攤期在一年以內的各項費用。本例中預付的全年度保險費，應由全年共同負擔，預付時應全額記入「預付帳款」帳戶的借方，以后每個月月末分期攤銷。預付時應作如下會計分錄：

借：預付帳款　　　　　　　　　　　　　　　　18,000
　貸：銀行存款　　　　　　　　　　　　　　　　18,000

以后1~12月每個月月末編製一筆帳項調整分錄，每月分攤機器設備保險費1,500元，記入「製造費用」帳戶，編製如下會計分錄：

借：製造費用　　　　　　　　　　　　　　　　1,500
　貸：預付帳款　　　　　　　　　　　　　　　　1,500

四、應計費用款項的調整

應計費用是指應由本期負擔但尚未支付的費用。由於平時是按實際收付現金等相關會計憑證來登記帳項的，而對於那些義務已形成，但尚未到期支付的事項，平時尚未記入有關費用項目。因此，每到會計期末，就應將那些未入帳的費用調整入帳，並確認形成企業的負債。

【例8-4】揚城有限責任公司2014年1月1日向銀行貸款1,000,000元，期限一年，年利率12%，到期一次還本付息。

應計利息費用一般設置「應付利息」來進行核算。該例中，揚城有限責任公司12月末應償還120,000元的借款利息，但由於該貸款是全年使用，故利息應由每個月來承擔。1月份負擔的利息費用，應編製如下會計分錄：

借：財務費用　　　　　　　　　　　　　　　　10,000
　貸：應付利息　　　　　　　　　　　　　　　　10,000

同樣，以后2~12月每個月月末也應調整各月份應負擔的利息費用，編製的會計分錄與1月份相同。

當實際支付銀行借款利息時，衝銷已預提的數額。假定該企業12月月末以銀行存款支付銀行借款利息120,000元，則應編製如下會計分錄：

借：應付利息　　　　　　　　　　　　　　　　120,000
　貸：銀行存款　　　　　　　　　　　　　　　　120,000

如果實際支付的銀行借款利息與預提的數額不相等，其差額直接在年末月份調整計入該月的財務費用。

五、其他事項的調整

除了上述四種情況外，還有許多項目需在期末作出必要的調整。如固定資產折舊、無形資產攤銷、本期應交稅費的計算等。

（一）固定資產折舊

固定資產是企業生產經營的物質技術基礎，是勞動手段，可以為企業長期受益。但由於物質上或經濟上的各種原因，終有不堪使用或不便使用之時，而喪失其原有價值或降低其原有價值。此種損失因與使用各期有關，不能由任何一個會計期間單獨負擔。為了合理地把固定資產由於使用或其他原因引起的價值損耗補償回來，必須將其損失的價值分期攤入各受益期的成本費用，以折舊費的形式將固定資產的價值轉移到成本費用中，由各受益期承擔。因此，其性質與預付費用相類似。

【例8-5】揚城有限責任公司1月末應計提固定資產折舊20,000元，其中車間使用固定資產應計提折舊12,000元，其他為公司行政管理部門使用固定資產的折舊。該項經濟業務應作如下會計分錄：

借：製造費用　　　　　　　　　　　　　　　　　12,000
　　管理費用　　　　　　　　　　　　　　　　　　8,000
　貸：累計折舊　　　　　　　　　　　　　　　　20,000

（2）應交稅費的計算

企業應於每一會計期末，根據本期的營業收入，按照規定的稅率計算應繳納的各項稅金。由於稅金的繳納往往是在下月初經稅務機關審查核定的，因此企業應在會計期末計提應交稅費數額。為了貫徹配比原則，使得本期的收入同為賺取當期收入而耗費的費用相配比，企業應於本期末將屬於本期支出而尚未支付的稅金，通過期末帳項調整全部登記入帳。編製調整分錄時，借記「營業稅金及附加」「所得稅費用」科目等，貸記「應交稅費」科目，等到實際交納稅款時，再借記「應交稅費」科目，貸記「銀行存款」科目。

【例8-6】揚城有限責任公司計算出本月利潤總額為1,000,000元，所得稅稅率為25%。

該項經濟業務應作如下會計分錄：
借：所得稅費用　　　　　　　　　　　　　　　250,000
　貸：應交稅費——應交所得稅　　　　　　　　250,000
實際繳納時，會計分錄為：
借：應交稅費——應交所得稅　　　　　　　　　250,000
　貸：銀行存款　　　　　　　　　　　　　　　250,000

至於其他項目的期末帳項調整，將在以後的「中級財務會計」課程中講述。

第三節　財產清查

一、財產清查的意義

所謂財產清查，就是通過盤點或核對的方法，確定各項財產物資、貨幣資金及債權、債務的實存數，查明實存數與帳存數是否相符的一種專門方法。財產清查是會計核算的一種方法，也是重要的會計監督工作。

根據財務管理的要求，各經濟單位應通過帳簿記錄來反應和監督各項財產的增減變化及結存情況。為了保證帳簿的記錄正確，應加強會計憑證的日常審核，定期核對帳簿記錄，做到帳證相符、帳帳相符。但是帳簿記錄正確並不能說明帳簿記錄真實可靠，因為有很多原因可能使各項財產的帳面數與實存數發生差異，造成帳實不符。因此，為了保證會計帳簿記錄的真實可靠，為經濟管理提供可靠的信息資料，必須運用財產清查這一專門的會計核算方法，對各項財產進行定期的清查，並與帳簿記錄核對相符，做到帳實相符。

(一) 保證會計核算資料的真實性

通過財產清查，可以查明各項財產物資的實有數，確定實有數與帳面數的差異，以便按規定的手續，合理地調整帳面價值，做到帳實相符，從而保證會計資料的真實性。

(二) 保護各項財產物資的安全與完整

通過財產清查，不僅可以查明財產物資帳存數與實存數的差異，而且可進一步分析差異產生的原因，檢查各項財產物資有無毀損、變質及貪污盜竊的情況，查明各種財產物資的增減、收發是否按照規定的制度辦理必要的手續，各種物資的保管是否妥善等，以便及時採取措施，切實地保護各項財產物資的安全與完整。

(三) 挖掘財產物資的潛力

通過財產清查，可以查明各項財產物資的儲備和利用情況，以便採取不同措施，積極利用和處理，提高物資使用效率。對儲備不足的及時補充，確保生產需要，對超儲、積壓、呆滯的財產物資及時處理，防止盲目採購和不合理的閒置，充分挖掘物資潛力，加速資金週轉，提高經濟效益。

(四) 監督財經法規和財經紀律的執行

通過財產清查，可以查明企業有關人員是否遵守財經紀律和結算制度，有無貪污盜竊、挪用公款的情況；檢查企業有無違反現金管理的規定，各種結算款項有無長期拖欠不清的情況等，以便發現問題，及時糾正，監督企業嚴格遵守財經法規和紀律。

二、財產清查的種類

財產清查種類很多，可以按不同的標誌進行分類。本書主要按以下兩種方法進行分類。

（一）按照財產清查的範圍不同，可分為全面清查和局部清查兩種

1. 全面清查

全面清查是指對所有權屬於本單位的所有財產物資、債權債務進行的全面盤點和核對。以工業企業為例，全面清查的內容一般包括：

（1）庫存現金、銀行存款、銀行借款、各種有價證券；

（2）存貨，包括產成品、在產品、原材料、燃料、包裝物、低值易耗品等；

（3）各項固定資產、在建工程及其他物資；

（4）與其他單位、個人之間發生的各種往來款項；

（5）在途材料、在途貨幣資金、委託其他單位加工、保管的原材料和物資；

（6）租入使用、受託加工保管的各項財產物資。

全面清查內容多、範圍廣、工作量大，得出的財產物資的實有數，比較真實確切。但是由於全面清查的內容多、範圍廣，一般只有在特殊情況下才需要進行全面清查，比如：每年年終決算之前；或在單位合併、關閉、改變隸屬關係、解散、破產、資產評估、清資核產時；單位主要領導人變動等。

2. 局部清查

局部清查就是根據管理的需要或依據有關規定，對部分財產物資、債權債務進行盤點和核對。一般對流動性較強的財產物資，如原材料、在產品、產成品等，除了年終進行全面清查外，年度內要輪流盤點或重點抽查；對於各種貴重物資，每月都要清查盤點一次；對於庫存現金，每日終了應由出納人員自行清點核對，每月終了由有關人員監督盤點一次；對於銀行存款、銀行借款，每月至少要與銀行核對一次；對於各種債權、債務，每年至少應與對方單位、個人核對一次至兩次。

局部清查範圍小、內容少、工作量小、次數多，對於財產物資的日常管理、監督、保護財產安全具有非常重要的意義。

（二）按財產清查的時間不同劃分，可分為定期清查和不定期清查

1. 定期清查

定期清查是指按照預先計劃安排好的具體時間，對財產物資、債權債務進行的清查。定期清查一般定於月末、季末、年末結帳之前進行。根據經濟活動的特點和管理的需要，採用全面清查或局部清查的方法。

2. 不定期清查

不定期清查是指事先並無計劃安排，而是根據實際需要所進行的臨時性的清查。不定期清查事先不規定好具體時間，如果工作需要，可隨時進行。例如：發生自然災害或意外損失時；保管人員調動更換時；財政、稅收、審計等部門進行突擊會計檢查時等。由於這是根據實際工作需要查明有關財產物資的真實情況，單位應及時安排人力、物力，做好配合、協調工作，保證清查工作的圓滿進行。

三、財產清查的一般程序

財產清查工作涉及面廣、工作量大，為了保證財產清查工作有條不紊地進行，

應遵守一定的程序。財產清查主要包括下面三個步驟：

（一）成立專門的財產清查小組

財產清查是一項複雜而細緻的工作，它不僅是會計部門的工作，還涉及財產物資保管部門和生產車間以及各個職能部門，因此必須成立專門的財產清查小組。財產清查小組一般由會計、業務、保管等各職能部門人員組成，並由具有一定權限的人員負責財產清查組織的領導工作。

（二）清查前的準備工作

清查前的準備工作是進行財產清查的關鍵。為了做好財產清查工作，財產清查前，會計部門和有關業務部門必須做好以下各項準備工作：

（1）會計部門的準備工作。會計部門應當在清查以前做好所有帳簿的登記工作，將總帳中的貨幣資金、財產物資和債權債務的有關帳戶與其所屬的明細帳和日記帳核對準確，做到帳證相符、帳帳相符，為帳實核對提供正確的帳簿資料。只有這樣，在清查以後，通過帳面數與實存數的對比，才能正確得出盤虧、盤盈的具體金額。

（2）財產物資保管部門的物資整理準備。物資保管部門要做好各種財產物資的入帳工作，並與會計部門的有關財產物資帳簿登記核對相符，同時，將各種財產物資排列整齊、掛上標籤，標明品種、規格及結存數量，以便盤點核對。

（3）財產清查小組的準備工作。財產清查小組在清查業務前，也要進行必要的準備，如計量器具的準備，要按照國家計量標準校正準確，減少誤差；有關清查過程中用於記錄所需的各種表冊等的準備。

（三）實施財產清查

在做好上述工作后，應由清查人員根據清查對象的特點，依據清查目的，採用相應的清查方法，實施財產清查。在進行盤點時相關人員必須到場，如盤點財產時，其保管人員必須到場；盤點現金時，出納人員必須到場等。盤點時要由盤點人員做好盤點記錄；盤點結束，盤點人員應根據財產物資的盤點記錄，編製「盤存單」，並由盤點人員、財產物資的保管人員及有關責任人簽名蓋章；同時，應根據有關帳簿資料和盤存資料填製「帳存實存對比表」，據以檢查帳實是否相符，並根據對比結果調整帳簿記錄，分析差異原因，做出相應的處理。

四、財產清查的一般方法

財產清查是對企業各項財產物資、債權債務都要從數量上和質量上進行清查。由於各種財產物資、債權債務的存在形態、體積堆放方式等各不相同，因而應採用不同的清查方法。財產清查方法常用的有以下幾種：

（一）實地盤點法

實地盤點法，是指對各項財產通過逐一清點或者用計量器具來確定其實存數量的一種方法。實地盤點法一般是在存放地點對財產通過點數、過磅等手段來具體確定其數量。在財產清查中，這種方法適用範圍較廣，大多數實物財產都可使用。

(二) 技術推算盤點法

技術推算盤點法，是指按照一定的標準推算其實有數的方法。具體做法是通過量方、計尺等方法確定有關數據，然后據此計算其重量。技術推算盤點法主要適應於那些大量成堆、價廉笨重且不能逐項清點的物資。如露天堆放的燃料煤。但使用這種方法時，必須做到測定標準重量比較準確，整理后的形狀符合規定要求。只有這樣，計算出的實際數額，才能接近實際。

(三) 抽樣盤點法

抽樣盤點法，是通過測算總體積或總重量，再抽樣盤點單位體積和單位重量，然后測算出總數的方法。這種方法主要適用於那些價值小、數量多、重量比較均勻，但又不便於逐一點數的財產物資的清查。如煤、鹽、裝包前倉庫的糧食等。

(四) 查詢法

查詢法，是指依據帳簿記錄，用信函或電函的方式向對方單位進行查詢相關內容的一種方法。這種方法根據查詢結果進行分析，來確定有關財產物資數量和價值量，主要適用於債權債務、出租出借的財產物資查詢核實。

(五) 核對帳目法

核對帳目法，是指企業收到有關單位交來的單據，並根據單據上的記錄與本單位的帳簿記錄相互核對的一種方法，如果雙方記錄有誤，即可找出原因並進行調整。這種方法主要適用於銀行存款的清查。

五、存貨的盤存制度與存貨的計價方法

財產清查的主要環節是對財產物資進行盤點，尤其是存貨的盤點，既要確定數量的真實性，還要在帳簿中反應其結存的價值。所以企業在盤點工作中，一方面要盤點存貨的數量，另一方面還要選擇何種單價來計量，這就是我們在此需要解決的兩大問題即存貨的盤存制度與存貨的計價方法。

(一) 存貨盤存制度

為了保證財產清查工作的有效實施，企業必須建立科學的存貨盤存制度。在實際工作中，財產物資的盤存制度有永續盤存制和實地盤存制兩種。

1. 永續盤存制

(1) 概念。永續盤存制，又稱帳面盤存制，是指平時對各項財產物資的增加數和減少數都要根據會計憑證連續記入有關帳簿，並隨時結出帳面余額的存貨盤存制度。採用這種方法時，財產物資明細帳按品種、規格設置，在明細帳中，除平時登記收、發、結存數外，通常還要登記金額。該種盤存制度的目的是以帳存數控制實存數。其計算公式為：

期初結存＋本期增加－本期減少＝期末結存

在永續盤存制下，各種財產物資雖然能在各自的明細帳中計算出結存數，但也可能因為種種原因出現帳實不符的情況。為了保證帳實相符，仍然需要定期或輪番

進行實物盤點，以便進行帳實核對。

（2）優缺點。永續盤存制的優點是核算手續嚴密，可以隨時通過帳面反應和掌握各項財產物資的收入、發出和結存情況，為加強財產物資的計劃、管理和控制提供及時準確的信息，保證財產物資的安全與完整。其缺點是財產物資的明細核算工作量大，特別是在財產物資品種複雜、繁多的企業需要投入大量的人力、物力。但與實地盤存制相比，它在控制和保護財產物資安全、完整方面具有明顯的優越性，所以，在實際工作中為多數企業採用。

【例8-7】揚城有限責任公司某月甲材料的期初結存及購進和發出的資料如下：

1月1日，結存200件，單價50元；

1月5日，發出100件；

1月10日，購進300件，單價50元；

1月20日，購進200件，單價50元；

1月23日，發出500件。

根據上述資料，採用永續盤存制，在材料明細帳上的記錄如表8-1所示。

表8-1　　　　　　　　　　材料明細帳

品名：甲材料　　　　　　　　　　　　　　　　　　　計量單位：件

××年		憑證字號	摘要	收入			發出			結餘		
月	日			數量	單價	金額	數量	單價	金額	數量	單價	金額
1	1	略	期初							200	50	10,000
	5		領用				100	50	5,000	100	50	5,000
	10		購進	300	50	15,000				400	50	20,000
	20		購進	200	50	10,000				600	50	30,000
	23		領用				500	50	25,000	100	50	5,000
	31		本期發生額及余額	500	50	25,000	600	50	30,000	100	50	5,000

通過上例可以看出，採用永續盤存制，可以在帳簿中反應存貨的收入、發出和結存情況，並從數量和金額兩方面進行管理控制；帳簿上的結存數量，可以通過盤點加以核對，如果帳簿上的結存數量與實存數量不符，可以及時查明原因。這種盤存制度要求每一品種的存貨都要開設一個明細帳，使存貨的明細分類核算工作量較大。

2. 實地盤存制

（1）概念。實地盤存制又稱定期盤存制，是指對各種財產物資，平時在帳簿上只登記增加數，不登記減少數，月末根據實地盤點的盤存數，倒擠減少數並據以登記有關帳簿的一種盤存制度。其計算公式為：

期初結存＋本期增加－期末盤存＝本期減少

在實地盤存制下，企業對各種財產物資進行實地盤點，其主要目的是核算財產物資的減少數，並作為帳簿中減少數的登記依據。

（2）優缺點。實地盤存制的優點是不需要每天記錄存貨的發出和結存數量，簡化了日常核算工作，工作量小。其缺點是不能隨時反應存貨的發出和結存成本，倒軋出的各項存貨的銷售或耗用成本較複雜，除了正常銷售或耗用外，容易掩蓋物資管理中的自然和人為的損耗，因而不便於對存貨進行控制和監督，不能及時反應和監督各項財產物資的收入、發出和結存的情況，加大了期末的工作量，不利於財產物資的管理。實地盤存制只適用於價值低、收發頻繁、銷售數量不穩定的鮮活商品等商品流通企業。

【例8-8】根據上例資料，期末盤點，該種材料的結存數量為60件。採用實地盤存制，登記材料明細帳如表8-2所示。

表8-2　　　　　　　　　　　材料明細帳

品名：甲材料　　　　　　　　　　　　　　　　　　　　　計量單位：件

2014年		憑證字號	摘要	收入			發出			結余		
月	日			數量	單價	金額	數量	單價	金額	數量	單價	金額
1	1	略	期初							200	50	10,000
	10		購進	300	50	15,000						
	20		購進	200	50	10,000						
	31		盤點							60	50	3,000
	23		發出				640	50	32,000			
	31		本期發生額及余額	500	50	25,000	640	50	32,000	60	50	3,000

通過上例可以看出，採用實地盤存制，平時記錄購進成本，不記錄發出的數量、金額，可以簡化存貨的核算工作。但這種盤存制度不能從帳面上隨時反應存貨的收入、發出和結存情況，只能通過定期盤點、計算、結轉發出存貨的成本。由於倒擠發出存貨的成本，使結轉的發出成本中可能包含非正常耗用的成本，如上例中的結存數量為60件，而採用永續盤存制的結存數量為100件，差額40件為非正常耗用。

（二）存貨計價方法

企業採用永續盤存制確定了期末存貨數量和發出存貨數量后，還要計算期末存貨成本和發出存貨成本，成本的確定就需要存貨的單價，由於會計期間不同批次存貨的購進單價往往不一致，因此，存在著如何確定存貨單價的問題。存貨的計價方法主要有先進先出法、加權平均法、移動加權平均法和個別計價法等。

1. 先進先出法

先進先出法是指根據先入庫先發出的原則，對於發出的存貨以先入庫存貨的單

價計算發出存貨成本的方法。採用這種方法的具體做法是：先按存貨的期初余額的單價計算發出存貨的成本，領發完畢后，再按第一批入庫的存貨的單價計算，依此從前向后類推，計算發出存貨和結存存貨的成本。

採用這種方法，其優點是使企業不能隨意挑選存貨計價以調整當期利潤，用先進先出法計算的期末存貨額，比較接近市價；缺點是工作比較繁瑣，特別對於存貨進出頻繁的企業更是如此。而且當物價上漲時，會高估企業當期利潤和庫存存貨價值；反之，會低估企業存貨價值和當期利潤。

【例8-9】揚城有限責任公司2014年7月1日結存甲材料1,000千克，每千克實際成本3.00元。本月發生如下有關業務：

（1）8日，購入甲材料4,000千克，每千克實際成本2.80元，材料已驗收入庫。

（2）15日，發出甲材料2,000千克。

（3）20日，購入甲材料5,000千克，每千克實際成本3.20元，材料已驗收入庫。

（4）26日，發出甲材料3,000千克。

計算過程如下：

15日發出甲材料的成本＝1,000×3.00＋1,000×2.80＝5,800（元）

26日發出甲材料的成本＝3,000×2.80＝8,400（元）

月末結存甲材料的成本＝5,000×3.20＝16,000（元）

根據上述計算，本月甲材料的收入、發出和結存情況，如表8-3所示。

表8-3　　　　　　　　　材料明細帳（先進先出法）

品名：甲材料　　　　　　　　　　　　　　　　　　　　　計量單位：千克

2014年		憑證字號	摘要	收入			發出			結余		
月	日				數量	單價	金額	數量	單價	金額	數量	單價	金額
7	1	略	期初								1,000	3.00	3,000
	8		購進	4,000	2.80	11,200				1,000	3.00	3,000
										4,000	2.80	11,200
	15		發出				1,000	3.00	3,000	3,000	2.80	8,400
								1,000	2.80	2,800			
	20		購進	5,000	3.20	16,000				3,000	2.80	8,400
										5,000	3.20	16,000
	26		發出				3,000	2.80	8,400	5,000	3.20	16,000
	31		本期發生額及余額	9,000		27,200	5,000		14,200	5,000	3.20	16,000

2. 加權平均法

加權平均法亦稱全月一次加權平均法，是指以當月全部進貨數量加上月初存貨數量作為權數，去除當月全部進貨成本加上月初存貨成本，計算出存貨的加權平均單位成本，以此為基礎計算當月發出存貨的成本和期末存貨的成本的一種方法。

$$存貨加權平均單位成本 = \frac{月初結存存貨成本 + 本月購入存貨成本}{月初結存存貨數量 + 本月購入存貨數量}$$

月末庫存存貨成本 = 月末庫存存貨數量 × 存貨加權平均單位成本

本期發出存貨的成本 = 本期發出存貨的數量 × 存貨加權平均單位成本

採用這種方法，只在月末一次計算加權平均單價，比較簡單，而且在市場價格上漲或下跌時所計算出來的單位成本平均化，對存貨成本的分攤較為折中。其缺點是不利於核算的及時性，平時無法從帳上提供發出和結存存貨的單價及金額；而且在物價變動幅度較大的情況下，按加權平均單價計算的期末存貨價值與現行成本有較大的差異。這種方法適用於前後進價相差幅度不大且月末定期計算和結轉銷售成本的商品。

【例 8-10】按上例資料，根據加權平均法的要求，其計算過程如下：

加權平均單位成本 =（3,000 + 11,200 + 16,000）/（1,000 + 4,000 + 5,000）
　　　　　　　　= 3.02（元）

期末結存的甲材料成本 = 5,000 × 3.02 = 15,100（元）

本月發出甲材料的成本 = 5,000 × 3.02 = 15,100（元）

根據上述計算，本月甲材料的收入、發出和結存情況，如表 8-4 所示。

表 8-4　　　　　　　　　材料明細帳（加權平均法）

品名：甲材料　　　　　　　　　　　　　　　　　　　　　計量單位：千克

2014年		憑證字號	摘要	收入			發出			結餘		
月	日			數量	單價	金額	數量	單價	金額	數量	單價	金額
7	1	略	期初							1,000	3.00	3,000
	8		購進	4,000	2.80	11,200				5,000		
	15		發出				2,000			3,000		
	20		購進	5,000	3.20	16,000				8,000		
	26		發出				3,000			5,000		
	31		本期發生額及餘額	9,000		27,200	5,000	3.02	15,100	5,000	3.02	15,100

3. 移動加權平均法

移動加權平均法，是指以每次進貨的成本加上原有庫存存貨的成本，除以每次進貨數量與原有庫存存貨的數量之和，據以計算加權平均單位成本，以此為基礎計算當月發出存貨的成本和期末存貨的成本的一種方法。

$$存貨移動加權平均單位成本 = \frac{以前結存存貨成本 + 本批購入存貨成本}{以前結存存貨數量 + 本批購入存貨數量}$$

採用移動平均法計算出來的商品成本比較均衡和準確,但計算起來的工作量大,每購進一批存貨,只要進貨單價與庫存單價不同,就要重新計算一次單價,每發出一次存貨,都要以上次結存存貨的平均單價作為本次發出存貨的單價。其一般適用於經營品種不多或者前后購進商品的單價相差幅度較大的商品流通類企業。

【例8-11】按上例資料,根據移動平均法的要求,其計算過程如下:

8日購進材料平均單位成本=(1,000×3.00+4,000×2.80)/(1,000+4,000)

=2.84(元)

15日發出甲材料的成本=2,000×2.84=5,680(元)

20日購進材料平均單位成本=(3,000×2.84+5,000×3.20)/(3,000+5,000)

=3.065(元)

26日發出甲材料的成本=3,000×3.065=9,195(元)

根據上述計算,本月甲材料的收入、發出和結存情況,如表8-5所示。

表8-5　　　　　　　材料明細帳(移動加權平均法)

品名:甲材料　　　　　　　　　　　　　　　　　計量單位:千克

2014年		憑證字號	摘要	收入			發出			結余		
月	日			數量	單價	金額	數量	單價	金額	數量	單價	金額
7	1	略	期初							1,000	3.00	3,000
	8		購進	4,000	2.80	11,200				5,000	2.84	14,200
	15		發出				2,000	2.84	5,680	3,000	2.84	8,520
	20		購進	5,000	3.20	16,000				8,000	3.065	24,520
	26		發出				3,000	3.065	9,195	5,000	3.065	15,325
	31		本期發生額及余額	9,000		27,200	5,000		14,875	5,000	3.065	15,325

註:表中的3.065元是為了計算更加精準,便於理解,但會計實務中一般要四舍五入到小數點后兩位。

4. 個別計價法

個別計價法是假設存貨的成本流轉與實物流轉相一致,按照各種存貨,逐一辨認各批發出存貨和期末存貨所屬的購進批別或生產批別,分別按其購入或生產時所確定的單位成本作為計算各批發出存貨和期末存貨成本的方法。個別計價法又稱「個別認定法」「具體辨認法」「分批實際法」。

發出存貨的實際成本=各批(次)存貨發出數量×該批次存貨實際進貨單價

採用個別計價法,其優點是計算發出存貨的成本和期末存貨的成本比較合理、準確;缺點是實務操作的工作量繁重,困難較大。個別計價法適用於容易識別、存

貨品種數量不多、單位成本較高的存貨計價。

六、財產清查的具體方法

(一) 實物資產的清查

實物財產主要包括固定資產和各種存貨，在清查中，不僅要清查各種實物的數量，還要注意各種實物的質量。實物財產的清查方法有實地盤點法、技術推算盤點法和抽樣盤點法，其中實地盤點法是通常採用的。實物財產的清查工作可按下列程序進行：

(1) 實物保管人員必須在場，並參加清查工作。

(2) 各類實物的清查，按順序逐一進行，以免遺漏或重複。

實際清查時，既要認真清點實物數量，又要檢查實物質量是否完好，有無缺損、霉爛、變質等情況，對某些半成品還要注意其配套性。

(3) 對財產物資的清查結果，要如實填製各項財產物資清查盤存單，並由清查人員和實物保管人員簽名蓋章，以明確經濟責任。財產物資清查盤存單具體格式如表8-6所示。

表8-6　　　　　　　　　　盤存單　　　　　　　　　　編號：
單位名稱：　　　　　　　　　　　　　　　　　　　　盤點時間
財產類別：　　　　　　　　　　　　　　　　　　　　存放地點

編號	名稱	計量單位	數量	單價	金額	備註

盤點人簽章_____　　　　　　　　　保管人簽章_____

(4) 全部財產清查完畢后，應將各項財產物資的盤存單交送財務部門，財會人員根據盤存單和有關帳簿記錄編製「帳存實存對比表」(格式如表8-7所示)確定帳實相符情況及各項財產物資盤盈盤虧的數量和金額。

表8-7　　　　　　　　　帳存實存對比表
單位名稱：　　　　　　　　　　年　月　日

編號	類別及名稱	計量單位	單價	帳存數		實存數		對比結果				備註
				數量	金額	數量	金額	盤盈		盤虧		
								數量	金額	數量	金額	

單位負責人簽章_____　　　　　　　填表人簽章_____

「帳存實存對比表」是用來調整帳簿記錄的重要原始憑證，也是分析差異原因、明確經濟責任的依據。「帳存實存對比表」主要是反應盤盈盤虧情況，因此該表又

稱「盤盈盤虧報告表」。

對於委託單位加工、保管的財產物資、出租的包裝物、固定資產等，可以按照有關帳簿記錄的帳面結存數，通過信函等方式與對方單位進行核查，確定帳實是否相符。

(二) 貨幣資金的清查

貨幣資金的清查主要包括庫存現金和銀行存款兩個內容的清查。

1. 現金的清查

現金的清查，應採用實地盤點法，即通過實地清點票面金額來確定現金的實存數，然後以實存數與現金日記帳的帳面余額進行核對，以查明帳實是否相符及盈虧情況。

在盤點現金時，必須有出納人員在場，並協助盤點工作，如果發現盤盈或盤虧，必須當場核實其數額。清查時，還應注意有無違反現金管理制度和以白條抵庫現象。盤點結束後，應編製「現金盤點報告表」（格式如表 8-8 所示），並由盤點人員和出納人員同時簽章。此外，當出納人員正在進行現金收付業務時，所作的突擊清查，可能出現收付款憑證尚未入帳的情況。這時，必須嚴格審查憑證的合法性，然後以實存現金調整合法憑證中的收付金額後，再與帳面金額進行核對。

表 8-8　　　　　　　　　　　現金盤點報告表
編表單位：　　　　　　　　　　　　　年　月　日

實存金額	帳存金額	對比結果		備註
		盤盈	盤虧	

盤點人簽章_____　　　　　　出納員簽章_____

2. 銀行存款的清查

銀行存款的清查與現金的清查方法不同，不是採取實地盤點，而是採取與銀行核對帳目的方法進行清查。在與銀行核對帳目之前，應該先仔細檢查本單位銀行存款日記帳的正確性與完整性，然後與銀行送來的對帳單進行逐筆核對。在銀行對帳單上，逐筆登記著一段時間內單位銀行存款的收入、支出和結存的全部情況。通過核對，如果發現雙方帳目不相符，則要找出原因，並編製「銀行存款余額調節表」。

(三) 往來款項的清查

對於企業的各種借款和其他債權、債務往來款項的清查，其方法主要是採用查詢法來進行的。往來款項包括對外單位的結算款項和對本單位內部各個部門和個人的結算款項，清查時應當區別情況，採用不同的方法。

對於外單位的往來款項一般可採取寄送對帳單的方法加以核對。編製應收帳款

對帳單或應付帳款對帳單一式兩聯，一聯自留，一聯寄送對方單位作為回單，由對方單位對帳並將對帳結果註明后退回清查單位，如有數字不符，應在對帳單上註明，或另抄對帳單寄送對方單位，作為進一步核對的依據；對於內部各部門的往來款項，可由各部門財產清查人員、會計人員直接根據帳簿記錄核對，發現不符，當即可查明原因，加以調整，對於與本單位個人間發生的結算款項可抄列清單與本人核對，或用定期公布的方法加以核對。

對債權、債務的清查，除了查對帳實是否相符外，還應注意債權、債務的帳齡，從而掌握逾期債權、債務情況，以便及時處理，減少呆帳、壞帳損失。

七、財產清查結果的會計處理

企業、單位通過財產清查必然會發現會計工作、財產物資管理乃至整個經營管理工作上的問題，妥善地處理好這些問題，是財產清查工作的主要目的之一，也是財產清查發揮積極作用的關鍵所在。對於財產清查結果的處理，不應當僅僅著眼於帳務處理，做到帳實相符，更主要的是提出改進財產物資管理的措施，從而實現會計的管理職能。

(一) 帳務處理步驟與帳戶設置

財產清查后，如果實存數與帳存數一致，帳實相符，不必進行會計處理。如果實存數與帳存數不一致，會出現兩種情況：當實存數大於帳存數的，稱為盤盈；當實存數小於帳存數時，稱為盤虧；實存數雖與帳存數一致，但實存的財產物資有質量問題，不能按正常的財產物資使用的，稱為毀損。不論是盤盈、盤虧，還是毀損，都需要進行會計處理，調整帳存數，使帳存數與實存數一致，保證帳實相符，盤盈時調整帳存數增加，使其與實存數一致；盤虧或毀損時調整帳存數減少，使其與實存數一致。盤盈、盤虧或毀損等都說明企業在經營管理與財產物資的保管中存在著一定的問題，因此，一旦發現帳存數與實存數不一致時，應核准數字，並進一步分析形成差異的原因，明確經濟責任，並提出相應的處理意見。經規定的程序批准后，才能對差異進行處理。

對於清查結果的帳務處理，一般分為兩步進行：第一步，批准前先調整帳簿，做到帳實相符。對財產清查中發現的各種差異即已經查明屬實的財產盤盈、盤虧或損失，根據已填製的「帳存實存對比表」編製記帳憑證，並據以登記帳簿，使各項財產物資達到帳實相符。但對於應收而收不回的壞帳損失，在批准前不做此項帳務處理，待批准后再行處理。第二步：批准后進行帳務處理。在審批之後，應嚴格按批覆意見進行帳務處理，編製記帳憑證，登記有關帳簿。

為了反應和監督財產清查結果的帳務處理情況，需要設置「待處理財產損溢」帳戶，該帳戶屬於資產類帳戶，用於核算企業在清查財產過程中查明的各種物資盤盈、盤虧及處理情況。其借方登記發生的待處理財產盤虧、毀損數和結轉已批准處理的財產盤盈數；貸方登記發生的待處理財產盤盈和轉銷已批准處理的財產盤虧和

毀損數。「待處理財產損溢」帳戶的結構如圖 8-1 所示。

借方	待處理財產損溢	貸方
發生額： (1) 發生的待處理財產盤虧和毀損數 (2) 批准轉銷的待處理財產盤盈數		發生額： (1) 發生的待處理財產盤盈數 (2) 批准轉銷的待處理財產盤虧和毀損數
余額： 尚未批准處理的盤虧和毀損數與盤盈數的差額		余額： 尚未批准處理的盤盈數與盤虧和毀損數的差額

圖 8-1　待處理財產損溢帳戶基本結構

　　該帳戶下設置「待處理固定資產損溢」和「待處理流動資產損溢」兩個明細帳戶，分別對固定資產和流動資產損溢進行核算。由於財產清查的對象不同，其結果處理也不相同。

　　(二) 存貨清查結果的會計處理

　　造成存貨帳實不符的原因多種多樣，應根據不同情況進行不同的處理。一般處理原則是：定額內的盤虧，應增加管理費用；責任事故造成的損失，應由過失人負責賠償；非常事故如自然災害，在扣除保險公司賠償和殘料價值後，經批准應列作營業外支出等。如果發生盤盈則一般衝減管理費用。

　　【例 8-12】揚城有限責任公司在財產清查中，確定甲材料盤盈 1,000 元。

　　(1) 在報經批准前，根據「帳存實存對比表」，編製如下會計分錄：

　　借：原材料——甲材料　　　　　　　　　　　　　　　1,000
　　　　貸：待處理財產損溢——待處理流動資產損溢　　　　　　1,000

　　(2) 查明上述材料屬自然升溢所致，盤盈材料報經批准后轉銷。根據批准意見，作如下會計分錄：

　　借：待處理財產損溢——待處理流動資產損溢　　　　　1,000
　　　　貸：管理費用　　　　　　　　　　　　　　　　　　　　1,000

　　【例 8-13】揚城有限責任公司在財產清查中，確定乙材料盤虧 5,000 元，按規定程序上報有關部門審批。

　　(1) 在報經批准前，根據「帳存實存對比表」，編製如下會計分錄：

　　借：待處理財產損溢——待處理流動資產損溢　　　　　5,000
　　　　貸：原材料——乙材料　　　　　　　　　　　　　　　　5,000

　　(2) 上述乙材料，經查明后自然損耗的為 2,000 元，批准作為管理費用計入當期損益；屬管理不善的為 1,000 元，責成過失人張三賠償；其余 2,000 元屬非常損失，其中 500 元作殘料入庫，保險公司同意賠償 1,000 元，根據批准意見，編製如下會計分錄：

借：管理費用 2,000
　　其他應收款——張三 1,000
　　其他應收款——保險公司 1,000
　　原材料 500
　　營業外支出 500
　貸：待處理財產損溢——待處理流動資產損溢 5,000

(三) 固定資產清查結果的會計處理

對於盤盈的固定資產，按現行會計準則規定，應作為前期差錯記入「以前年度損益調整」科目，其具體會計處理將在后續課程「中級財務會計」中學習；對於盤虧的固定資產，企業應及時辦理固定資產註銷手續，並查明原因，其損失扣除責任人和保險公司的賠償后，作為營業外支出處理。

【例8-14】揚城有限責任公司在財產清查中，發現盤虧設備一臺，其原值為40,000元，已提折舊25,000元。

(1) 在報經批准前，根據「帳存實存對比表」，編製如下會計分錄：
借：待處理財產損溢——待處理固定資產損溢 15,000
　　累計折舊 25,000
　貸：固定資產 40,000

(2) 上述盤虧的固定資產經查明，責任人李四賠償5,000元，其餘由企業承擔，編製如下會計分錄：
借：其他應收款——李四 5,000
　　營業外支出 10,000
　貸：待處理財產損溢——待處理固定資產損溢 15,000

(四) 貨幣資金清查結果的會計處理

貨幣資金的清查主要包括庫存現金和銀行存款的清查，庫存現金清查結果的處理與存貨類似，故不再重複。對於銀行存款未達帳項出現的差異，只編製「銀行存款餘額調節表」進行核對，不調整帳簿記錄。

所謂未達帳項，是指在開戶銀行和本單位之間，對於同一款項的收付業務，由於憑證傳遞時間和記帳時間的不同，發生一方已經入帳而另一方尚未入帳的會計事項。企業與銀行雙方造成帳目不符的主要原因有兩個：一是帳面差錯，包括企業方面記帳差錯和銀行方面記帳差錯；二是未達款項。通過逐筆核對，以上兩種情況都可以查明。

企業與銀行之間的未達款項一般有以下四種情況：

1. 企業已收而銀行未收

企業存入銀行的各種款項，在送存銀行時已登記入帳，作為銀行存款的增加，但銀行由於某些原因尚未在對帳前記入企業的分戶帳中。如企業存入其他企業所開的轉帳支票，銀行尚未辦妥轉帳手續，或因故退票等使銀行未入帳。

2. 企業已付而銀行未付

企業開出的支票等付款結算憑證，在開出時已經登記入帳，作為銀行存款的減少，但是支票持有者尚未到銀行去取款或未辦理轉帳手續，所以銀行未能及時入帳。

3. 銀行已收而企業未收

銀行收到的其他單位通過委託付款而轉來的款項、外地匯來的貨款和銀行計付的存款利息，銀行於收到日和計息日已經全部登記入帳，作為企業存款的增加，但是，企業尚未收到銀行的收帳通知等憑證，所以未能在對帳前入帳。

4. 銀行已付而企業未付

銀行付出的其他單位委託銀行代收的款項和銀行計收的借款利息，銀行已於付款時和計息日登記入帳，作為企業存款的減少，但是，企業尚未收到通知和付款結算憑證，所以未能在對帳前入帳。

以上任何一種情況的發生，都會使企業的帳面余額和銀行對帳單余額不一致。在 1 和 4 兩種情況下，會使企業帳面存款余額大於銀行對帳單的余額；而在 2 和 3 兩種情況下，又會使企業帳面存款余額小於銀行對帳單的余額。

通過逐筆核對查出未達款項后，應根據已查明的未達款項編製「銀行存款余額調節表」。銀行存款余額調節表的格式和編製方法有多種，在實際工作中，一般使用補記法，即在雙方帳面余額的基礎上，將各自應記未記的帳項，補充登記在各自余額上，使雙方調節后的余額一致。

【例 8－15】揚城有限責任公司 2014 年 9 月末清查銀行存款，發現 9 月份銀行存款帳面記錄與銀行發來的對帳單，有下列情況：

1. 企業銀行存款日記帳部分記錄如下：

（1）23 日，存入銷售貨款轉帳支票 18,000 元；

（2）24 日，開出支票#1024，支付委託外單位加工費 3,400 元；

（3）25 日，開出支票#1025，支付購入材料價款 12,540 元；

（4）29 日，存入銷售貨款轉帳支票 1,120 元；

（5）29 日，開出支票#1026，支付購料運輸費 270 元；

（6）29 日，開出支票#1027，支付燃料費 7,800 元；

（7）30 日，銀行存款結存余額：20,540 元。

2. 銀行對帳單部分記錄如下：

（1）24 日，轉帳收入 18,000 元；

（2）26 日，代交應付電費 2,800 元；

（3）27 日，支票#1024，支付加工費 3,400 元；

（4）28 日，支票#1025，支付材料款 12,540 元；

（5）30 日，存款利息收入 828 元；

（6）30 日，支票#1027，支付燃料費 7,800 元；

（7）30 日，結存余額：17,718 元。

根據上述資料，將銀行對帳單與企業銀行存款日記帳逐筆勾對，找出未達款項，編製銀行存款余額調節表，如表 8-9 所示。

表 8-9　　　　　　　　　　銀行存款余額調節表
2014 年 9 月 30 日

項目	金額	項目	金額
企業銀行存款日記帳余額	20,540	銀行對帳單余額	17,718
加：銀行已收企業未收	828	加：企業已收銀行未收	1,120
減：銀行已付企業未付	2,800	減：企業已付銀行未付	270
調節后的存款余額	18,568	調節后的存款余額	18,568

「銀行存款余額調節表」並不是更改帳簿記錄的原始憑證，而是查明企業和銀行雙方結帳日算出的余額有無差錯的一種清查方法。未達帳項的入帳，一定要等到有關正式憑證到達后，按記帳程序入帳，不能根據銀行存款余額調節表登記入帳。至於查出的差錯，也要根據規定的改錯方法進行更正。

(五) 往來款項清查結果的會計處理

應收應付款項清查結果的處理與其他財產清查結果的處理不同，它不通過「待處理財產損溢」科目進行核算，而是直接沖銷即可。在財產清查中發現的長期不結清的往來款項，應當及時清理。對於經查明確定無法支付的應付款項，應借記「應付帳款」科目，貸記「營業外收入」科目；對於長期收不回來的應收帳款，即壞帳，可按規定程序報經批准后予以核銷。壞帳核銷的具體會計處理將在后續課程「中級財務會計」中學習。

第四節　對帳與結帳

一、對帳

(一) 對帳的意義

所謂對帳，就是核對帳目，是指在會計核算中，為保證帳簿記錄正確可靠，對帳簿中的有關數據進行檢查和核對的工作。在會計核算工作中，有時難免會發生各種差錯和帳實不符的情況。如：填製記帳憑證時的差錯；記帳或過帳時的差錯；數量或金額在計算上的差錯等。因此，在結帳前，有必要核對各種帳簿記錄，檢查記帳工作有無差錯。只有這樣，才能保證各種帳簿記錄的正確完整，才能據以編製出可靠的會計報表。

(二) 對帳工作的內容

對帳工作主要包括以下三個內容：

1. 帳證核對

帳證核對，即根據各種帳簿記錄與記帳憑證及其所附的原始憑證核對相符。其主要核對會計帳簿記錄與原始憑證、記帳憑證的時間、憑證字號、內容、金額是否一致，記帳方向是否相符。這種核對主要是在日常編製憑證和記帳過程中進行，核對時，可以根據需要，採用逐筆核對或抽查核對的方法。但無論採用哪種方法，其目的都是為了確保帳證相符。如果發現差錯，則應查明原因，並按照規定的方法予以更正。

2. 帳帳核對

帳帳核對，即各種帳簿之間的有關數字核對相符。具體包括：

(1) 總分類帳中各帳戶的期末借方余額合計數和貸方余額合計數是否相符。

(2) 總分類帳各帳戶餘額與其所屬有關明細分類帳各帳戶餘額合計數是否相符。

(3) 現金日記帳和銀行存款日記帳的余額與總分類帳中庫存現金和銀行存款帳戶餘額是否相符。

(4) 會計部門各種財產物資明細分類帳的結存數應與財產物資保管或使用部門的有關保管帳的結存數核對相符。

3. 帳實核對

帳實核對，是指在帳帳核對的基礎上，將各種財產物資的帳面余額與實存數額相互核對。帳實核對主要包括現金日記帳帳面余額與現金實際庫存數額相核對；銀行存款日記帳帳面余額與開戶銀行對帳單上的余額相核對；各種材料、物資明細分類帳帳面余額與材料、物資實存數額相核對；各種應收、應付款明細分類帳帳面余額與有關債務、債權單位的對帳單相核對。帳實核對一般要結合財產清查進行。有關財產清查的內容、方法等我們已在上節講述過了，不再重複。

二、結帳

（一）結帳的概念

所謂結帳，簡單地說，就是結算各種帳簿記錄，即按規定把一定時期（月份、季度、年度）內所發生的應記入帳簿的經濟業務全部登記入帳，並計算出本期發生額及期末余額，據以編製會計報表並將余額結轉下期或新的帳簿。另外，企業因撤銷、合併等而辦理帳務交接時，也需要辦理結帳。

結帳是會計分期假設的體現。結帳是會計循環的一個基本步驟，為了總結本期的帳簿記錄，提供編製會計報表的資料，期末應在全部經濟業務登記入帳的基礎上結出各帳戶的本期發生額和余額。如果只記帳而不結帳，記帳也就沒有作用了。結帳工作是否正常進行，關係到會計報表的質量和及時報送，所以，各企業都應該於會計期末做好結帳工作。

（二）結帳的程序

在結帳時，首先應將本期內所發生的經濟業務全部記入有關帳簿，不能為了趕

編會計報表而提前結帳，也不得先編報表而后結帳。

1. 檢查本期內日常發生的經濟業務是否已全部登記入帳，若發現漏帳、錯帳，應及時補記、更正。

2. 在實行權責發生制的單位，應按照權責發生制的要求，進行帳項調整的帳務處理，以計算確定本期的成本、費用、收入和財務成果。

3. 將損益類科目轉入「本年利潤」科目，結平所有損益類科目。

4. 進行對帳，確保帳證相符、帳帳相符和帳實相符。

5. 在上述工作全部處理完畢並保證正確的基礎上，計算並登記所有帳戶的本期發生額和期末余額。

（三）結帳的具體方法

結帳分為月結、季結和年結三種，其具體方法如下：

1. 月結

月結即每個月月末進行的結帳工作。辦理月結時，應在各帳戶本月份帳簿記錄的最末一行下面劃一條通欄紅線，在紅線下的摘要欄內註明「本月發生額及余額」字樣，並加計本月借方和貸方發生額合計，根據各類帳戶期末余額公式計算出余額，填入余額欄。在「借/貸」欄，標明余額性質（如果期末無余額，則寫上「平」字，並在余額欄元的相應位置上寫「0」），然后在月結行的下端再畫出一條通欄紅線，表示本月帳簿記錄的結束，以便與下月份發生額劃分清楚。

2. 季結

季結是指各季度末的結帳。季度結帳時，應在3、6、9、12「月結」行的下端劃一條通欄紅線，並在下一行的摘要欄內註明「第×季發生額及余額」字樣，並加計本季借方和貸方發生額合計，再計算並填寫季末余額。最后，在季結行的下端劃一條通欄紅線，表示完成季結工作。

3. 年結

年結是指在年度終了時的結帳。年結要求將各個帳戶結平，並將各帳戶余額結轉到下年度新開設的帳戶中去。辦理年度結帳時，應在第4季度的季結下面，劃一通欄紅線，表示年度終了；然后，在紅線下面填列全年12個月份的月結發生額合計或4個季度的季結發生額合計，並在摘要欄內註明「本年發生額及余額」或「本年合計」字樣；年度結帳，為求得借、貸雙方合計數平衡，應將上年結轉的年初借（或貸）方余額，列入「本年發生額及余額」欄下一行的借（或貸）方欄內，在摘要欄內註明「年初余額」字樣；然后再將本年余額反方向（借方余額列入「貸方」欄內，貸方余額列入「借方」欄內）列入次一行，並於摘要欄內寫明「結轉下年」字樣；最后，將借貸雙方數字加總，並在摘要欄內註明「合計」字樣，借、貸雙方數字應當相等，在合計數欄下端劃兩道通欄紅線，以示平衡和年度封帳。在會計上，結帳時畫的單紅線稱為計算線，畫的兩條平行紅線稱為結束線。月結、季結和年結例示如表8-10所示。

表 8－10　　　　　　　　　　總分類帳

帳戶名稱：應收帳款　　　　　　　　　　　　　　　　　　　　單位：元

××年		憑證	摘要	借方金額	貸方金額	借或貸	余額
月	日						
1	1	略	上年結轉			借	100,000
1	31		本月發生額及余額	500,000	300,000	借	300,000
3	31		本月發生額及余額	540,000	440,000	借	400,000
3	31		本季發生額及余額	1,600,000	1,300,000	借	400,000
12	31		本月發生額及余額	400,000	600,000	借	200,000
12	31		本季發生額及余額	1,500,000	1,700,000	借	200,000
12	31		本年發生額及余額	6,500,000	6,400,000	借	200,000
12	31		年初余額	100,000			
			結轉下年		200,000		
			合計	6,600,000	6,600,000	平	0

複習思考題

一、名詞解釋

1. 期末帳項調整
2. 財產清查
3. 實地盤存制
4. 永續盤存制
5. 未達帳項
6. 對帳
7. 結帳

二、單選題

1. 銀行存款余額調節表（　　）。
   A. 只起對帳作用
   B. 是調節帳面余額的憑證
   C. 是登記銀行存款日記帳的依據
   D. 屬於外來原始憑證

2. 下列業務中，不需要通過「待處理財產損溢」帳戶核算的是（　　）。

A. 固定資產盤虧 B. 庫存商品盤虧
C. 材料盤虧 D. 銀行存款的錯記

3. 在年度決算前，為了確保年終會計資料真實、正確，需要進行（　　）。
A. 財產的重點抽查 B. 財產的全面清查
C. 財產的臨時清查 D. 財產的帳面清查

4. 根據財產清查結果調整帳簿記錄的主要目的是為了（　　）。
A. 改正錯帳 B. 明確經濟責任
C. 帳實相符 D. 編製會計報表

5. 採購員小王借差旅費，應借記的會計科目是（　　）。
A. 其他應收款 B. 其他應付款
C. 應收帳款 D. 預收帳款

6. 企業進行資產重組時，一般應進行（　　）。
A. 定期清查 B. 不定期清查
C. 全面清查 D. 局部清查

7. 實地盤點法不適合於（　　）的清查。
A. 固定資產 B. 原材料
C. 銀行存款 D. 庫存現金

8. 編製銀行存款余額調節表時，銀行對帳單調節后的余額是按（　　）調整的。
A. 銀行對帳單余額＋企業已收銀行未收－企業已付銀行未付
B. 銀行對帳單余額－企業已收銀行未收＋企業已付銀行未付
C. 銀行對帳單余額－銀行已收企業未收＋銀行已付企業未付
D. 銀行對帳單余額＋銀行已收企業未收－銀行已付企業未付

9. 某企業原材料盤虧，現查明原因，屬於定額內損耗，按照規定予以轉銷，會計處理時應借記的帳戶是（　　）。
A. 銷售費用 B. 製造費用
C. 管理費用 D. 營業外支出

10. 存貨盤盈，經批准后一般應作為（　　）處理。
A. 衝減銷售費用 B. 衝減製造費用
C. 衝減管理費用 D. 營業外收入

三、多選題

1. 採用實地盤存制，企業財產物資帳簿的登記方法是（　　）。
A. 平時登記增加數 B. 平時不登記增加數
C. 平時登記減少數 D. 平時不登記減少數
E. 隨時結出帳面余額

2. 銀行存款日記帳的余額與銀行對帳單的余額不一致，原因可能有（　　）。

A. 銀行記帳錯誤　　　　　　　B. 企業記帳錯誤
C. 存在應收項目　　　　　　　D. 存在應付項目
E. 存在未達帳項

3. 按清查的範圍不同，可將財產清查分為（　　）。
A. 全面清查　　　　　　　　　B. 局部清查
C. 定期清查　　　　　　　　　D. 內部清查
E. 外部清查

4. 財產清查按照清查的時間可分為（　　）。
A. 定期清查　　　　　　　　　B. 局部清查
C. 不定期清查　　　　　　　　D. 全面清查
E. 內部清查

5. 「帳存實存對比表」是（　　）。
A. 財產清查的重要憑證　　　　B. 會計帳簿的重要組成部分
C. 調整帳簿的原始憑證　　　　D. 資產負債表的附表之一
E. 分析盈虧原因，明確經濟責任的重要依據

6. 定期清查的時間一般為（　　）。
A. 年末　　　　　　　　　　　B. 單位合併時
C. 中外合資時　　　　　　　　D. 半年末
E. 月末

7. 對於固定資產和存貨物質的數量清查，一般採用（　　）。
A. 帳面價值法　　　　　　　　B. 實地盤點法
C. 對帳法　　　　　　　　　　D. 查詢核實法
E. 技術推算法

8. 「待處理財產損溢」帳戶借方登記的內容有（　　）。
A. 財產物質的盤虧數額　　　　B. 財產物質的毀損數額
C. 財產物質的盤盈數額　　　　D. 盤盈的轉銷數額
E. 盤虧的轉銷數額

9. 發現的財產物資盤虧數批准後可能轉入的帳戶是（　　）。
A. 「管理費用」　　　　　　　B. 「其他應收款」
C. 「銷售費用」　　　　　　　D. 「營業外支出」
E. 「待處理財產損溢」

10. 企業盤虧固定資產時，未經批准轉銷前，應（　　）。
A. 借記「待處理財產損溢——待處理固定資產損溢」
B. 貸記「待處理財產損溢——待處理固定資產損溢」
C. 貸記「固定資產」
D. 借記「固定資產」

E. 借記「累計折舊」

四、判斷題

1. 財產局部清查的特點是範圍廣、內容多、時間短、花費小、參與人員少、專業性較強。（　）
2. 對倉庫中的所有存貨進行盤點屬於全面清查。（　）
3. 實地盤存制是指平時根據會計憑證在帳簿中登記各種財產的增加數和減少數，在期末時再通過盤點實物，來確定各種財產的數量，並據以確定帳實是否相符的一種盤存制度。（　）
4. 實物資產盤點后，編製的「帳存實存對比表」應作為調整實物資產帳面余額記錄的原始憑證。（　）
5. 會計部門要在財產清查之前將所有的經濟業務登記入帳並結出余額，做到帳帳相符、帳證相符，為財產清查提供可靠的依據。（　）
6. 採用加權平均法，平時無法從帳上提供發出和結存存貨的單價及金額，因而不利於加強對存貨的管理。所以，它只是理論上的一種方法，不為企業所採用。（　）
7. 經批准轉銷固定資產盤虧淨損失時，帳務處理應借記「營業外支出」科目，貸記「固定資產清理」科目。（　）
8. 存貨盤虧、毀損的淨損失一律記入「管理費用」科目。（　）
9. 未達帳項是指在企業和銀行之間，由於憑證的傳遞時間不同，而導致了記帳時間不一致，即一方已接到有關結算憑證已經登記入帳，而另一方由於尚未接到有關結算憑證尚未入帳的款項。（　）
10. 企業庫存現金應該每月清查一次。（　）

五、業務題

（一）目的：練習財產清查的會計處理

資料：華聯有限責任公司 2014 年 12 月 31 日進行財產清查，發現下列情況：

1. 甲材料盤虧 10 千克，單價每千克 30 元。經查系材料定額內損耗，批准後轉入管理費用。
2. 乙材料毀損 1,500 千克，單價每千克 15 元。經查自然損耗 200 千克，計 3,000 元；管理人員失職丟失 100 千克，計 1,500 元；其余系暴風雨襲擊倉庫所致，保險公司同意賠償 5,000 元，收回殘料價值 1,000 元。
3. 職工張三借差旅費 18,000 元，以現金支付。
4. 盤虧設備一臺，帳面原價為 65,000 元，已提折舊為 14,000 元，經批准按其淨值轉作營業外支出。
5. 丙材料盤盈 25 千克，單價每千克 20 元，經查系材料收發過程中計量誤差累

計所致，批准后衝減管理費用。

6. 張三出差回來，報銷差旅費6,000元。

7. 公司應付某單位貨款10,000元，因該單位撤銷而無法支付，經批准轉作營業外收入。

8. 因意外事故導致張三去世，其前借款12,000元無法收回，經批准直接衝銷，計入管理費用。

要求：根據以上經濟業務編製會計分錄。

（二）目的：練習銀行存款余額調節表的編製

資料：假定2014年12月31日華聯有限責任公司銀行存款帳面余額為52,373元，銀行給出對帳單余額為57,080元。經過逐項核對，發現雙方不符的原因有：

1. 華聯有限責任公司收到藍天公司貨款7,000元的轉帳支票一張，委託銀行辦理托收，並根據銀行送回的收款通知聯入帳，但銀行因手續尚未辦妥，還未入帳。

2. 華聯有限責任公司12月18日向銀行托收的興業公司貨款8,800元，銀行已經收款入帳，但華聯有限責任公司因未收到銀行的收款通知而未入帳。

3. 華聯有限責任公司12月30日開出支票580元，並已入帳；但持票人未到銀行取款，銀行未入帳。

4. 銀行從華聯有限責任公司存款中扣除結算的利息費用3,000元，但華聯有限責任公司沒有收到有關憑證而未入帳。

5. 華聯有限責任公司本月支付水電費1,258元，誤記為1,285元。

6. 銀行將偉力公司存入的支票5,300元，誤記入華聯有限責任公司帳號。

要求：根據以上資料，編製12月底的銀行存款余額調節表。

（三）目的：練習期末帳項調整

資料：華聯有限責任公司2014年12月份需要調整的有關項目如下：

1. 應計提固定資產折舊費50,000元。其中生產車間應計提30,000元，行政管理部門應計提20,000元。

2. 預提本月辦公大樓租金3,000元。

3. 用銀行存款支付明年一年報刊訂閱費6,000元。

4. 月底收到第四季度利息2,900元，系企業存放在開戶銀行的流動資金所產生的利息（前兩個月已預提2,000元）。

要求：根據上述資料編製調整分錄。

（四）目的：練習存貨計價方法

資料：華聯有限責任公司2014年7月1日結存甲材料1,000千克，每千克實際成本10元。本月發生如下有關業務：

(1) 8日，購入甲材料2,000千克，每千克實際成本11元，材料已驗收入庫。

(2) 15日，發出甲材料2,000千克。

(3) 20日，購入甲材料1,000千克，每千克實際成本12元，材料已驗收入庫。

(4) 26 日，發出甲材料 1,500 千克。

要求：根據上述資料，分別採用先進先出法、加權平均法、移動平均法計算發出存貨成本，並填列在相關表格中。

六、案例分析題

資料：錦江公司在 2014 年 11 月 30 日將銀行存款日記帳與銀行對帳單進行核對，發現有一筆 15 萬元的帳項對不上，經過多方查找發現了一張銀行到帳的通知單被重複記帳，馬上進行了更正。12 月 31 日公司收到了銀行對帳單，經過編製銀行存款余額調節表后發現有 3 筆未達帳項，財務部根據銀行對帳單進行記帳更正。

請問：財務部的處理是否正確？為什麼？

第九章
財務會計報告

本章詳細闡述了資產負債表、利潤表的概念和編製方法，以及財務會計報告的報送、審批與匯總等內容。通過本章的學習，要求正確理解財務會計報告的概念、種類及編製要求；掌握資產負債表和利潤表的概念、基本結構及其編製方法；瞭解財務報告的報送、審批和匯總。本章學習的重點是財務會計報告的概念、種類，資產負債表和利潤表的結構與編製方法；學習的難點是資產負債表的編製方法。

第一節　財務會計報告概述

一、編製財務會計報告的意義

財務會計報告，是指企業對外提供的反應企業某一特定日期財務狀況和某一會計期間經營成果、現金流量、所有者權益等會計信息的書面文件。如前所述，財務會計最終是通過財務會計報告形式對外揭示並傳遞財務信息的，所以編製財務會計報告是財務會計工作的一項重要內容，是財務會計核算的一項專門方法。

在會計日常核算工作中，企業、事業等單位通過設置和登記會計帳簿，全面、連續、系統地記錄和計算經濟業務，借以反應經濟活動情況和實行會計監督。但是，會計帳簿所反應的經濟內容是按照經濟業務性質的不同分門別類加以反應，也就是說企業所發生的經濟業務都分散地記錄在不同的帳簿中去了，這不利於報表使用者全面瞭解企業的整體財務狀況和經營成果，也不符合國家宏觀經濟管理的要求。因此，僅僅進行日常核算，還不能滿足企業綜合管理的要求，還需在日常核算的基礎上，根據會計信息使用者的需要，定期將分散在帳簿上的資料進一步歸類整理，形成全面反應經濟活動和財務成果的指標體系，這種對日常會計核算資料進行加工處理和分類整理的過程，就是財務會計報告編製的過程。

就其性質而言，編製財務會計報告的過程，也就是對已在帳簿中歸類記錄、初步加工的會計數據，按會計要素進行第二次確認，使之轉化為決策有用的財務信息的過程。通過財務會計報告傳送的信息，對會計信息使用者有著重要的作用。

（1）對企業本身來說，財務會計報告所提供的資料，可以幫助企業管理層瞭解

企業資產、負債、所有者權益的增減變動情況以及企業收入的取得、費用的開支、成本和盈利的形成情況及企業現金淨流量的形成原因；分析檢查企業的經濟活動是否符合制度規定；考核企業資金、成本利潤等計劃指標完成程度；分析評價經營管理中的成績和缺點，能及時發現經營管理中存在的問題，採取有效措施迅速改善經營管理，幫助企業進行未來經營計劃和經營方針的決策。

（2）對投資人、債權人和其他利害有關人來說，財務會計報告是他們瞭解企業經營狀況的主要工具。財務會計報告是企業財務會計確認與計量的最終結果體現，投資者等會計信息使用者主要是通過財務會計報告來瞭解企業當前的財務狀況、經營成果和現金流量等情況，從而預測未來的發展趨勢。因此，財務會計報告是向投資者等財務報告使用者提供決策有用信息的媒介和渠道，是溝通投資者、債權人等使用者與企業管理層之間信息的橋樑和紐帶。

（3）對財政、稅務部門來說，通過財務會計報告不僅可以瞭解企業生產經營情況的好壞和管理水平的高低，而且還能監督企業是否執行了國家的有關財經方針、政策，是否遵守了財經紀律，是否合理節約地使用資金，稅金是否及時、足額上繳。此外，政府職能部門還可以對有關資料進行綜合匯總，分析和考核國民經濟運行情況，對宏觀經濟作出調控，為政府進行宏觀控制提供決策依據。

總之，財務會計報告作為會計核算工作的結果，不僅能全面提供企業生產經營管理情況和財務狀況，而且還可以對國家、上級主管部門、投資者、債權人等提供基本的會計信息。

二、財務會計報告的組成內容

財務會計報告包括會計報表及其附註和其他應當在財務會計報告中披露的相關信息和資料。

（一）會計報表

會計報表是財務會計報告的重要內容，企業會計準則中規定，會計報表至少應包括資產負債表、利潤表、現金流量表和所有者權益變動表。會計報表的各個部分是相互聯繫的，它們從不同的角度說明企業的財務狀況、經營成果和現金流量情況。

（二）會計報表附註

會計報表附註是對在會計報表中列示項目所作的進一步說明，以及對未能在這些報表中列示項目的說明等。附註由若干附表和對有關項目的文字性說明組成。企業編製附註的目的是通過對財務報表本身作補充說明，以更加全面、系統地反應企業財務狀況、經營成果和現金流量的全貌，從而有助於向使用者提供更為有用的決策信息，幫助其做出更加科學合理的決策。

（三）其他相關信息

企業除了披露以上規定的會計報表外，還應披露其他相關信息，即應根據法律法規的規定和外部信息使用者的信息需求而披露其他信息。如社會責任、對社區的

貢獻和可持續發展能力等。

需要說明的是，由於本課程屬基礎會計，故財務會計報告一章只涉及資產負債表和利潤表的編製，其他內容將在后續課程「中級財務會計」詳細講解。

三、企業會計報表的分類

不同的企業、事業和行政單位，會計報表的形式和內容不會是千篇一律的。各單位要編製哪些會計報表，要服從於國家宏觀管理和各單位管理工作的實際需要。因此對外報送的財務會計報表的種類、格式、內容以及編表說明，應由國家統一，這樣對外報送的財務會計報表所提供的信息才具有可比性。會計報表可以按不同標誌進行分類。

（一）會計報表按編製用途分類

會計報表按編製用途不同分為外部報表和內部報表。目前國家規定的對外報送的報表有：資產負債表、利潤表、現金流量表及所有者權益變動表，其格式和編製方法由國家統一規定；而內部報表是為企業內部各職能部門提供會計信息而編製的會計報表。這類會計報表一般都涉及企業的商業秘密，如生產成本及經營計劃等，因而不宜公開，由企業財務部門自行設計，定期或不定期編製。內部報表一般有：成本報表、預測和決策方面的報表等。

（二）會計報表按經濟內容分類

會計報表按經濟內容不同可以分為四大類：一是反應企業某一特定日期財務狀況的財務報表，如資產負債表；二是反應企業一定時期收支情況和經營成果的財務報表，如利潤表；三是反應企業一定時期的財務狀況變動及其原因的財務報表，如現金流量表；四是反應企業一定時期所有者權益增減變動及其原因的財務報表，如所有者權益變動表。

（三）會計報表按編製時間分類

會計報表按編製的時間，可分為月報、季報、半年報和年報。月報是按月編報，以簡明扼要的形式反應企業某月份財務狀況和經營成果；季報的編製按季度進行，它通常是將月報的內容累計，綜合反應一個季度經營成果和財務狀況；半年報是指前6個月結束后編製的會計報表，除了月報和季報外的內容外，還包括對重大事項的說明；年報是按會計年度編製和報送的，以全面反應會計主體全年經濟活動、財務收支和財務成果的報表，它所提供的信息是最為完整齊全的。

（四）會計報表按其所反應的資金運動狀況分類

會計報表按其所反應的資金運動狀況，可分為靜態報表和動態報表。靜態報表是反應企業特定日期資產、負債和所有者權益情況的會計報表，如資產負債表。由於帳戶期末余額提供的是各項目的增減變動結果指標即靜態指標，所以靜態報表一般根據帳戶結余額填列；動態報表反應企業在一定時間內收入、費用、利潤形成情況的會計報表，如利潤表。由於企業各帳戶借、貸方發生額提供的是動態指標，因

此，動態報表一般根據帳戶的發生額填列。

(五) 會計報表按編製單位不同分類

會計報表按編製單位不同，可以分為基層報表和匯總報表。基層報表是指獨立核算的企事業單位根據本單位日常核算資料編製的會計報表，反應的內容是本單位的財務狀況、經營成果和現金流量；匯總報表是由基層單位的主管部門根據所屬單位的會計報表和其他核算資料匯總編製的會計報表，反應的是同一地區、同一部門、同一行業的綜合情況。

(六) 會計報表按母、子公司之間關係分類

會計報表按母、子公司之間關係進行分類，可分為個別會計報表和合併會計報表。個別會計報表是由企業編製的單獨反應本企業自身經營成果、財務狀況及其變動情況的會計報表；合併會計報表是由企業集團對其他單位擁有控制權的母公司編製的綜合反應企業集團整體經營成果、財務狀況及其變動情況的會計報表。合併會計報表所包含的內容和報表指標與基層會計報表相同，只是其指標的數值中既包含母公司的情況，又包含其所屬子公司或分支機構的情況。

四、會計報表設計的原則和基本內容

(一) 會計報表設計的原則

會計報表是會計部門提供會計信息資料的重要手段，為了充分發揮會計信息的作用，在設計報表時，應當遵循以下主要原則：

1. 充分反應原則

充分反應原則是會計報表設計應遵循的重要原則。按此原則的要求，設計的會計報表必須使企業內外的報表使用者通過閱讀報表，就能全面瞭解該單位的財務狀況和經營情況，因此，會計報表提供的會計信息應該全面、概括、從不同方面反應經濟活動相互聯繫的一系列報表。具體而言，包括以下內容：

(1) 能反應企業的資產總額、權益總額及其增減變化情況；

(2) 能反應企業的經營成果及其形成情況，包括收入情況、費用情況和利潤總額及構成等情況；

(3) 能反應企業與國家及其他利益關係人如投資人、債權人等的財務關係情況，如各項稅金的繳納情況、分給投資人利潤情況、債權債務清償情況、可轉換債券的轉換情況等；

(4) 能反應企業一段時期內現金淨流量狀況及其形成原因等情況；

(5) 能反應構成所有者權益的各組成部分當期的增減變動情況。

需要注意的是，資產負債表、利潤表、現金流量表及所有者權益變動表等會計報表都採用貨幣作為計量單位來反應會計主體的經營情況。而企業許多經濟信息往往難以用貨幣來衡量或者用數字進行定量化描述，然而，這些信息對報表使用者的分析判斷起著同樣重要的作用。因此，那些對分析財務狀況和經營成果有重大影響

的非數量資料，以及上述會計報表不能提示的數量資料，如企業經營方針、資產計價基礎、會計處理方法的變更、重大財務活動、關聯方交易等，應通過會計報表附註等形式加以充分披露，以便使財務報告使用者正確理解會計報表數據變動的原因，從而提高報表的使用效能。

2. 可比性原則

會計報表的可比性原則包括兩層含義：一是指報表要按照規定的方法編製，項目指標口徑一致，以便使同一時期不同企業之間的會計報表相互可比；二是指報表編製方法前後各期應當一致，不得隨意變更，以便使同一企業的不同時期會計報表相互可比。

3. 清晰性原則

報表是會計部門向企業內外提供會計信息的重要手段，因此，會計報表項目的設置和分類以及列示方法，都應當遵循清晰明瞭、便於理解和利用的原則。具體而言，包括以下四層含義：

（1）報表內項目的排列要清晰。項目的排列要有邏輯性，重要內容應排在表的突出位置，單獨核算、單獨反應；對於不重要的內容可簡化、合併核算和反應。

（2）有關數據的鉤稽關係要清晰。對表內相同性質的各項目可適當作些小計，這樣可使報表使用者減少計算工作量，提高報表的效用。

（3）報表格式要標準。各行業內部各企業的同一報表格式應相同，各行業之間主要的報表格式也應相同或基本相同，以便數字的匯總和報表之間的可比。

（4）簡明扼要。一張報表包括的內容不宜過多過雜。

4. 便於分析原則

會計報表應當清晰易懂、方便分析。為此，設計的會計報表應做到表首清晰明瞭，項目分類明確，會計信息力求客觀、統一、連貫。此外，為了方便報表使用者分析，在財務報表設計時，可以設置一些比較指標，以提高報表的分析性。例如，在報表中可設置「上年」與「本年」「年初」與「年末」等專欄，以便反應發展趨勢。

（二）會計報表的基本內容

會計報表設計的要求總的看來是做到報表要素齊全並易於編製，也就是說，任何一張報表都必須具備一些內容，它們是：

（1）報表名稱和編號，即所編報表的名稱和編號；

（2）編製單位，即編製報表單位的名稱；

（3）報表日期，即編製報表的日期或報表所包括的會計期間；

（4）計量單位，即貨幣單位，元、千元、萬元等；

（5）經濟指標內容；

（6）製表人和審核人；

（7）補充資料。有的報表還需列出補充資料，其目的是為幫助財務報表閱讀者

理解報表的內容所做的解釋。

五、會計報表的編製要求

企業的會計報表是向投資者、債權人、政府有關部門及其他報表使用者提供會計信息。為適應投資者主體多元化對會計信息的需求，會計報表必須按一定程序和方法，並按一定的要求進行編製。數字準確、內容完整是會計信息的質量要求，報送及時是報表使用者對會計信息的時效要求。因此，編製會計報表的基本要求是數字準確、內容完整、報送及時。

（一）數字準確

企業會計報表必須如實反應生產經營活動和財務收支情況，因此數字一定要真實、準確，如果會計報表提供的會計信息不是真實可靠，甚至提供虛假財務報告，這樣不僅不能發揮會計信息應有的作用，而且會導致利用扭曲的信息，使報表使用者作出錯誤的決策。為使數字準確可靠，企業編製的報表，必須以核實后的帳簿記錄為依據，不能以估計的數字和推算的數字編製，更不允許以任何方式弄虛作假，隱瞞謊報。數字的真實性是編製會計報表的首要條件，只有如實反應情況，才能使政府有關部門、投資人、債權人等，對企業作出正確的結論。為使會計報表數字真實、正確，在編製財務報表時，必須做到：

（1）按期結帳。在結帳之前，所有發生的收入、支出、債權債務，應該攤銷或預提的費用以及其他已經完成的經濟活動和財務收支事項，都應全部登記入帳；並依照相關規定的結帳日進行結帳，結出有關會計帳簿的發生額和餘額。

（2）認真對帳和進行財產清查。對於各種帳簿記錄，在編製報表之前，必須認真的審查和核對，對有關財產物資進行盤點和清查，對應收、應付款項和銀行存（借）款進行查詢核對，以達到帳證相符、帳帳相符、帳實相符。

（3）在結帳和對帳及財產清查的基礎上，通過編製總分類帳戶本期發生額試算平衡表以驗算帳目有無錯漏，為正確編製會計報表提供可靠的數據。在編製報表以後，還必須認真複核，做到帳表相符，報表與報表之間有關數字銜接一致。

（二）內容完整

企業會計報表的種類、格式和內容是根據多方面需要而制定的，只有按規定的項目和內容進行編報，才能全面反應企業的財務狀況和經營成果，使有關方得到必要的資料，不能只填幾個主要指標和少送任何報表。因此，每個單位都必須按照統一規定的報表種類、格式和內容編製財務報表，以保證財務報表的完整性。對不同的會計期間（月、年）應當編報的各種會計報表，必須編報齊全；應當填列的報表指標，必須全部填列；應當匯總編製的所屬各單位的會計報表，必須全部匯總，不得漏編、漏報。

（三）報送及時

信息的特徵就是具有時效性，只有及時的編報，才有助於報表使用者及時瞭解

編報單位的財務狀況和經營成果，迅速準確的進行決策；也便於有關部門及時進行匯總。要保證會計報表編報及時，必須加強日常的核算工作，認真做好記帳、算帳、對帳和財產清查，調整帳面工作；同時還應加強會計部門與企業內部各有關部門的配合協作，使日常核算工作能均衡有序地進行，但不能為趕財務報表而提前結帳，更不應為了提前報送而影響報表質量。月度會計報表通常應於月份終了后6天對外提供；季度會計報表應當於季度終了后15天內對外提供；半年度會計報表應當於年度中期結束后60天內對外提供；年度會計報表應於年度終了后4個月內對外提供。

第二節 資產負債表的編製

一、資產負債表的概念和作用

資產負債表是反應企業在某一特定日期財務狀況的報表。它是根據資產、負債和所有者權益之間的相互關係，按照一定的分類標準和一定的順序，把企業一定日期的資產、負債和所有者權益各項目予以適當排列，並對日常工作中形成的大量數據進行高度濃縮整理后編製而成的。它表明企業在某一特定日期所擁有或控制的經濟資源、所承擔的現實義務和所有者對企業淨資產的要求權。

資產負債表是主要財務報表之一，也是最重要的財務報表，它所提供的信息對國家、投資人、債權人及其他報表使用者有著重要的作用。

（1）企業管理者通過資產負債表提供的信息，可以瞭解企業所擁有或控制的經濟資源和承擔的責任、義務；瞭解資產、負債各項目的構成比例是否合理；通過對前后資產負債表的對比分析，可以瞭解企業一定時期的經營活動、經營成果等對企業資產、負債和所有者權益的影響，從而瞭解企業財務狀況的變動趨勢。

（2）企業的投資者通過資產負債表提供的信息，可以考核企業管理人員是否有效地利用了現有的經濟資源，是否使資產得到了增值，從而對企業管理人員的業績進行考核評價，並據以作為是否繼續投資的依據。

（3）企業投資人和供應商通過資產負債表提供的信息，可以瞭解企業的償債能力與支付能力及現有財務狀況，為他們分析企業財務風險，預測企業發展前景，作出貸款決策、行銷決策提供必要的信息。

（4）財政、銀行、稅務等部門根據資產負債提供的信息，可以瞭解企業貫徹執行有關方針、政策的情況；瞭解企業繳納稅款的情況，以便進行宏觀調控。

二、資產負債表的局限性

信息使用者在利用資產負債表時，不僅需要瞭解資產負債表的重要作用，還必須對其局限性有足夠的認識。資產負債表的局限性主要表現在以下幾個方面：

(一) 資產負債表並沒有反應企業所有的資產和負債

由於會計的確認和計量需要遵循可計量原則和可靠性原則，因此，那些無法用貨幣計量或不能可靠計量的重要經濟資源和義務信息，就不能在資產負債表中得到反應。如企業自創的商譽；礦物、天然氣或石油的已發現價值；牲畜、木材的生長價值；各種執行中的賠償合同；管理人員的報酬合約；企業所承擔的社會責任、信用擔保等。因而，充分披露會計信息的要求，嚴格說來，是沒有達到的。

(二) 資產負債表上的不少信息是人為估計的

作為會計日常核算的繼續和總結，資產負債表所反應的內容也要受到會計基本假設、基本準則和業務性準則的影響，所以有不少地方要涉及會計估計。例如壞帳準備的提取，需要對壞帳的百分比加以估計；固定資產折舊的計提，需要對固定資產的使用年限進行估計。人為估計的數據難免或多或少地帶有一些主觀的成分，從而影響資產負債表所提供信息的客觀性。

(三) 資產負債表對不同的資產項目採用了不同的計價方法

資產項目的計量，受到不同計價方法和會計原則的制約。例如，遵循歷史成本計量屬性和穩健性原則，對銀行存款按其帳面價值表示，對應收帳款按照扣除備抵壞帳後的淨值表示等。這樣由於不同資產採用不同的計價方法，資產負債表得出的合計數失去了可比的基礎並變得令人費解和缺乏可比性，影響了會計信息的相關性。

(四) 物價變動使得以歷史成本為基礎的資產負債表難以真實地反應企業的財務狀況

現行的資產負債表是以歷史成本報告為基礎，它提供的信息雖然具有客觀性和可核實性的優點，但是在物價變動比較大的環境下，資產負債表上資產的歷史成本必然與編製日現實的價值發生較大程度的背離，從而降低了資產負債表提供信息的可靠性與相關性。

三、資產負債表的結構和格式

(一) 資產負債表的結構

資產負債表是由資產、負債、所有者權益三個會計要素板塊組成，並按「資產＝負債＋所有者權益」的平衡關係將這三個要素聯繫起來，從而形成該表的基本結構。為了提供這三個要素的具體信息，各要素均按照一定的分類標準和一定的次序進行排列。

1. 資產類項目

資產類項目包括流動資產和非流動資產。資產類項目是按其流動性大小或按變現能力的強弱來排列的，流動性越大的排在越前面，流動性越小的排在越后面。

2. 負債類項目

負債類項目包括流動負債和非流動負債。負債類項目是按照債務償還期長短排列的，債務償還期越短的排在越前面，償還期越長的排在越后面。

3. 所有者權益類項目

所有者權益類項目包括實收資本、資本公積、盈余公積和未分配利潤。所有者權益類項目是按照穩定性程度來排列的，越穩定的項目排在越前面，越不穩定的項目排在越后面。

(二) 資產負債表的格式

資產負債表各會計要素及要素項目的不同排列方式，形成了該表的具體格式。資產負債表的格式多種多樣，常見的有報告式和帳戶式兩種。

1. 報告式資產負債表

報告式資產負債表也稱垂直式資產負債表，是將列入資產負債表的各項目垂直排列，先列示資產，然后列示負債，最后列示所有者權益。資產總額＝負債總額＋所有者權益總額，或者資產總額－負債總額＝所有者權益總額。其簡化格式如表9－1所示。

表9－1　　　　　　　　　　資產負債表（報告式）

編製單位：　　　　　　　　　___年__月__日　　　　　　　　　單位：元

項目	金額	
	期末余額	年初余額
資產： 　流動資產 　非流動資產 　資產合計		
負債： 　流動負債 　非流動負債 　負債合計		
所有者權益： 　實收資本 　資本公積 　盈余公積 　未分配利潤 　所有者權益合計		

2. 帳戶式資產負債表

帳戶式資產負債表是將表分為左右兩方，資產項目列示在左方，負債和所有者權益列示在右方，左右雙方總計金額平衡。其簡化格式如表9－2所示。

表9－2　　　　　　　　　　　資產負債表（帳戶式）

編製單位：　　　　　　　　　　　＿＿年＿月＿日　　　　　　　　單位：元

資產	金額		負債和所有者權益	金額	
	期末余額	年初余額		期末余額	年初余額
流動資產：			流動負債：		
貨幣資金			短期借款		
應收票據			應付票據		
應收帳款			應付帳款		
預付帳款			預收帳款		
其他應收款			應付職工薪酬		
存貨			應交稅費		
流動資產合計			應付利息		
			應付利潤		
			其他應付款		
			流動負債合計		
非流動資產：			非流動負債：		
固定資產			長期借款		
在建工程			非流動負債合計		
無形資產			負債合計		
非流動資產合計			所有者權益：		
			實收資本		
			資本公積		
			盈余公積		
			未分配利潤		
			所有者權益合計		
資產總計			負債和所有者權益總計		

　　從表9－2可以看出，帳戶式資產負債表的優點是資產和權益之間的平衡關係一目了然，因此，世界各國普遍採用這種格式，我國的資產負債表也採用此格式。

四、資產負債表的編製方法

　　財務報表的編製主要依賴於企業審核無誤的帳簿記錄，但是並不是所有的帳簿信息都可以進入財務報表。財務報表提供的信息要求是高度概括和濃縮的，而帳簿信息既包括總分類帳提供的信息，也包括明細分類帳提供的信息。所以，帳簿信息比報表信息詳細得多，因而，肯定有些帳簿信息是不能轉化為報表信息的，即使進入財務報表的帳簿信息，也不可能全部原封不動在報表上加以揭示。帳簿信息最終以何種方式在報表中列示，則主要取決於報表的性質、作用、格式以及企業管理需

要等方面的因素。故在填列報表時，有的項目直接根據有關帳戶的期末余額填列，有的項目根據有關帳戶的期末余額分析計算填列，有的項目則根據有關帳戶資料進行加工、調整計算填列。其具體方法歸納起來主要有以下四種：

（一）直接根據總分類帳戶余額填列

資產負債表中大部分項目都可以根據總分類帳戶期末余額直接填列，如「短期借款」「應付票據」「應付職工薪酬」「應交稅費」「應付利息」「應付利潤」「實收資本（或股本）」「資本公積」「盈余公積」等項目，應根據有關總帳科目的余額填列。

（二）根據幾個總分類帳戶余額分析計算填列

資產負債表中有些項目需要根據若干個總分類帳戶余額分析計算填列，如「貨幣資金」項目，應根據「庫存現金」「銀行存款」「其他貨幣資金」三個總帳科目余額的合計數填列。類似的還有「存貨」項目、「利潤分配」項目等。

（三）根據總帳科目和明細帳科目的余額分析計算填列

如「長期借款」項目，需根據「長期借款」總帳科目余額扣除「長期借款」科目所屬的明細科目中將在資產負債表日起一年內到期且企業不能自主地將清償義務展期的長期借款后的金額計算填列。

（四）根據幾個明細分類帳戶余額分析計算填列

如「應付帳款」項目，應根據「應付帳款」和「預付帳款」兩個科目所屬的相關明細科目的期末貸方余額合計數填列；又如「應收帳款」項目，應根據「應收帳款」和「預收帳款」兩個科目所屬的相關明細科目的期末借方余額合計數填列。類似的還有「預付帳款」項目、「預收帳款」項目等。

五、資產負債表中各項目的填列方法

（一）年初數的填列方法

資產負債表「年初數」欄內各項數字，應根據上年末資產負債表「期末數」欄內所列數字填列。

（二）年末數的填列方法

資產負債表「期末數」欄主要是根據資產類帳戶和負債類、所有者權益類帳戶的期末余額和其他有關資料填列的。由於本書講解的是會計學原理方面的知識，故在此只列示會計學原理所涉及的業務與科目的填列方法。

1. 「貨幣資金」項目，反應企業庫存現金、銀行存款、外埠存款、銀行匯票存款、銀行本票存款、信用證保證金存款等的合計數。本項目應根據「庫存現金」「銀行存款」「其他貨幣資金」帳戶的期末余額合計數填列。

2. 「應收票據」項目，反應企業因銷售商品、產品和提供勞務等而收到的商業匯票。本項目應根據「應收票據」帳戶的期末余額填列。

3. 「應收帳款」項目，反應企業因銷售商品、產品和提供勞務等應向購買單位

收取的各種款項。本項目應根據「應收帳款」帳戶所屬各明細科目的期末借方余額合計,加上「預收帳款」帳戶所屬各明細科目的期末借方余額合計數填列。

4.「預付帳款」項目,反應企業預付給供應單位的款項。本項目應根據「預付帳款」帳戶所屬各明細科目的期末借方余額合計,加上「應付帳款」帳戶所屬各明細科目的期末借方余額合計數填列。

5.「其他應收款」項目,反應企業對其他單位和個人的應收和暫付的款項。本項目應根據「其他應收款」帳戶所屬各明細科目的期末借方余額合計,加上「其他應付款」帳戶所屬各明細科目的期末借方余額合計數填列。

6.「存貨」項目,反應企業期末庫存的各項存貨的實際成本,包括各種材料、在產品、產成品等。本項目應根據「在途物資」「原材料」「生產成本」「庫存商品」等帳戶期末余額的合計數填列。

7.「流動資產合計」項目,反應企業一年內(含一年)變現或耗用資產的金額,應根據上述各項目的合計數填列。

8.「固定資產」項目,反應企業的各種固定資產的淨值。本項目應根據「固定資產」帳戶余額減去「累計折舊」帳戶余額后的金額填列。

9.「在建工程」項目,反應企業期末各項未完工程的實際支出。本項目應根據「在建工程」帳戶的期末余額填列。

10.「無形資產」項目,反應企業持有的無形資產,包括專利權、商標權、著作權等。本項目應根據「無形資產」帳戶的期末余額填列。

11.「非流動資產合計」項目,反應企業一年以上變現或耗用資產的金額,應根據上述非流動資產項目的合計數填列。

12.「資產總計」項目,反應企業的資產總額,應根據上述各種資產的合計數計算填列。

13.「短期借款」項目,反應企業借入尚未歸還的一年期以下(含一年)的借款。本項目應根據「短期借款」帳戶的期末余額填列。

14.「應付票據」項目,反應企業購買原材料、商品和接受勞務供應等開出的、承兌的商業匯票。本項目應根據「應付票據」帳戶的期末余額填列。

15.「應付帳款」項目,反應企業購買原材料、商品和接受勞務供應等應付給供應單位的款項。本項目應根據「應付帳款」帳戶所屬各明細帳的期末貸方余額合計,加上「預付帳款」帳戶所屬各明細帳的期末貸方余額合計數填列。

16.「預收帳款」項目,反應企業預收購買單位的帳款。本項目應根據「預收帳款」帳戶所屬各明細帳的期末貸方余額合計,加上「應收帳款」帳戶所屬各明細帳的期末貸方余額合計數填列。

17.「應付職工薪酬」項目,反應企業應付而未付的職工工資及各種薪酬。本項目應根據「應付職工薪酬」帳戶的期末余額填列。

18.「應交稅費」項目,反應企業期末未交、多交或未抵扣的各種稅金和其他

費用。本項目應根據「應交稅費」帳戶的期末貸方余額填列；如「應交稅費」帳戶期末為借方余額，則以「－」號填列。

19.「應付利息」項目，反應企業按照規定應當支付的利息。本項目應根據「應付利息」帳戶的期末余額填列。

20.「應付利潤」項目，反應企業期末應付未付給投資者及其他單位和個人的利潤。應根據「應付利潤」帳戶的期末余額填列。如果該帳戶為借方余額，則以「－」號填列。

21.「其他應付款」項目，反應企業所有應付和暫收其他單位和個人的款項。本項目應根據「其他應付款」帳戶所屬各明細科目的期末貸方余額合計，加上「其他應收款」帳戶所屬各明細科目的期末貸方余額合計數填列。

22.「流動負債合計」項目，反應企業一年內（含一年）應償還的負債金額。本項目應根據上述各流動負債項目的合計數填列。

23.「長期借款」項目，反應企業借入的尚未歸還的一年期以上（不含一年）的借款本息。本項目應根據「長期借款」帳戶的期末余額填列。

24.「非流動負債合計」項目，反應企業超過一年（不含一年）應償還的負債金額。本項目應根據各非流動負債項目的合計數填列。

25.「負債合計」項目，反應企業的負債總金額。本項目應根據上述「流動負債合計」加上「非流動負債合計」的金額計算填列。

26.「實收資本（或股本）」項目，反應企業各投資者實際投入的資本（或股本）總額。本項目應根據「實收資本（或股本）」帳戶的期末余額填列。

27.「資本公積」項目，反應企業資本公積的期末余額。本項目應根據「資本公積」帳戶的期末余額填列。

28.「盈余公積」項目，反應企業盈余公積的期末余額。本項目應根據「盈余公積」帳戶的期末余額填列。

29.「未分配利潤」項目，反應企業尚未分配的利潤。本項目應根據「本年利潤」帳戶和「利潤分配」帳戶的余額計算填列。未彌補的虧損，在本項目內以「－」號填列。

30.「所有者權益合計」項目，反應企業的所有者在企業資產中享有的權益數。本項目應根據上述各所有者權益項目的合計數填列。

31.「負債和所有者權益總計」項目，反應企業的債權人和所有者在企業資產中所享有的權益。本項目應根據「負債合計」項目和「所有者權益合計」項目計算填列。

六、資產負債表的運用舉例

現以工業企業為例，簡要說明資產負債表的編製方法。
揚城有限責任公司 2014 年 12 月 31 日各帳戶期末余額見表 9－3。

表9-3　　　　揚城有限責任公司2014年12月31日各帳戶期末余額　　　　單位：元

帳戶名稱	借方余額 一級科目	借方余額 明細科目	貸方余額 一級科目	貸方余額 明細科目
庫存現金	6,000			
銀行存款	250,000			
應收帳款	20,000			
其中：A單位		8,000		
B單位		17,000		
C單位				5,000
在途物資	30,000			
原材料	35,000			
生產成本	22,000			
庫存商品	94,000			
預付帳款	75,000			
其中：D單位		85,000		
E單位				10,000
其他應收款	2,000			
固定資產	150,000			
累計折舊			45,000	
短期借款			70,000	
應付帳款			48,000	
其中：X單位				68,000
Y單位		30,000		
T單位				10,000
預收帳款			19,000	
其中：Z單位		7,000		
S單位				26,000
應付職工薪酬			31,000	
應交稅費	75,000			
實收資本			450,000	
資本公積			66,000	
盈余公積			20,000	
利潤分配			10,000	
合計	759,000		759,000	

根據表9-3資料，計算資產負債表中的各項目金額，並填入到資產負債表中。

如表 9-4 所示。

計算過程如下：

1. 貨幣資金 = 6,000（庫存現金）+ 250,000（銀行存款）= 256,000（元）

2. 應收帳款 =（8,000 + 17,000）（應收帳款明細帳借方余額合計）+ 7,000（預收帳款明細帳借方余額合計）= 32,000（元）

3. 預付帳款 = 85,000（預付帳款明細帳借方余額合計）+ 30,000（應付帳款明細帳借方余額合計）= 115,000（元）

4. 其他應收款 = 2,000（元）

5. 存貨 = 30,000（在途物資）+ 35,000（原材料）+ 22,000（生產成本）+ 94,000（庫存商品）= 181,000（元）

6. 固定資產 = 150,000（固定資產）- 45,000（累計折舊）= 105,000（元）

7. 短期借款 = 70,000（元）

8. 應付帳款 =（68,000 + 10,000）（應付帳款明細帳的期末貸方余額合計）+ 10,000（預付帳款明細帳的期末貸方余額合計）= 88,000（元）

9. 預收帳款 = 26,000（預收帳款明細帳的期末貸方余額合計）+ 5,000（應收帳款明細帳的期末貸方余額合計）= 31,000（元）

10. 應付職工薪酬 = 31,000（元）

11. 應交稅費 = -75,000（元）

12. 實收資本 = 450,000（元）

13. 資本公積 = 66,000（元）

14. 盈余公積 = 20,000（元）

15. 未分配利潤 = 10,000（元）

表 9-4　　　　　　　　　　　　　　資產負債表

編製單位：揚城有限責任公司　　2014 年 12 月 31 日　　　　　　　　　單位：元

資產	金額 期末余額	年初余額（略）	負債和所有者權益	金額 期末余額	年初余額（略）
流動資產：			流動負債：		
貨幣資金	256,000		短期借款	70,000	
應收票據			應付票據		
應收帳款	32,000		應付帳款	88,000	
預付帳款	115,000		預收帳款	31,000	
其他應收款	2,000		應付職工薪酬	31,000	
存貨	181,000		應交稅費	-75,000	
流動資產合計	586,000		應付利息		
			應付利潤		
			其他應付款		
			流動負債合計		
非流動資產：			非流動負債：	145,000	
固定資產	105,000		長期借款		
在建工程			非流動負債合計		
無形資產			負債合計		
非流動資產合計	105,000		所有者權益：	145,000	
			實收資本		
			資本公積	450,000	
			盈餘公積	66,000	
			未分配利潤	20,000	
			所有者權益合計	10,000	
				546,000	
資產總計	691,000		負債和所有者權益總計	691,000	

第三節　利潤表的編製

一、利潤表的概念及作用

利潤表又稱損益表，是反應企業在一定會計期間的經營成果的會計報表。它把一定時期的收入與同一會計期間相關的費用進行配比，以計算出企業一定時期的稅後淨利潤。利潤表所提供的盈利或虧損資料，往往是衡量管理成就的主要依據；對

於投資者、債權人以及稅務機關等有關方面都具有重要作用。

（1）投資人可以根據利潤表提供的信息，比較、分析企業不同時期獲利能力的變化，據此來判斷是否投資或再投資，投資到哪一個部門；債權人可以預測、評價企業的債務償還能力，決定是否維持、增加或收縮對企業的信貸，以及再次投資的條件。

（2）利潤表還可幫助企業管理者分析、評價企業利用現有經濟資源的能力，並考核其經營管理績效；也可以通過比較、分析利潤表中各項構成因素，評價各項收入、費用及損益之間的消長趨勢；還可以幫助管理者發現經營管理中存在的問題，揭露矛盾，找出差距，以便改善經營管理，作出合理的決策。

（3）利潤表提供的資料還是國家行政管理部門進行宏觀調控的工具，是稅務、銀行等部門對企業創造的利潤和稅金上繳情況進行檢查的依據；依據利潤表提供的資料，可以滿足各方面對企業經營成果進行分析、評價，並為他們的決策提供資料。

二、利潤表的結構和內容

利潤表的格式有單步式和多步式兩種。

（一）單步式利潤表

單步式利潤表是將一定會計期間的所有收入加在一起，然后再把所有費用、支出加在一起，兩者相減，一次計算出當期淨利潤。其基本結構如表9-5所示。

表9-5　　　　　　　　　　利潤表（單步式）

編製單位：　　　　　　　　　___年_月　　　　　　　　　　單位：元

項目	本期金額	上期金額
收入		
××收入		
××收入		
××收入		
××收入		
收入合計		
費用		
××成本		
××稅金		
××費用		
費用合計		
淨利潤		

單步式利潤表具有步驟簡化、結構簡單、易於理解和編製簡便的特點。但其難以滿足報表使用者的需要，因為根據這種報表所提供的資料，反應不出企業利潤的構成內容，而是把企業所有的收入和費用等內容摻合在一起，不分層次和步驟，既無法判斷企業營業性收益與非營業性收益對實現利潤的影響，也無法判斷主營業務收益與附營業務收益對實現利潤的影響，也不便於對未來盈利能力的預測。因此，在我國，單步式利潤表主要用於那些業務比較單純的服務諮詢行業。

（二）多步式利潤表

多步式的利潤表是按照利潤的構成內容分層次、分步驟地逐步、逐項計算編製而成的報表。按照這一要求，企業淨利潤的計算一般有以下三個步驟：

淨利潤＝利潤總額－所得稅費用

利潤總額＝營業利潤＋營業外收入－營業外支出

營業利潤＝營業收入－營業成本－營業稅金及附加－銷售費用－管理費用
　　　　　－財務費用

多步式利潤表格式如表9－6所示。

表9－6　　　　　　　　　　利潤表（多步式）

編製單位：　　　　　　　　　＿＿＿年＿月　　　　　　　　　　單位：元

項目	本期金額	上期金額
一、營業收入		
減：營業成本		
營業稅金及附加		
銷售費用		
管理費用		
財務費用		
二、營業利潤		
加：營業外收入		
減：營業外支出		
三、利潤總額		
減：所得稅費用		
四、淨利潤		
五、其他綜合收益的稅後淨額		
六、綜合收益總額		
七、每股收益		

多步式利潤表是根據經營活動的主次和經營活動對企業利潤的貢獻情況排列編製。它能夠科學地揭示企業利潤及構成內容的形成過程，從而便於對企業生產經營情況進行分析，有利於不同企業之間進行比較，有利於預測企業今後的盈利能力。因此，世界大多數國家多採用多步式利潤表。按國際慣例，我國現行會計制度和會計準則也採用了多步式利潤表格式。

三、利潤表的編製方法

利潤表中的大部分項目都可以根據帳戶的發生額分析填列。如營業稅金及附加、銷售費用、管理費用、財務費用、營業外收入、營業外支出、所得稅費用等；也有部分項目是根據各項目之間的關係計算演列。如營業利潤、利潤總額、淨利潤等。

1. 利潤表「本期金額」欄反應各項目的本月實際發生額，該欄應根據各項目本月實際發生數填列。

2. 利潤表「上期金額」欄反應各項目的上期實際發生額，該欄應根據上期利潤表中的「本期金額」欄內所列數字填列。

3. 「營業收入」項目，反應企業經營主要業務和其他業務所確認的收入總額。本項目應根據「主營業務收入」和「其他業務收入」帳戶的本期發生額合計分析填列。

4. 「營業成本」項目，反應企業經營主要業務和其他業務所發生的成本總額。本項目應根據「主營業務成本」和「其他業務成本」帳戶的本期發生額合計分析填列。

5. 「營業稅金及附加」項目，反應企業銷售商品、提供勞務等業務應負擔的各種稅費。本項目應根據「營業稅金及附加」帳戶的本期發生額分析填列。

6. 「銷售費用」項目，反應企業在銷售商品和提供勞務等經營業務過程中所發生的各項銷售費用。本項目應根據「銷售費用」帳戶的本期發生額分析填列。

7. 「管理費用」項目，反應企業本期發生的各種管理費用。本項目應根據「管理費用」帳戶的本期發生額分析填列。

8. 「財務費用」項目，反應企業本期發生的財務費用。本項目應根據「財務費用」帳戶的本期發生額分析填列。

9. 「營業利潤」項目，反應企業進行經營活動所取得的利潤。本項目應根據公式「營業收入－營業成本－營業稅金及附加－銷售費用－管理費用－財務費用＝營業利潤」計算填列。

10. 「營業外收入」項目和「營業外支出」項目，反應企業發生的與生產經營無直接關係的各項收入和支出。這兩個項目應分別根據「營業外收入」和「營業外支出」帳戶的本期發生額分析填列。

11. 「利潤總額」項目，反應企業實現的利潤，應根據公式「營業利潤＋營業外收入－營業外支出＝利潤總額」計算填列，如為虧損，則以「－」號填列。

12. 「所得稅費用」項目，反應企業按規定從當期損益中扣除的所得稅。該項目應根據「所得稅費用」帳戶的本期發生額分析填列。

13. 「淨利潤」項目，反應企業繳納所得稅后的淨利潤。本項目應根據公式「利潤總額－所得稅費用＝淨利潤」計算填列，如為虧損，則以「－」號填列。

需要說明的是：由於利潤表中「其他綜合收益的稅后淨額」項目、「綜合收益

總額」項目和「每股收益」項目等披露內容較為複雜，本教材不作講解，具體核算內容將在后續課程「中級財務會計」講授。

四、利潤表的運用舉例

1. 揚城有限責任公司 2014 年 12 月 31 日所有損益類帳戶的余額見表 9-7 所示。

表 9-7　　　　　　　　　　科目余額表　　　　　　　　　單位：元

帳戶名稱	借方余額	貸方余額
主營業務收入		300,000
其他業務收入		50,000
營業外收入		20,000
主營業務成本	180,000	
其他業務成本	20,000	
營業稅金及附加	20,000	
管理費用	30,000	
財務費用	12,000	
銷售費用	10,000	
營業外支出	2,000	
所得稅費用	15,000	

2. 根據以上資料編製該企業 2014 年 12 月份利潤表，如表 9-8 所示。

表 9-8　　　　　　　　　　利潤表
編製單位：　　　　　　　　2014 年 12 月　　　　　　　　　單位：元

項目	本期余額	上期余額
一、營業收入	350,000	略
減：營業成本	200,000	
營業稅金及附加	20,000	
銷售費用	10,000	
管理費用	30,000	
財務費用	12,000	
二、營業利潤	78,000	
加：營業外收入	20,000	
減：營業外支出	2,000	
三、利潤總額	96,000	
減：所得稅費用	15,000	
四、淨利潤	81,000	

第四節　財務會計報告的報送、審批和匯總

一、財務會計報告的報送

財務會計報告是反應各會計主體財務狀況、經營成果和現金流量的書面文件。為了充分發揮會計報告的作用，各會計主體應定期向投資者、債權人、有關政府部門以及其他報表使用者提供財務會計報告。《中華人民共和國會計法》明確規定：財務會計報告編製完成後，在報送前，必須由本單位會計機構的負責人或會計主管人員和單位負責人進行認真複核並簽名或蓋章；設置總會計師的單位還要由總會計師審核蓋章，主要是複核報表的項目是否填列齊全，補充資料填列是否完整，是否附有必要的編製說明，報表與報表的有關指標是否銜接一致。經複核無誤的財務會計報告應依次編定頁數，加具封面，裝訂成冊，蓋上有關人員印章並加蓋公章。封面上應註明：單位名稱、地址、主管部門、開業日期、報表所屬年度和月份、送出日期等。

各個會計主體應向哪些部門或單位報送財務會計報告，這同各單位的隸屬關係、經濟管理和經濟監督的需要有關，如國有企業一般要向上級主管部門、開戶銀行、財政、稅務機關等單位報送財務會計報告；同時，還應向投資者、債權人以及其他與企業有關的報表使用者提供財務會計報告。公開發行股票的股份有限公司還應向證券交易機構和證券監督管理委員會等提供年度有關財務會計報告，以便這些部門和機構能夠及時利用各單位財務會計報告的信息和數據資料，發揮這些部門職能作用。

財務會計報告報送的期限，一方面應考慮需要財務會計報告的有關單位對財務會計報告的需要程度，另一方面又要考慮編報單位的機構、組織形式、編報工作量大小以及編報單位所在地的交通條件等因素，正確規定財務會計報告的報送期限。這樣有利於各編製單位如期報送財務會計報告，便於及時匯總和利用財務會計報告，以發揮其應有的作用。

上市公司的財務會計報告需要經註冊會計師審計，企業應當將註冊會計師及其會計師事務所出具的審計報告隨同財務會計報告一併對外提供。

另外要注意的是，單位領導人對財務報告的合法性、真實性負法律責任。任何人不得篡改或者授意、指使、強令他人篡改財務會計報告的有關數字。會計機構、會計人員對指使、強令編造、篡改財務會計報告行為，應當制止和糾正；制止和糾正無效的，應當向上級主管單位報告，請求處理。

二、財務會計報告的審批

財務會計報告的審批是對上級主管部門或總公司而言。對於基層單位報送的

財務會計報告，上級主管部門或總公司應及時進行審核和批覆。對於財務會計報告的審核，主要從兩個方面來進行審核：一是審核財務會計報告的編製、報送是否符合規定，即檢查報表是否存在技術方面的問題，如報表的種類、報表的簽章是否符合規定，報表的數字計算是否準確、報表間的數字鉤稽是否正常、報表項目的完整性，附註及補充資料的完備性等。二是審核財務會計報告的內容是否符合我國《會計法》及《企業會計準則》的要求，如資金使用和管理是否符合《現金管理條例》及有關結算制度的要求；利潤計算與利潤分配是否符合有關法規的規定。稅金的繳納是否及時、足額，有無拖欠稅款等情況。

財務會計報告經過審核，如果發現填報錯誤或手續不全，應及時通知填報單位更正或補辦手續，如果發現違反國家法令制度，應當查明原因，嚴肅處理。上級部門對基層單位報來的財務會計報告審核之後，要進行批覆。企業對上級主管部門的批覆意見，應認真研究執行，需要調整帳務的，須及時進行調整。經過批覆的財務會計報告是重要的經濟檔案，應按規定妥善保存。

三、財務會計報告的匯總

企業是國民經濟的微觀基礎，企業所報送的財務會計報告應經過一定的匯總，逐級上報，才能得到一個地區、行業或部門乃至一個國家的會計信息。匯總財務會計報告是由上級管理部門或總公司將所屬企業的財務會計報告進行整理、匯總另行編製的財務會計報告。上級主管部門或總公司收到所屬單位報來的財務會計報告，首先應進行嚴格的審核，其次根據會計準則的要求，對所屬企業上報的會計報表逐級編報匯總會計報表。

複習思考題

一、名詞解釋

1. 財務會計報告
2. 會計報表附註
3. 資產負債表
4. 利潤表
5. 其他相關信息

二、單選題

1. 下列帳戶余額，可能在資產負債表中用負數填列的是（　　）。
   A.「應收帳款」帳戶　　　　　　B.「應交稅費」帳戶
   C.「累計折舊」帳戶　　　　　　D.「無形資產」帳戶
2. 我國對外報告的資產負債表的格式是（　　）。
   A. 單步式　　　　　　　　　　　B. 多步式

C. 帳戶式　　　　　　　　　　　D. 報告式
3. 按照會計報表所反應的內容分類，利潤表屬於（　　）。
　　A. 財務狀況報表　　　　　　　B. 經營成果報表
　　C. 成本費用報表　　　　　　　D. 對內會計報表
4. 「應收帳款」科目所屬明細科目如有貸方余額，應在資產負債表（　　）項目中反應。
　　A. 預付帳款　　　　　　　　　B. 預收帳款
　　C. 應收帳款　　　　　　　　　D. 應付帳款
5. 資產負債的下列項目中，需要根據幾個總帳帳戶的期末余額進行匯總填列的是（　　）。
　　A. 應收帳款　　　　　　　　　B. 短期借款
　　C. 累計折舊　　　　　　　　　D. 貨幣資金
6. 財務會計報告的主體和核心是（　　）。
　　A. 會計報表　　　　　　　　　B. 會計報表附註
　　C. 指標體系　　　　　　　　　D. 其他相關信息
7. 下列選項中，反應了資產負債表內有關所有者權益項目排列順序的是（　　）。
　　A. 實收資本、盈余公積、資本公積、未分配利潤
　　B. 實收資本、資本公積、盈余公積、未分配利潤
　　C. 實收資本、資本公積、未分配利潤、盈余公積
　　D. 實收資本、未分配利潤、資本公積、盈余公積
8. 某企業期末「應付帳款」總帳帳戶為貸方余額 260,000 元，其所屬明細帳戶的貸方余額合計為 330,000 元，所屬明細帳戶的借方余額合計為 70,000 元；「預付帳款」總帳帳戶為借方余額 150,000 元，其所屬明細帳戶的借方余額合計為 200,000 元，所屬明細帳戶的貸方余額合計為 50,000 元。則該企業資產負債表中「應付帳款」項目的期末數應為（　　）元。
　　A. 380,000　　　　　　　　　B. 260,000
　　C. 150,000　　　　　　　　　D. 270,000
9. 資產負債表中的資產項目是按（　　）的順序排列的。
　　A. 相關性大小　　　　　　　　B. 重要性大小
　　C. 可比性高低　　　　　　　　D. 流動性大小
10. 資產負債表中，負債項目是按照（　　）進行排列的。
　　A. 變現能力　　　　　　　　　B. 盈利能力
　　C. 清償債務的先后順序　　　　D. 變動性

三、多選題

1. 資產負債表中，「未分配利潤」項目期末數的填列方法是（　　）。

A. 根據利潤分配總帳科目貸方余額直接填列

B. 根據利潤分配明細科目貸方余額直接填列

C. 年度中間，根據「本年利潤」和「利潤分配」總帳科目期末余額分析計算填列

D. 年末，根據利潤分配總帳科目貸方余額直接填列

E. 年末，根據利潤分配總帳科目借方余額直接填列

2. 下列會計報表中，屬於對外報送並反應財務狀況的報表有（　　）。

A. 利潤表　　　　　　　　　　B. 利潤分配表

C. 資產負債表　　　　　　　　D. 現金流量表

E. 製造費用表

3. 財務會計報告中的會計報表至少應當包括（　　）。

A. 資產負債表　　　　　　　　B. 成本報表

C. 利潤表　　　　　　　　　　D. 現金流量表

E. 所有者權益變動表

4. 在編製資產負債表中，應根據總帳科目的期末余額直接填列的項目有（　　）。

A. 應收帳款　　　　　　　　　B. 應收票據

C. 固定資產　　　　　　　　　D. 應付帳款

E. 短期借款

5. 資產負債表的「存貨」項目應根據下列總帳科目的合計數填列的有（　　）。

A. 庫存商品　　　　　　　　　B. 自製半成品

C. 在建工程　　　　　　　　　D. 低值易耗品

E. 委託加工物資

6. 下列資產負債表項目中需根據明細科目分析填列的是（　　）。

A. 應收帳款　　　　　　　　　B. 預收帳款

C. 應付帳款　　　　　　　　　D. 預付帳款

E. 存貨

7. 關於資產負債表，下列說法中正確的有（　　）。

A. 又稱為財務狀況表

B. 可據以分析企業的經營成果

C. 可據以分析企業的債務償還能力

D. 可據以分析企業在某一日期所擁有的經濟資源及其分佈情況

E. 可據以分析企業的現金流量流入流出的具體情況

8. 利潤表中的「營業成本」項目填列的依據有（　　）。

A. 「營業外支出」發生額

B.「主營業務成本」發生額
C.「其他業務成本」發生額
D.「營業稅金及附加」發生額
E.「所得稅費用」發生額

9. 會計報表按照編製單位不同可以分為（　　）。
A. 個別會計報表　　　　　　　B. 合併會計報表
C. 基層會計報表　　　　　　　D. 匯總會計報表
E. 累計會計報表

10. 根據國家統一會計制度的規定，單位對外提供的財務會計報告應當由單位有關人員簽字並蓋章。下列各項中，應當在單位對外提供的財務會計報告上簽字並蓋章的有（　　）。
A. 單位負責人　　　　　　　　B. 總會計師
C. 會計機構負責人　　　　　　D. 單位內部審計人員
E. 出納人員

四、判斷題

1. 會計報表按其反應的經濟內容，可以分為動態會計報表和靜態會計報表。資產負債表是反應在某一特定時期內企業財務狀況的會計報表，屬於靜態會計報表。
（　　）
2. 企業可以根據需要不定期編製財務會計報告。（　　）
3. 會計報表是綜合反應企業資產、負債和所有者權益的情況及一定時期的經營成果和現金流量的書面文件。（　　）
4. 利潤表中「營業成本」項目，反應企業銷售產品和提供勞務等主要經營業務的各項銷售費用和實際成本。（　　）
5. 資產負債表中所有者權益內部各個項目按照流動性或變現能力排列。（　　）
6. 資產負債表中「貨幣資金」項目，應主要根據「銀行存款」各種結算帳戶的期末余額填列。（　　）
7.「應收帳款」科目所屬明細科目期末有貸方余額的，應在資產負債表「預收帳款」項目內填列。（　　）
8. 年度終了，除「未分配利潤」明細科目外，「利潤分配」科目下的其他明細科目應當無余額。（　　）
9. 利潤表是反應企業某一特定日期經營成果的會計報表。（　　）
10. 目前國際上比較普遍的利潤表的格式主要有多步式和單步式兩種。為簡便明晰起見，我國企業採用的是單步式利潤表格式。（　　）

五、業務題

(一) 目的：練習資產負債表的編製

1. 資料：華聯有限責任公司 2014 年 10 月份部分總帳及明細帳期末余額資料如下：

會計科目	總分類帳 借方	總分類帳 貸方	明細分類帳 借方	明細分類帳 貸方
庫存現金	5,000			
銀行存款	86,000			
應收帳款	4,000			
——乙單位			4,000	
預收帳款		20,000		
——丙單位				28,000
——乙單位			8,000	
應交稅費		7,500		
——應交增值稅			7,500	
本年利潤		94,200		
生產成本	8,000			
利潤分配	10,000			
庫存商品	12,000			

2. 要求：

根據上述資料，填製資產負債表以下項目的金額：

① 貨幣資金　（　　）

② 應收帳款　（　　）

③ 應交稅費　（　　）

④ 未分配利潤　（　　）

⑤ 存貨　（　　）

(二) 目的：練習利潤表的編製

1. 資料：華聯有限責任公司 2014 年 10 月 31 日各項收入、費用帳戶的資料如下（單位：元）：

主營業務收入	1,000,000
主營業務成本	500,000
銷售費用	30,000
營業稅金及附加	80,000
管理費用	90,000
財務費用	20,000

其他業務收入	150,000
營業外收入	40,000
營業外支出	50,000
其他業務成本	80,000
所得稅費用	85,000

2. 要求：根據上述資料編製華聯有限責任公司 2014 年 10 月份的利潤表。

六、案例分析題

資料：某市一個體小商店，老闆想瞭解他的企業在一年之內的經營狀況。得知你學的是會計專業，向你尋求幫助。他將全年的財務資料以 12 月 31 日為終止日期發給了你，如下。

有關會計事項　　　　　　　　　　　　單位：人民幣元

支付給員工的工資	3,744
年末貨車價值	4,800
銷售成本	70,440
自付薪水	15,600
銷售收入	110,820
年末商店和土地的價值	60,000
保險櫃裡的現金和銀行中存款	2,100
其他費用（包括電費、電話費等）	10,500
年末欠供應商的款項	2,400

通過調查，你獲知地產的價值仍維持在一年前的相同水平上。另一方面，貨車一年前價值 6,000 元，但是，現在經過一年的折舊，價值比以前減少了。

請問：

（1）該商店一年來的經營業績如何？
（2）該商店年末的財務狀況如何？
（3）如果不計算折舊在內，該雜貨商一年的淨收益應是多少？

第十章
會計核算組織程序

本章在研究會計憑證和會計帳簿的基礎上,介紹了各種憑證和各種帳簿結合使用的方式,即會計核算組織程序問題。通過本章的學習,要求掌握記帳憑證核算組織程序、科目匯總表核算組織程序、匯總記帳憑證核算組織程序、分錄日記帳核算組織程序的特點和適用範圍;理解各種具體核算組織程序的異同;瞭解選用會計核算組織程序的原則。本章學習的重點是記帳憑證核算組織程序、科目匯總表核算組織程序和分錄日記帳核算組織程序;學習的難點是匯總記帳憑證核算組織程序。

第一節 會計核算組織程序概述

一、會計核算組織程序的概念及意義

(一)會計核算組織程序的概念

日常核算資料是運用會計的一系列核算方法提供的反應日常經濟活動的各種核算指標。在經濟業務發生以後,通過設置會計科目、複式記帳、填製會計憑證、登記帳簿、成本計算等一系列會計核算的專門方法取得了日常核算資料,特別是通過填製會計憑證、登記帳簿,對經濟業務進行不斷的歸類、加工整理、匯總綜合,最后在帳簿中形成比較系統的核算資料,再將這些分散在帳簿中的日常核算資料,按照預先規定的指標體系進一步歸類、綜合、匯總,並通過編製報表將其排列成系統的指標體系。在對日常經濟業務的逐層加工、匯總、綜合的過程中,填製會計憑證是核算資料的收集及初步分類,登記帳簿是核算資料的分類整理,編製報表是核算資料的再加工。

在資料的收集階段,要求會計憑證的填製具有全面性、真實性,並對經濟業務進行初步歸類。為此,各會計主體應根據經濟業務的具體內容,根據登記帳簿的需要,設計會計憑證的種類、格式。通常根據需要設計各種格式的原始憑證及收付款憑證和轉帳憑證等記帳憑證。在核算資料的分析整理階段,要求帳簿的登記必須系統、連續地分類反應各項經濟業務的內容,為此設置不同的帳簿種類及格式,如序時帳、總分類帳和明細分類帳等,每一帳簿又有不同格式,如明細帳有三欄式、多

欄式和數量金額式等。為了反應經濟活動的全貌，需要對帳簿提供的核算資料進行綜合，使會計核算的過程進入再加工階段。這個階段要求編製的會計報表具有綜合性、可比性、通用性；需要統一設計財務報表的種類、格式和內容，如資產負債表、利潤表、現金流量表等的格式和內容。填製會計憑證、登記帳簿、編製報表都是會計核算的重要方法，都有特定的目的、原則和手段，但它們不是孤立的，而是相互聯繫的，也就是說編製報表的資料主要來源於帳簿，報表的內容對帳簿的種類、格式和記錄內容又有制約作用；帳簿的登記依據是會計憑證，帳簿的種類、格式又決定著會計憑證的種類和格式。正是由於會計憑證、帳簿、報表三者之間存在著相互聯繫、相互制約的關係，而且三者的相互關係以及各種憑證之間、帳簿之間、報表之間的配合，決定著會計核算資料的全面性、綜合性、及時性。因此，每一個會計主體都應該根據實際情況，設計會計憑證、帳簿、財務報表及其相應的編製程序，即會計核算組織程序。

會計核算組織程序也稱帳務處理程序，或會計核算形式，它是指會計循環中，會計主體採用的會計憑證、會計帳簿、會計報表的種類和格式與記帳程序有機結合的方法和步驟。

對於會計核算組織程序的基本含義，可結合圖 10-1 進行理解。

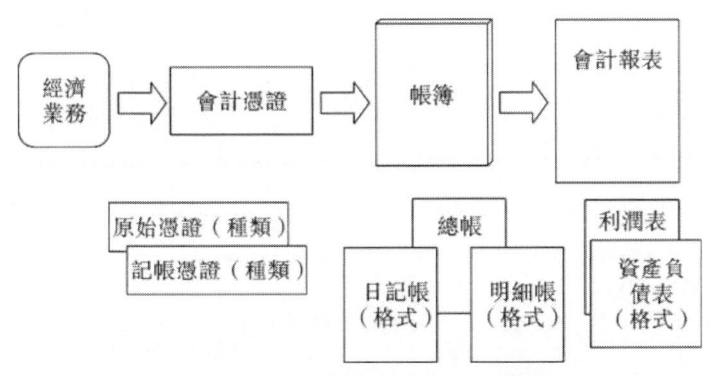

圖 10-1　會計核算組織程序基本含義理解圖

(二) 會計核算組織程序的意義

會計核算組織程序是否科學合理，會對整個會計核算工作產生諸多方面的影響。確定科學合理的會計核算組織程序，對於保證能夠準確、及時提供系統而完整的會計信息，具有十分重要的意義，也是會計部門和會計人員的一項重要工作。

1. 有利於規範會計核算組織工作

會計核算工作需要會計部門和會計人員之間的密切配合，有了科學合理的會計核算組織程序，會計機構和會計人員在進行會計核算的過程中就能夠做到有序可循，按照不同的責任分工，有條不紊地處理好各個環節上的會計核算工作。

2. 有利於保證會計核算工作質量

在進行會計核算的過程中，保證會計核算工作的質量是對會計工作的基本要求。建立科學合理的會計核算組織程序，形成加工和整理會計信息的正常機制，是提高會計核算工作質量的重要保證。

3. 有利於提高會計核算工作效率

會計核算工作效率的高低，直接關係到會計信息提供上的及時性和有用性。按照既定的會計核算組織程序進行會計信息的處理，將會大大提高會計核算的工作效率。

4. 有利於節約會計核算工作成本

組織會計核算的過程也是對人力、物力和財力的消耗過程，因此，要求會計核算本身也要講求經濟效益。會計核算組織程序安排科學合理，選用的會計憑證、會計帳簿和會計報表種類適當，格式適用，數量適中，在一定程度上也能夠節約會計核算的工作成本。

二、設計會計核算組織程序的原則

會計主體在設計選用適合本單位會計核算組織程序時，應遵循以下原則：

（一）應從本會計主體的實際情況出發

應充分考慮本會計主體經濟活動的性質、經營管理的特點、規模的大小、經濟業務的繁簡以及會計機構和會計人員的設置等因素，使會計核算組織程序與本單位會計核算工作的需要相適應。

（二）應以保證會計核算質量為立足點

確定會計核算組織程序，要保證能夠準確、及時和完整地提供系統而完備的會計信息資料，以滿足會計信息的使用者瞭解會計信息，並據以作出經濟決策的需要。

（三）應力求降低會計核算成本

在滿足會計核算工作需要，保證會計核算工作質量，提高會計核算工作效率的前提下，力求簡化核算手續，節省核算時間，降低核算成本。

（四）應有利於建立會計工作崗位責任制

確定會計核算組織程序，要有利於會計部門和會計人員的分工與合作，有利於明確各會計人員工作崗位的職責。

第二節　手工環境下的會計核算組織程序

手工環境下常用的會計核算組織程序主要有以下幾種：記帳憑證核算組織程序、匯總記帳憑證核算組織程序和科目匯總表核算組織程序等。

一、記帳憑證核算組織程序

(一) 記帳憑證核算組織程序的概念

記帳憑證核算組織程序是指根據經濟業務發生以後所填製的各種記帳憑證直接逐筆登記總分類帳簿，並定期編製會計報表的一種帳務處理程序。它是一種最基本的核算組織程序，其他核算組織程序都是在此基礎上發展演變而形成的。

在記帳憑證核算組織程序下，採用的記帳憑證、會計帳簿和會計報表種類很多，其格式也各異。記帳憑證可採用「收款憑證」「付款憑證」和「轉帳憑證」等專用的記帳憑證格式，也可以採用通用記帳憑證格式。「庫存現金日記帳」和「銀行存款日記帳」一般採用收、付、余三欄式；總分類帳簿一般採用借、貸、余三欄式；明細分類帳簿一般可根據核算需要採用借、貸、余三欄式、數量金額式或多欄式。記帳憑證核算組織程序下的會計憑證、會計帳簿和會計報表的種類與格式如圖10-2所示。

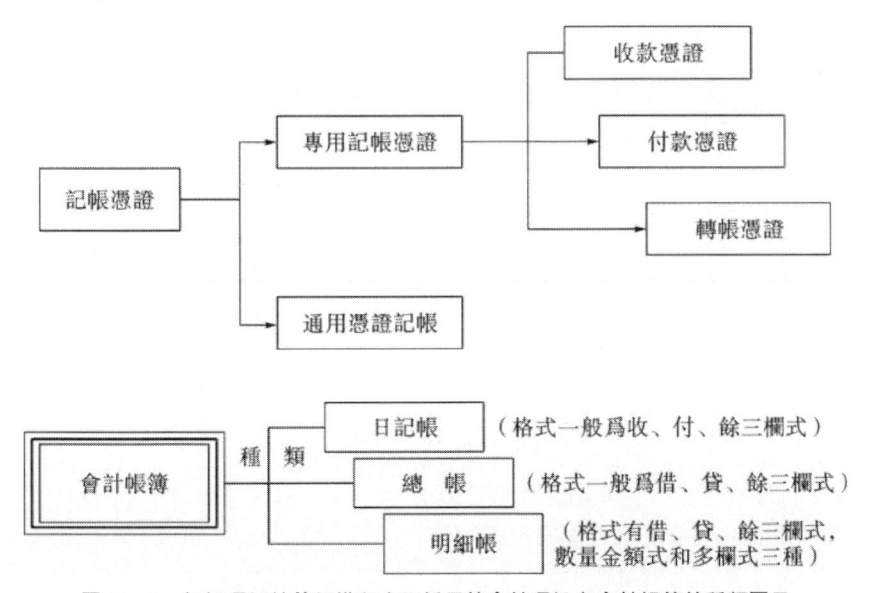

圖10-2 記帳憑證核算組織程序下採用的會計憑證與會計帳簿的種類圖示

在記帳憑證核算組織程序下使用的會計報表主要有利潤表、資產負債表和現金流量表等。報表的種類不同，格式也不盡相同。由於在國家頒布的企業會計準則中對於會計報表的種類和格式已有統一規定，不論在什麼樣的會計核算組織程序下，會計報表的種類與格式都不會有大的變動。會計報表的具體種類和格式以及編製方法已在本書的第九章中詳細講述過，因此，在研究會計核算組織程序的過程中，對會計報表的種類與格式不再作探討。

（二）記帳憑證核算組織程序下帳務處理的基本步驟

記帳憑證核算組織程序的帳務處理基本步驟如圖10-3所示。

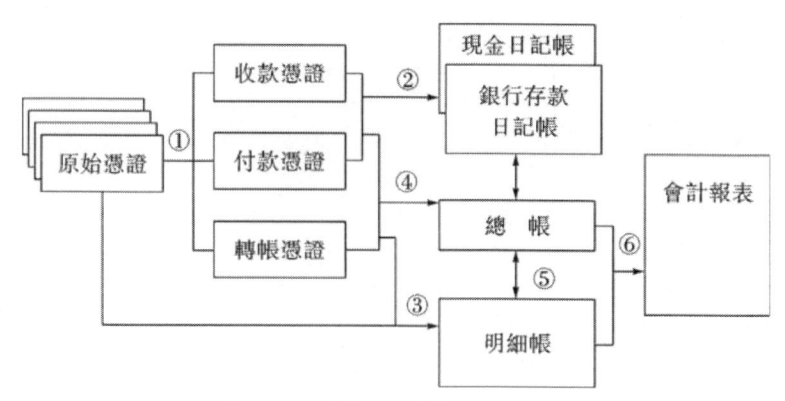

圖10-3 記帳憑證核算組織程序圖

程序基本步驟說明：

（1）根據經濟業務發生所取得的原始憑證或原始憑證匯總表編製各種專用記帳憑證；

（2）根據收款憑證、付款憑證逐日逐筆地登記庫存現金日記帳和銀行存款日記帳；

（3）根據記帳憑證並參考原始憑證或原始憑證匯總表，逐筆登記各種明細分類帳；

（4）根據各種記帳憑證逐筆登記總分類帳。

（5）月末，將日記帳、明細分類帳的余額與總分類帳中相應帳戶的余額進行核對；

（6）月末，根據總分類帳和明細分類帳資料編製會計報表。

（三）記帳憑證核算組織程序的特點、優缺點及適用範圍

1. 記帳憑證核算組織程序的特點

記帳憑證核算組織程序的特點是：直接根據各種記帳憑證逐筆登記總分類帳。

各種會計核算組織程序在帳務處理的做法上有共同之處，如登記各種日記帳和明細分類帳，不論哪種核算組織程序在做法上基本是相同的。將各種會計核算組織程序相比較，它們的特點主要體現在對總分類帳的登記方法上。直接根據各種記帳憑證逐筆登記總分類帳，是記帳憑證核算組織程序與其他核算組織程序截然不同的做法，也是記帳憑證核算組織程序的一個鮮明特點。

2. 記帳憑證核算組織程序的優點、缺點

（1）記帳憑證核算組織程序的優點表現為以下幾點：

①在記帳憑證上能夠清晰地反應帳戶之間的對應關係。當一筆經濟發生以後，

利用一張記帳憑證就可以編製出該經濟業務的完整會計分錄。

②總分類帳上能夠比較詳細地反應經濟業務的發生情況。

③總分類帳登記方法簡單，易於掌握。

（2）記帳憑證核算組織程序的缺點主要有以下幾點：

①總分類帳登記工作量過大。對發生的每一筆經濟業務都要根據記帳憑證逐筆在總分帳中進行登記，其實際上與登記日記帳和明細分類帳的做法一樣，是一種簡單的重複登記，勢必會增大登記總分類帳的工作量，特別是在經濟業務量比較大的情況下更是如此。

②帳頁耗用多，預留帳頁多少難以把握。由於總分類帳對發生的所有經濟業務要重複登記一遍，勢必會耗用更多的帳頁，造成一定的帳頁浪費。如果是在一個帳簿上設置多個帳戶，由於登記業務的多少很難預先確定，對於每一個帳戶應預留多少帳頁很難把握，預留過多會形成浪費，預留過少又會影響帳戶登記上的連續性。

3. 記帳憑證核算組織程序的適用範圍

記帳憑證核算組織程序一般只適用於規模較小、經濟業務量比較少、會計憑證不多的會計主體。

二、匯總記帳憑證核算組織程序

（一）匯總記帳憑證核算組織程序的概念

匯總記帳憑證核算組織程序是根據各種專用記帳憑證定期匯總編製匯總記帳憑證，然后根據匯總記帳憑證登記總分類帳簿，並定期編製會計報表的一種帳務處理程序。

匯總記帳憑證是對日常會計核算過程中所填製的專用記帳憑證，按照憑證的種類，採用一定的方法定期進行匯總而重新填製的一種記帳憑證。在採用匯總記帳憑證核算組織程序的情況下，可以不必再根據各種專用記帳憑證逐筆登記總分類帳簿，而是根據匯總記帳憑證上的匯總數字登記有關的總分類帳簿，這樣可以減少登記總分類帳簿的工作量。由此可見，匯總記帳憑證核算組織程序是在記帳憑證核算組織程序的基礎上發展演變而來的一種會計核算組織程序。

在匯總記帳憑證核算組織程序下，採用的記帳憑證與會計帳簿種類也很多。從記帳憑證角度看，使用匯總記帳憑證，包括匯總收款憑證、匯總付款憑證和匯總轉帳憑證是匯總記帳憑證核算組織程序的獨特之處。使用的會計帳簿與記帳憑證核算組織程序基本相同。匯總記帳憑證核算組織程序下的會計憑證、會計帳簿的種類與格式如圖10-4所示。

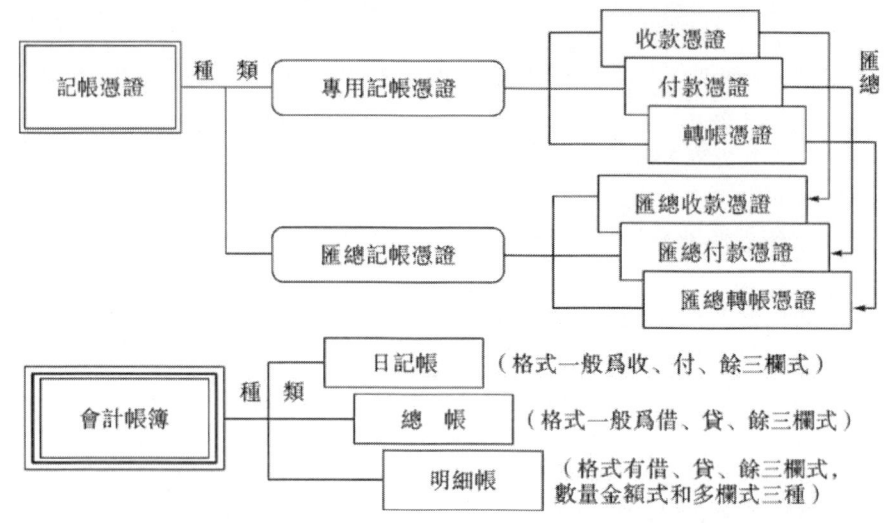

```
                                          ┌─ 收款憑證 ─┐
                   ┌─ 專用記帳憑證 ─┼─ 付款憑證 ─┤
記帳憑證 ─ 種類 ─┤                  └─ 轉帳憑證 ─┤ 匯
                   │                              │ 總
                   │                  ┌─ 匯總收款憑證 ─┤
                   └─ 匯總記帳憑證 ─┼─ 匯總付款憑證 ─┘
                                      └─ 匯總轉帳憑證
```

```
                   ┌─ 日記帳 （格式一般為收、付、餘三欄式）
會計帳簿 ─ 種類 ─┼─ 總  帳 （格式一般為借、貸、餘三欄式）
                   └─ 明細帳 （格式有借、貸、餘三欄式，
                              數量金額式和多欄式三種）
```

圖 10-4　匯總記帳憑證核算組織程序下採用的會計憑證與會計帳簿種類圖示

(二) 匯總記帳憑證的種類與編製方法

匯總記帳憑證是在填製的各種專用記帳憑證的基礎上，按照一定的方法進行匯總編製而成的。匯總記帳憑證的種類不同，匯總編製的方法也有所不同。

1. 匯總收款憑證的編製方法

匯總收款憑證按日常核算工作中所填製的專用記帳憑證中的收款憑證上會計分錄的借方科目設置匯總收款憑證，按分錄中相應的貸方科目定期（如每 5 天或 10 天等）進行匯總，每月編製一張。匯總時計算出每一個貸方科目發生額合計數，填入匯總收款憑證的相應欄次。

由於收款憑證上反應的是收款業務，因而必須圍繞反應貨幣資金收入的會計科目（「庫存現金」或「銀行存款」等）進行匯總。在借貸記帳法下，這些科目的增加又應在借方登記。因此，編製匯總收款憑證時要求按「借方科目設置」，就是要求按「庫存現金」或「銀行存款」設置匯總記帳憑證上的主體科目，以其為主進行匯總。

「按分錄中相應的貸方科目匯總」，其中的「貸方科目」是指收款憑證上會計分錄中「庫存現金」或「銀行存款」的對應科目。儘管在一定的會計期間內，企業可能會發生若干筆收款業務，但由於有些經濟業務是重複發生的，就需要填製若干份在會計科目上完全相同的收款憑證。例如：企業每次銷售產品收到貨款存入銀行，會計分錄都是借記「銀行存款」，貸記「主營業務收入」和「應交稅費」等。這樣，就可以根據貸方科目在一定會計期間內的若干次發生額定期進行匯總，編製匯總收款憑證。

經過上述匯總過程得到的各個貸方科目發生額的合計數，就是這些帳戶在一定

會計期間發生額的總和。其可以根據各次的匯總數分次登記到有關帳簿中去，也可以在月末時對各次匯總數字相加，求得該帳戶的全月發生額合計，一次性登記到有關帳簿中去。對以上各帳戶的發生額合計數進行合計，也就是所匯總的主體科目「庫存現金」或「銀行存款」在該會計期間的借方發生額總額，可據其分次或月末一次登記「庫存現金」或「銀行存款」帳戶。

【例 10－1】揚城有限責任公司根據 2014 年 12 月發生的收款業務所填製的收款憑證編製匯總收款憑證，其格式如表 10－1 所示。

表 10－1　　　　　　　　　　匯總收款憑證

借方帳戶：銀行存款　　　　　2014 年 12 月　　　　　　匯收字：001 號

貸方帳戶	金額				總帳頁數	
	1～10 日收款憑證	11～20 日收款憑證	21～31 日收款憑證	合計	借方	貸方
主營業務收入	2,000	10,000		12,000	下略	下略
應交稅費	500	1,700		2,200		
應收帳款	200		30,000	30,200		
合計	2,700	11,700	30,000	44,400		

會計主管：　　　　　記帳：　　　　　審核：　　　　　製單人：

為了便於編製匯總收款憑證，在日常編製收款憑證時，會計分錄的形式最好是一借一貸、一借多貸，不宜多借一貸或多借多貸。這是由於匯總收款憑證是按借方科目設置的，多借一貸或多借多貸的會計分錄都會給編製匯總收款憑證帶來一定的不便，或者會造成收款憑證在匯總過程中由於被多次重複使用而產生匯總錯誤，或者造成會計帳戶之間的對應關係變得模糊難辨。

2. 匯總付款憑證的編製方法

匯總付款憑證按日常核算工作中所填製的專用記帳憑證中的付款憑證上會計分錄的貸方科目設置匯總付款憑證，按分錄中相應的借方科目定期（如每 5 天或 10 天等）進行匯總，每月編製一張。匯總時計算出每一個借方科目發生額合計數，填入匯總付款憑證的相應欄次。

【例 10－2】揚城有限責任公司根據 2014 年 12 月發生的付款業務所填製的付款憑證編製匯總付款憑證，其格式如表 10－2 所示。

表 10-2　　　　　　　　　　匯總付款憑證
貸方帳戶：銀行存款　　　　　2014 年 12 月　　　　　　匯付字：002 號

借方帳戶	金額				總帳頁數	
	1～10 日付款憑證	11～20 日付款憑證	21～31 日付款憑證	合計	借方	貸方
材料採購	20,000		10,000	30,000	下略	下略
應交稅費	3,400		1,700	5,100		
銷售費用	500			500		
庫存現金	1,000			1,000		
合計	24,900		11,700	36,600		

會計主管：　　　　　記帳：　　　　　審核：　　　　　製單人：

為了便於編製匯總付款憑證，在日常編製付款憑證時，會計分錄的形式最好是一借一貸、一貸多借，不宜一借多貸或多借多貸。這是由於匯總付款憑證是按貸方科目設置的，一借多貸或多借多貸的會計分錄都會給編製匯總付款憑證帶來一定的不便，或者會造成付款憑證在匯總過程中由於被多次重複使用而產生匯總錯誤，或者造成會計帳戶之間的對應關係變得模糊難辨。

3. 匯總轉帳憑證的編製方法

匯總轉帳憑證按日常核算工作中所填製的專用記帳憑證中的轉帳憑證上會計分錄的貸方科目設置匯總轉帳憑證，按分錄中相應的借方科目定期（如每 5 天或 10 天等）進行匯總，每月編製一張。匯總時計算出每一個借方科目發生額合計數，填入匯總轉帳憑證的相應欄次。

為了便於編製匯總轉帳憑證，在日常編製轉帳憑證時，會計分錄的形式最好是一借一貸、一貸多借，不宜一借多貸或多借多貸。這是由於匯總轉帳憑證是按貸方科目設置的，一借多貸或多借多貸的會計分錄都會給編製匯總轉帳憑證帶來一定的不便。

【例 10-3】揚城有限責任公司根據 2014 年 12 月發生的轉帳業務所填製的轉帳憑證編製匯總轉帳憑證，其格式如表 10-3 所示。

表 10-3　　　　　　　　　　匯總轉帳憑證
貸方帳戶：應交稅費　　　　　2014 年 12 月　　　　　　匯轉字：004 號

借方帳戶	金額				總帳頁數	
	1～10 日轉帳憑證	11～20 日轉帳憑證	21～31 日轉帳憑證	合計	借方	貸方
營業稅金及附加	5,000		3,000	8,000	下略	下略
其他業務成本	400			400		

表10-3(續)

借方帳戶	金額			總帳頁數	
	1~10日 轉帳憑證	11~20日 轉帳憑證	21~31日 轉帳憑證	合計	借方	貸方
管理費用	600			600		
合計	6,000		3,000	9,000		

會計主管：　　　　　　　記帳：　　　　　　　審核：　　　　　　　製單人：

(三) 匯總記帳憑證核算組織程序下帳務處理的基本步驟

匯總記帳憑證核算組織程序下帳務處理的基本步驟可通過圖10-5表示。

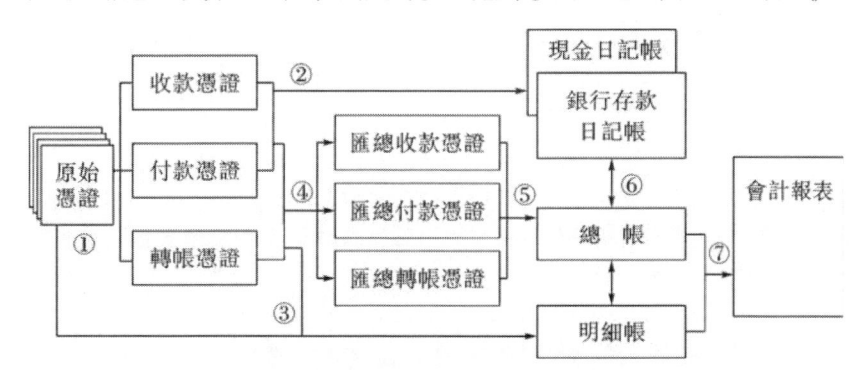

圖10-5　匯總記帳憑證核算組織程序的帳務處理的基本程序圖

程序基本步驟說明：

(1) 根據經濟業務發生所取得的原始憑證或原始憑證匯總表編製各種專用記帳憑證；

(2) 根據收款憑證、付款憑證逐日逐筆登記庫存現金日記帳和銀行存款日記帳；

(3) 根據記帳憑證並參考原始憑證或原始憑證匯總表，逐筆登記各種明細分類帳；

(4) 根據各種記帳憑證分別編製匯總收款憑證、匯總付款憑證和匯總轉帳憑證；

(5) 根據各種匯總記帳憑證匯總登記總分類帳；

(6) 月末，將日記帳、明細分類帳的余額與總分類帳中相應帳戶的余額進行核對；

(7) 月末，根據總分類帳和明細分類帳資料編製會計報表。

(四) 匯總記帳憑證核算組織程序的特點、優缺點及適用範圍

1. 匯總記帳憑證核算組織程序的特點

匯總記帳憑證核算組織程序的特點是：定期將全部記帳憑證分別編製匯總收款

憑證、匯總付款憑證和匯總轉帳憑證，根據各種匯總記帳憑證上的匯總數字登記總分類帳簿。

2. 匯總記帳憑證核算組織程序的優點、缺點

(1) 匯總記帳憑證核算組織程序的優點主要有：

①在匯總記帳憑證上能夠清晰地反應帳戶之間的對應關係。匯總記帳憑證是採用按會計科目對應關係進行分類匯總的辦法，能夠清晰反應出有關帳戶之間的對應關係。

②可以大大減少登記總分類帳簿的工作量。在匯總記帳憑證核算組織程序下，可以根據匯總記帳憑證上有關帳戶的匯總發生額，在月份當中定期或月末一次性登記總分類帳，可以使登記總分類帳的工作量大為減少。

(2) 匯總記帳憑證核算組織程序的缺點主要有：

①定期編製匯總記帳憑證的工作量比較大。對發生的經濟業務首先要填製專用記帳憑證，在此基礎上，還需要定期分類地對這些專用記帳憑證進行匯總，編製作為登記總分類帳依據的匯總記帳憑證，增加了編製匯總記帳憑證的工作量。

②對匯總過程中可能存在的錯誤難以發現。編製匯總記帳憑證是一項比較複雜的工作，容易產生匯總錯誤。而且匯總記帳憑證本身又不能體現出有關數字之間的平衡關係，即使存在匯總錯誤也很難發現。

3. 匯總記帳憑證核算組織程序的適用範圍

由於匯總記帳憑證核算組織程序具有能夠清晰地反應帳戶之間的對應關係和能夠減輕登記總分類帳的工作量等優點，它一般只適用於規模較大、經濟業務量比較多、專用會計憑證也較多的會計主體。

三、科目匯總表核算組織程序

(一) 科目匯總表核算組織程序的概念

科目匯總表核算組織程序是指根據各種記帳憑證先定期（或月末一次）按會計科目匯總編製科目匯總表，然後根據科目匯總表登記總分類帳，並定期編製會計報表的帳務處理程序。科目匯總表核算組織程序也是在記帳憑證核算組織程序的基礎上發展和演變而來的。

(二) 科目匯總表的格式與編製方法

科目匯總表也是根據專用記帳憑證匯總編製而成的。基本編製方法是：根據一定時期內的全部記帳憑證，按照相同會計科目進行歸類，定期（每10天或15天，或每月一次）分別匯總每一個帳戶的借、貸雙方的發生額，並將其填列在科目匯總表的相應欄內，借以反應全部帳戶的借、貸方發生額。根據科目匯總表登記總分類帳時，只需要將該表中匯總起來的各科目的本期借、貸方發生額的合計數，分次或月末一次記入相應總分類帳的借方或貸方即可。

「科目匯總表」的基本格式與前面所述的發生額試算平衡表很相似，其格式如

表 10 - 4 所示。

表 10 - 4　　　　　　　　　科目匯總表
2014 年 12 月

會計科目	1～15 日 借方	1～15 日 貸方	16～31 日 借方	16～31 日 貸方	本月合計 借方	本月合計 貸方	總帳頁數
庫存現金	150,000	150,740		1,500	150,000	152,240	
銀行存款	5,295,000	4,104,100	104,000	76,500	5,399,000	4,180,600	
應收帳款			134,000		134,000	0	
在途物資	280,540	280,540	18,200	18,200	298,740	298,740	
原材料	280,540	189,000	18,200		298,740	189,000	
預付帳款	10,000			10,000	10,000	10,000	
庫存商品			111,000	150,000	111,000	150,000	
固定資產	3,800,000				3,800,000	0	
累計折舊				30,000	0	30,000	
應付帳款	41,000	150,000		41,000	41,000	191,000	
短期借款		241,000			0	241,000	
應付職工薪酬	150,000			150,000	150,000	150,000	
應交稅費	42,000		57,100		99,100	0	
應付利潤	20,000			16,000	20,000	16,000	
預收帳款		10,000	10,000		10,000	10,000	
實收資本		5,040,000			0	5,040,000	
盈余公積				15,000	0	15,000	
本年利潤			282,600	362,400	282,600	362,400	
利潤分配			32,000		32,000		
生產成本	175,000		135,800	111,000	310,800	111,000	
製造費用	6,000		29,000	35,000	35,000	35,000	
主營業務收入		95,000	361,000	266,000	361,000	361,000	
主營業務成本			150,000	150,000	150,000	150,000	
營業稅金及附加			36,100	36,100	36,100	36,100	
銷售費用			5,000	5,000	5,000	5,000	
管理費用	10,300		58,900	69,200	69,200	69,200	

表10-4(續)

會計科目	1~15日		16~31日		本月合計		總帳頁數
	借方	貸方	借方	貸方	借方	貸方	
營業外收入			1,400	1,400	1,400	1,400	
營業外支出			1,300	1,300	1,300	1,300	
合計	10,260,380	10,260,380	1,545,600	1,545,600	11,805,980	11,805,980	

應當注意的是：「科目匯總表」雖然也是經過匯總而編製的，但與匯總記帳憑證的匯總方法有所不同。「科目匯總表」是按各個會計科目的發生額分別進行匯總的，形成的是一張表格，而不是三種匯總的記帳憑證。根據科目匯總表登記總分類帳時，只需要將科目匯總表中各有關科目的本期借、貸方發生額合計數，分次或月末一次記入相應總分類帳的借方或貸方即可。另外，採用科目匯總表時，憑證的編號方法也有一定的變化，應以「科匯字第×號」字樣按月連續編號。

(三) 科目匯總表核算組織程序下帳務處理的基本步驟

科目匯總表核算組織程序的帳務處理基本程序如圖10-6所示。

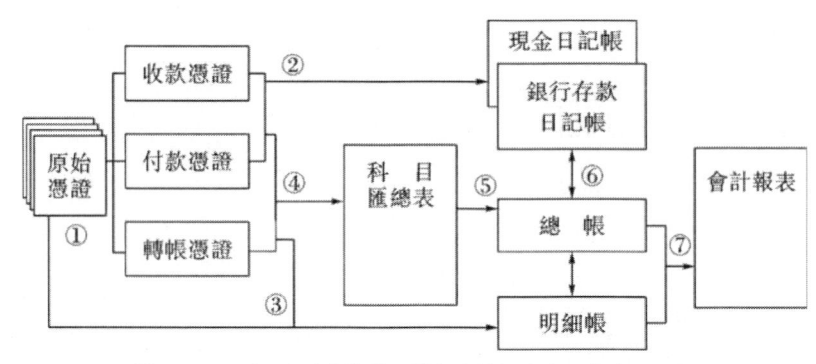

圖10-6 科目匯總表核算組織程序的帳務處理基本程序圖

帳務處理程序說明：

(1) 根據經濟業務發生所取得的原始憑證或原始憑證匯總表編製各種專用記帳憑證；

(2) 根據收款憑證、付款憑證逐日逐筆登記庫存現金日記帳和銀行存款日記帳；

(3) 根據記帳憑證並參考原始憑證或原始憑證匯總表，逐筆登記各種明細分類帳；

(4) 根據各種記帳憑證匯總編製科目匯總表；

(5) 根據科目匯總表匯總登記總分類帳；

(6) 月末，將日記帳、明細分類帳的餘額與總分類帳中相應帳戶的餘額進行

核對；

（7）月末，根據總分類帳和明細分類帳資料編製會計報表。

（四）科目匯總表核算組織程序的特點、優缺點及適用範圍

1. 科目匯總表核算組織程序的特點

科目匯總表核算組織程序的特點是：定期根據所有記帳憑證匯總編製科目匯總表，根據科目匯總表上的匯總數字登記總分類帳。

2. 科目匯總表核算組織程序的優缺點

（1）科目匯總表核算組織程序的優點是：

①可以利用該表的匯總結果進行帳戶發生額的試算平衡。在科目匯總表上的匯總結果體現了一定會計期間內所有帳戶的借方發生額和貸方發生額的相等關係，利用這種發生額的相等關係，可以進行全部帳戶記錄的試算平衡。

②在試算平衡的基礎上記帳能保證總分類帳登記的正確性。在科目匯總表核算組織程序下，總分類帳是根據科目匯總表上的匯總數字登記的，由於在登記總分類帳之前，能夠通過科目匯總表的匯總結果檢驗所填製的記帳憑證是否正確，就等於在記帳前進行了一次試算平衡，對匯總過程中可能存在的錯誤也容易發現。在所有帳戶借、貸發生額相等的基礎上再記帳，在一定程度上能夠保證總分類帳登記的正確性。

③可以大大減輕登記總分類帳的工作量。在科目匯總表核算組織程序下，可根據科目匯總表上有關帳戶的匯總發生額，在月中定期或月末一次性登記總分類帳，可以使登記總分類帳的工作量大大減輕。

④適用性比較強。與記帳憑證核算組織程序和匯總記帳憑證核算組織程序相比，由於科目匯總表核算組織程序優點較多，任何規模的會計主體都可以採用。

（2）科目匯總表核算組織程序的缺點是：

①編製科目匯總表的工作量比較大。在科目匯總表核算組織程序下，對發生的經濟業務首先要填製各種專用記帳憑證，在此基礎上需要定期地對這些專用記帳憑證進行匯總，編製作為登記總分類帳依據的科目匯總表，增加了編製科目匯總表的工作量。

②科目匯總表上不能夠清晰地反應帳戶之間的對應關係。科目匯總表是按各個會計科目歸類匯總其發生額的，在該表中不能清楚地顯示出各個帳戶之間的對應關係，不能清晰地反應經濟業務的來龍去脈。在這一點上，科目匯總表不及專用記帳憑證和匯總記帳憑證。

3. 科目匯總表核算組織程序的適用範圍

由於科目匯總表核算組織程序具有試算平衡的功能，又能減輕總分類帳登記的工作量等優點，因而，不論規模大小的會計主體都可以採用。

第三節　IT環境下的會計核算組織程序

一、手工環境下會計核算組織程序的缺陷

手工環境下的會計核算組織程序都是圍繞如何減少工作量而產生的，因此也就決定了這些核算組織程序先天帶有手工處理的局限性。其主要缺陷有以下四點：

（一）數據大量重複

記帳憑證是會計核算系統的數據源，從一定意義上講，它包含的信息量等於各種明細分類帳、總分類帳以及會計報表所包含的信息量之和。手工處理設置了登記明細帳、總帳等環節，使得記帳憑證上的數據被多次轉抄。例如，一筆反應現金支出業務的記帳憑證編製完畢之後，需要由不同的會計人員在庫存現金日記帳、相關的明細分類帳、總分類帳上同時轉抄記帳憑證上的日期、憑證號、摘要、金額等數據。同一數據的大量重複不僅造成存儲浪費，還極易導致數據的不一致。手工會計下時有帳證不符、帳表不符的現象產生，這與手工環境下數據的大量重複登記有直接關係。

（二）信息提供不及時

會計報表是會計處理系統的「最終產品」，是企業內部管理部門、債權人及投資者等瞭解企業經營狀況和經營成果的重要資料，也是這些部門進行有關經濟決策的依據。但由於帳務處理的工作量很大，再加上手工處理速度緩慢，往往要延遲相當長的時間才能編製出各種會計報表，嚴重削弱了會計報表所起的作用。

（三）準確性差

在長期的帳務處理實踐中，人們總結出了一套特有效的方法來避免和發現錯誤，如記帳憑證登帳之后，一般在它上面加註「√」以防止重複登帳；明細分類帳和總分類帳採用平行登記的方法，以便相互核對發現明細分類帳或總分類帳中的過帳錯誤和計算錯誤。但無論會計人員的素質如何，在從記帳憑證的編製到報表輸出的每一個環節中，轉抄錯誤和計算錯誤都難以避免。而會計帳目不允許有一分錢的差錯，為此常常因為幾分錢的差錯，多次進行手工匯總和核對，既費時又費力。特別是在期末，為了盡快編報出各種會計報表而又保證帳表相符，有時不得不根據報表來修改總帳。類似做法不能不影響到會計數據的準確性。

（四）工作強度大

為了達到既要算得快又要算得準的目標，在其他條件不變的情況下，只能加大會計人員的勞動強度，這是手工帳務處理的必然結果。

二、IT環境下和手工環境下帳務處理程序的異同

IT環境下和手工環境下帳務處理程序的最終結果都是帳簿和報表，處理過程都

實現了從憑證到帳簿、從帳簿到報表的全過程。但是，IT 環境下和手工環境下的帳務處理程序在很多關鍵環節上有很大的不同，主要表現在以下幾點：

（一）數據處理的起點不同

在手工環境下，會計業務的處理起點為原始憑證；而 IT 環境下，會計業務的處理起點可以是記帳憑證、原始憑證或機制憑證。

（二）數據處理方式不同

在手工環境下，記帳憑證由不同的會計人員按照選定的會計核算組織程序，分別登記到不同的會計帳簿中，完成數據處理。在 IT 環境下，原有的會計核算組織程序失去了意義，企業無須選擇會計核算組織程序，不需要每個會計人員一遍遍地登記帳簿；數據間的運算與歸集由計算機自動完成，記帳變成了計算機自動處理數據的過程，這樣大大減少了會計人員的記帳工作量。

（三）數據存儲方式不同

在手工環境下，會計數據存儲在憑證、日記帳、總分類帳、明細帳等紙張介質中；而在 IT 環境下，會計數據存儲在憑證文件、匯總文件等數據文件中，需要時通過查詢或打印輸出。

（四）對帳的方式不同

在手工環境下，按照複式記帳的原則，總分類帳、日記帳、明細分類帳必須採用平行登記的方法，根據每張記帳憑證和原始憑證登記明細帳，根據記帳憑證或匯總數據以登記總分類帳，然後會計人員定期將總分類帳、日記帳與明細帳中的數據進行核對。當明細帳和總帳的數據不相符時，說明必然有一方或雙方有記帳錯誤。從一定意義上可以說，這是手工環境下的一種行之有效的查錯方法。

在 IT 環境下，由於會計系統採用預先編好的記帳程序自動、準確、高速地完成記帳過程，明細與匯總數據同時產生。只要預先編製好的應用程序正確，計算錯誤完全可以避免，這樣就沒有必要進行總分類帳、日記帳、明細帳的核對。

（五）會計資料的查詢統計方式不同

在手工環境下，會計人員為編製一張急需的數據統計表，或查找急需的會計數據，要付出很多勞動；而在 IT 環境下，由於計算機具有調整數據處理能力，會計人員只需要通過選擇各種查詢功能，就可以最快的速度完成數據的查詢統計。

三、分錄日記帳核算組織程序

手工環境下帳務處理程序存在諸多缺陷，信息技術的廣泛應用為消除手工處理方式所造成的缺陷提供了條件。與手工處理相比，計算機處理不僅在處理速度上有成百上千倍的提高，數據的存儲能力也是手工無法比擬的，而且不會因工作時間過長或疲勞引起計算錯誤和抄寫錯誤。因此，IT 環境下帳務處理程序不能照搬手工環境下的帳務處理程序，而應突破長期的手工處理所形成的定式，設計出更適合計算機、效率更高、處理更合理的會計核算組織程序。就目前而言，分錄日記帳核算組

織程序是比較典型的適用於計算機操作的會計核算組織程序。

（一）分錄日記帳核算組織程序的概念

分錄日記帳核算組織程序是指將所有的經濟業務按所涉及的會計科目，以分錄的形式記入日記帳，再根據日記帳的記錄過入科目匯總文件，並定期編製會計報表的帳務處理程序。

分錄日記帳核算組織程序下分錄日記帳取代記帳憑證，傳統意義上的會計帳簿的功能已弱化，以憑證文件、科目匯總文件取代總分類帳和明細分類帳的功能。

（二）分錄日記帳核算組織程序下的帳務處理程序

分錄日記帳核算組織程序下的帳務處理程序如圖10－7所示。

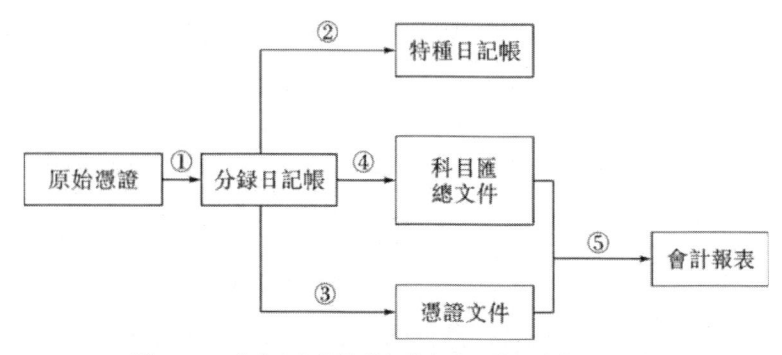

圖10－7　分錄日記帳核算組織程序下的帳務處理程序圖

帳務處理程序說明：

（1）根據經濟業務發生所取得的原始憑證或原始憑證匯總表編製分錄日記帳；

（2）根據分錄日記帳生成庫存現金日記帳和銀行存款日記帳；

（3）根據分錄日記帳生成憑證文件；

（4）根據分錄日記帳生成科目匯總文件；

（5）月末，根據憑證文件、科目匯總文件編製會計報表。

（三）分錄日記帳核算組織程序的特點、適用範圍

1. 分錄日記帳核算組織程序的特點

分錄日記帳核算組織程序的特點是：與手工環境下的會計核算組織程序相比較，其以憑證文件和科目匯總文件替代了傳統會計帳簿，帳簿之間的核對並非必需。

2. 分錄日記帳核算組織程序的適用範圍

這種核算組織程序可以通過一本普通日記帳反應一定期間的全部經濟業務，而且便於採用計算機操作。它只適用於採用計算機操作的會計主體。

複習思考題

一、名詞解釋

1. 會計核算組織程序
2. 記帳憑證核算組織程序
3. 匯總記帳憑證核算組織程序
4. 科目匯總表核算組織程序
5. 分錄日記帳核算組織程序

二、單選題

1. 在下列核算組織程序中，最基本的核算組織程序是（　　）。
   A. 記帳憑證核算組織程序　　　　　B. 匯總記帳憑證核算組織程序
   C. 科目匯總表核算組織程序　　　　D. 分錄日記帳核算組織程序
2. 手工環境下各種會計核算組織程序的主要區別是（　　）。
   A. 填製記帳憑證的依據和方法不同
   B. 登記明細分類帳的依據和方法不同
   C. 登記總帳的依據和方法不同
   D. 編製會計報表的依據和方法不同
3. 匯總收款憑證的設置依據是（　　）。
   A. 收款憑證上的借方科目　　　　　B. 收款憑證上的貸方科目
   C. 付款憑證上的借方科目　　　　　D. 付款憑證上的貸方科目
4. 為便於編製匯總收款憑證，在日常編製收款憑證時，會計分錄的形式最好是（　　）。
   A. 一借一貸、一借多貸　　　　　　B. 一借一貸、一貸多借
   C. 一借多貸、多借多貸　　　　　　D. 一貸多借、多借多貸
5. 匯總轉帳憑證的設置依據是（　　）。
   A. 收款憑證上的貸方科目　　　　　B. 付款憑證上的貸方科目
   C. 轉帳憑證上的貸方科目　　　　　D. 轉帳憑證上的借方科目
6. 在科目匯總表核算組織程序下，登記總分類帳的依據是（　　）。
   A. 原始憑證　　　　　　　　　　　B. 記帳憑證
   C. 匯總記帳憑證　　　　　　　　　D. 科目匯總表
7. 科目匯總表核算組織程序的特點是（　　）。
   A. 定期編製科目匯總表，根據科目匯總表上的匯總數字登記總分類帳
   B. 利用科目匯總表的匯總結果進行帳戶發生額的試算平衡

C. 在試算平衡的基礎上記帳能保證總分類帳登記的正確性
D. 適用性較強
8. 在下列核算組織程序中，適用計算機操作的核算組織程序是（　　）。
   A. 記帳憑證核算組織程序　　　　　B. 匯總記帳憑證核算組織程序
   C. 科目匯總表核算組織程序　　　　D. 分錄日記帳核算組織程序
9. 科目匯總表基本的編製方法是（　　）。
   A. 按照不同會計科目進行歸類定期匯總
   B. 按照相同會計科目進行歸類定期匯總
   C. 按照借方會計科目進行歸類定期匯總
   D. 按照貸方會計科目進行歸類定期匯總
10. 下列會計核算組織程序，可不需要設置總分類帳的是（　　）。
    A. 記帳憑證核算組織程序　　　　　B. 科目匯總表核算組織程序
    C. 匯總記帳憑證核算組織程序　　　D. 分錄日記帳核算組織程序

三、多選題

1. 會計核算組織程序的作用主要表現在（　　）。
   A. 有利於規範會計核算的組織工作
   B. 有利於保證會計核算工作的質量
   C. 有利於提高會計核算的工作效率
   D. 有利於節約會計核算的工作成本
   E. 有利於建立會計崗位責任制
2. 手工環境下常用的會計核算組織程序主要有（　　）。
   A. 記帳憑證核算組織程序　　　　　B. 匯總記帳憑證核算組織程序
   C. 分錄日記帳核算組織程序　　　　D. 科目匯總表核算組織程序
   E. 日記總帳核算組織程序
3. 記帳憑證核算組織程序適用的會計主體是（　　）。
   A. 規模較小　　　　　　　　　　　B. 規模較大
   C. 會計憑證不多　　　　　　　　　D. 經濟業務量不多
   E. 經濟業務量較多
4. 以下關於匯總付款憑證的編製方法，說法正確的是（　　）。
   A. 按付款憑證上會計分錄的借方科目設置匯總付款憑證
   B. 按付款憑證上會計分錄的貸方科目設置匯總付款憑證
   C. 按付款憑證上會計分錄的借方科目定期進行匯總
   D. 按付款憑證上會計分錄的貸方科目定期進行匯總
   E. 匯總時計算出每一個借方科目發生額合計數，填入匯總付款憑證的相應欄次
5. 科目匯總表核算組織程序的優點是（　　）。

A. 編製科目匯總表的工作量比較大
B. 可以利用科目匯總表的匯總結果進行帳戶發生額的試算平衡
C. 在試算平衡的基礎上記帳能保證總分類帳登記的正確性
D. 可以大大減輕登記總帳的工作量
E. 任何規模的會計主體都可以採用

6. 手工環境下帳務處理程序的缺陷有（　　）。
A. 數據大量重複　　　　　　B. 信息提供不及時
C. 數據準確性差　　　　　　D. 工作強度大
E. 工作比較輕松

7. 組成會計核算組織程序的內容包括（　　）。
A. 會計憑證　　　　　　　　B. 會計主體
C. 會計帳簿　　　　　　　　D. 會計報表
E. 會計科目

8. 在不同的會計核算組織程序下，登記明細帳的依據有（　　）。
A. 原始憑證　　　　　　　　B. 原始憑證匯總表
C. 記帳憑證　　　　　　　　D. 匯總記帳憑證
E. 科目匯總表

9. 在手工環境下無論採用何種會計核算組織程序，都應當（　　）。
A. 填製原始憑證　　　　　　B. 填製記帳憑證
C. 設置特種日記帳　　　　　D. 設置總分類帳
E. 編製會計報表

10. 下列會計核算組織程序中，應當填製記帳憑證的是（　　）。
A. 分錄日記帳核算組織程序
B. 記帳憑證核算組織程序
C. 匯總記帳憑證核算組織程序
D. 科目匯總表核算組織程序
E. 日記總帳核算組織程序

四、判斷題

1. 由於記帳憑證核算組織程序是最基本的一種核算組織程序，因此，它適用於所有會計主體。（　　）

2. 匯總記帳憑證核算組織程序的特點是：定期將全部記帳憑證匯總編製成記帳憑證匯總表，然后根據記帳憑證匯總表登記總分類帳。（　　）

3. 編製科目匯總表，可以起到登帳前的試算平衡作用。（　　）

4. 手工環境下各種會計核算組織程序的名稱取自於登記總分類帳的依據。
（　　）

5. 各種會計核算組織程序的主要區別是登記總分類帳的依據和方法不同。
                                                （   ）
6. 根據記帳憑證直接登記帳戶是最為簡單的一種登記方法。   （   ）
7. 採用分錄日記帳核算組織程序，不需要填製記帳憑證，也不需要設置反應庫存現金、銀行存款的特種日記帳。   （   ）
8. 根據科目匯總表和匯總記帳憑證，都可以大大減少登記總帳的工作量，但科目匯總表能夠反應帳戶的對應關係，而匯總記帳憑證則不能反應帳戶的對應關係。
                                                （   ）
9. 科目匯總表只能按月編製，每月填製一次。   （   ）
10. IT 環境下和手工環境下的會計核算組織程序基本相同。 （   ）

五、業務題

練習科目匯總表的編製。

（1）資料：以第五章綜合業務題華聯有限責任公司 2014 年 12 月經濟業務的會計分錄代替記帳憑證。

（2）要求：根據華聯有限責任公司 2014 年 12 月經濟業務的會計分錄，按月匯總，編製 12 月的科目匯總表。

科目匯總表

科匯字第　　號

編製單位：　　　　　2014 年 12 月 1 日～31 日　　　　　單位：元

會計科目	借方	貸方	會計科目	借方	貸方
庫存現金			應付利息		
銀行存款			應付帳款		
應收帳款			應付利潤		
應收票據			主營業務收入		
原材料			主營業務成本		
庫存商品			營業稅金及附加		
預付帳款			銷售費用		
在途物資			管理費用		
固定資產			財務費用		
累計折舊			所得稅費用		
生產成本			本年利潤		
製造費用			利潤分配		

表(續)

會計科目	借方	貸方	會計科目	借方	貸方
短期借款			實收資本		
應付職工薪酬			盈餘公積		
應交稅費			合計		

六、案例分析題

資料：張先生2005年創辦了光華商貿有限責任公司，開始規模較小，註冊資本50萬元，主要從事商品批發與零售業務，記帳一直採用記帳憑證核算組織程序。隨著經濟業務的發展，到2010年公司註冊資本已經擴大到2,000萬元，每年銷售額達3億元，這時會計人員提出公司應該採用匯總記帳憑證核算組織程序。張先生同意了會計人員的建議。2014年公司購置用友ERP軟件採用計算機核算，會計部經理準備採用分錄日記帳核算組織程序記帳，並且書面報告給張先生，但張先生不同意，認為計算機完全能夠按原來的核算組織程序完成記帳，沒有必要變更核算組織程序。請問：

（1）2010年是否應該由記帳憑證核算組織程序變更為匯總記帳憑證核算組織程序？請說明理由。

（2）2014年張先生不同意會計部經理的變更核算組織程序的報告，你如何看待這件事？

第十一章
會計工作組織與管理

本章主要介紹了會計機構的設置、會計人員的配備、會計法律規範、會計職業道德以及會計檔案管理等問題。通過本章的學習，要求熟練掌握企業會計準則體系和會計職業道德規範；掌握會計機構的設置及崗位分工；瞭解我國總會計師制度；瞭解會計人員的任職要求和職責與權限；掌握會計人員專業技術職務的要求；瞭解會計檔案的內容及重要會計檔案的保管期限。本章學習的重點是會計機構的設置、會計機構崗位分工、會計法律規範和會計職業道德。學習的難點是會計機構的設置和會計崗位分工。

第一節　會計工作組織與管理概述

一、會計工作組織的概念及意義

所謂會計工作組織，是指如何安排、協調和管理好企業的會計工作。一個企業要順利開展會計工作，會計機構的設置和會計人員的配備是會計工作系統運行的必要條件，而會計法規是保證會計工作系統正常運行的必要的約束機制，因此，會計工作組織主要研究如何根據會計工作的特點，設置會計機構、配備會計人員、制定會計法規制度等，以保證合理、有效的開展會計工作。科學地組織會計工作對於完成會計職能，實現會計的目標，發揮會計在經濟管理中的作用，具有十分重要的意義，其具體表現在以下四個方面。

（一）為會計工作的開展與有效進行提供前提條件和基本依據與規範

會計工作的開展必須要有會計機構和人員，即使不具備設置會計機構條件的單位，也必須配備專職的會計人員，以保證對單位財務進行反應與監督，對單位開展的經濟活動進行資金支持。會計組織工作的內容有會計政策和制度的設計，政策與制度的基本內容是會計的原則、程序和方法，有了這些才使得會計工作對問題的處理有了基本依據和規範。

（二）有利於保證會計工作的質量，提高會計工作的效率

會計工作是一項複雜、細緻而又嚴密的工作。會計所反應和監督的經濟活動錯

綜複雜，想要對這些錯綜複雜的經濟活動進行合理、正確、全面地反應監督，只有嚴格按照會計工作制度、會計工作程序和會計工作方法，科學、合理的組織會計工作，才能保證會計工作有條不紊地進行，才能不斷提高會計工作的效率和會計工作的質量。

(三) 有利於確保會計工作與其他經濟管理工作協調一致

會計工作是一項綜合性的經濟管理工作，作為企業管理工作的組成部分，它既有其獨立的職能，又與企業其他的管理工作有著相互促進、相互制約的千絲萬縷的聯繫。只有通過合理地組織會計工作，科學的協調各職能部門的管理工作，才能做到與計劃、統計、決策、管理等部門之間口徑一致，相得益彰；才能與國家宏觀的財政、稅務、金融等政策相互協調，使會計工作有效地為國家宏觀調控和管理服務。

(四) 有利於貫徹國家的方針、政策、法令、制度，維護財經紀律，建立良好的社會經濟秩序

會計工作是一項錯綜複雜的系統工作，政策性很強，必須通過核算如實地反應各單位的經濟活動和財務收支，通過監督來貫徹執行國家的有關政策、方針、法令和制度。因此，科學地組織好會計工作，可以促使各單位更好地貫徹實施各項方針政策，維護好財經紀律，為建立良好的社會經濟秩序打下基礎。

二、會計組織工作的內容

會計工作組織的內容，從廣義上說，凡是與組織會計工作有關的一切事務都屬於會計工作組織的內容；從狹義的角度看，會計組織工作的內容主要包括會計機構的設置和會計人員的配備、會計法律規範的制定與執行、會計職業道德的制定與執行以及會計檔案管理等。

(一) 會計機構

會計機構是指直接組織領導和從事會計工作的職能部門。建立健全會計機構，是保證會計工作順利進行的重要條件。

(二) 會計人員

會計人員是指專門從事會計工作的專業技術工作者。任何企業、事業單位都應根據實際需要配備具有一定專業技術水平的會計人員，這是做好會計工作的關鍵。

(三) 會計法律規範

會計法律規範是指會計法律、會計法規、會計制度等的總稱。它是組織和從事會計工作必須遵守的規範。

(四) 會計職業道德

會計職業道德是指在會計職業活動中應遵循的、體現會計職業特徵的、調整會計職業關係的職業行為準則和規範。

(五) 會計檔案管理

會計檔案管理是指每個企業都必須建立一整套制度，保證會計檔案的安全完整。

三、組織會計工作的要求

科學地組織會計工作，能使會計工作同其他經濟管理工作更加協調，也便於更好地共同完成經濟管理任務。因此，科學地組織會計工作，要遵循以下幾項要求。

(一) 統一性要求

組織會計工作必須按我國《會計法》和《企業會計準則》等國家規定的法令制度進行。只有按國家對會計工作的統一要求來組織會計工作，才能使會計提供的信息，既滿足國家宏觀管理的需要，也滿足企業內部管理者、債權人、投資者及其他有關方面的需要。

(二) 適應性要求

會計工作必須適應本單位經營管理的特點，在遵循我國《會計法》和《企業會計準則》等國家規定的法令制度的前提下，結合自身的管理特點，制定出相應的具體辦法，採用不同的帳簿組織、記帳方法和程序處理相應的經濟業務。

(三) 效益性要求

在保證會計工作質量的前提下，應講求經濟效益，節約人力和物力，提高會計工作效率。會計工作十分繁雜，如果組織不好，就會造成重複勞動，浪費人力和物力。所以對會計管理程序的規定，會計憑證、帳簿、報表的設計，會計機構的設置以及會計人員的配備等，都應避免繁瑣，力求精簡。如今，引入了會計電算化，從工藝上改進了會計操作技術，能有效提高工效率。會計機構應防止機構過於龐大、重疊，人浮於事和形式主義，影響會計工作的效率和質量。

(四) 內部控制責任要求

在組織會計工作時，要遵循內部控制原則，在保證貫徹執行全單位責任制的同時，建立和完善如內部會計管理體系、會計人員崗位責任制度、帳務處理程序制度、內部牽制制度、稽核制度、原始記錄管理制度、定額管理制度、計量驗收制度、財產清查制度、財務收支審批制度、成本核算制度、財務會計分析制度等內部牽制機制，對會計工作進行分工。

第二節　會計機構與會計人員

一、會計機構

會計機構是指各單位依據會計工作的需要設置的專門負責辦理單位會計業務事項、進行會計核算、實行會計監督的職能部門。會計機構的主要職能是制定和執行黨和國家的方針政策，制定和執行會計制度，處理日常會計工作。建立健全會計機構，配備與工作要求相適應的、具有一定素質和數量的會計人員，是做好會計工作，充分發揮會計職能作用的重要保證。

（一）會計機構的設置

我國《會計法》規定：「各單位應依據會計業務的需要，設置會計機構，或者在有關機構中設置會計人員並指定會計主管人員；不具備設置條件的，應當委託經批准設立從事會計代理記帳業務的仲介機構代理記帳」。這一規定包括以下三層含義：

1. 根據業務需要設置會計機構

根據業務需要設置會計機構，是指各單位可以根據本單位的會計業務繁簡情況和會計管理工作的需要決定是否設置會計機構。為了科學、合理地組織開展會計工作，保證本單位正常的經濟核算，各單位原則上應當設置會計機構。一個單位是否單獨設置會計機構，主要取決於以下幾個因素：

（1）單位規模大小。一般來說，實行企業化管理的事業單位或集團公司、股份有限公司、有限責任公司等應當單獨設置會計機構，以便及時組織對本單位各項經濟活動和財務收支的核算，實施有效的會計監督。

（2）經濟業務和財務收支的繁簡。具有一定規模的行政、事業單位，以及財務收支數額較大、會計業務較多的社會團體和其他經濟組織，也應單獨設置會計機構，以保證會計工作的效率和會計信息的質量。

（3）經營管理的要求。一個單位在經營管理上的要求越高，對會計信息的需求也會相應增加，對會計信息系統的要求也越高，從而決定了該單位設置會計機構的必要性。

2. 不能單獨設置會計機構的單位，應當在有關機構中設置會計人員並指定會計主管人員

規模很小、經濟業務簡單、業務量相對較少的單位，為了提高經濟效益，可以不單獨設置會計機構，將會計職能並入其他職能部門，並設置會計人員同時指定會計主管人員。這是會計機構的另一種表現形式，是提高工作效率，明確崗位責任的內在要求，同時也是由會計工作專業性、政策性強等特點所決定的。指定會計主管人員的目的是強化責任制度，防止出現會計工作無人管理的局面。

3. 不具備單獨設置會計機構的單位，應當委託經批准設立從事會計代理記帳業務的仲介機構代理記帳

會計機構的名稱沒有統一的規定，各單位根據自己的具體情況確定，如會計（或財務）處、科、股、室等。

（二）會計機構崗位的設置

不同的企業單位，可以根據自身管理的需要、業務的內容以及會計人員配備情況，確定各自的崗位分佈。《會計基礎工作規範》第11條規定，會計工作崗位可以分為：會計機構負責人、出納、財產物資核算、工資核算、成本費用核算、財務成果核算、資金核算、往來結算、總帳報表、稽核及檔案管理等。

1. 會計機構負責人工作崗位

會計機構負責人工作崗位主要負責組織領導本單位的財務會計工作，完成各項工作任務，對本單位的財務會計工作負全面責任；組織學習和貫徹黨的經濟工作的方針、政策、法令和制度，根據本單位的具體情況，制定本單位的各項財務會計制度、辦法，並組織實施；組織編製本單位的財務成本計劃、單位預算，並檢查其執行情況；組織編製財務會計報表和有關報告；負責財會人員的政治思想工作；組織財會人員學習政治理論和業務知識；負責對財會人員的工作考核等。

2. 出納工作崗位

出納工作崗位主要負責辦理現金收付和銀行結算業務；登記現金和銀行存款日記帳；保管庫存現金和各種有價證券；保管好有關印章、空白支票和空白收據。

3. 財產物資核算工作崗位

財產物資核算工作崗位主要負責參與制定有關財產物資管理制度和實施辦法；負責編製固定資產目錄；負責建立並登記固定資產、庫存材料等財產物資明細帳，進行明細分類核算；負責參與協同有關財產物資管理部門進行財產清查；負責審核辦理有關固定資產的購建、調撥、內部轉移、盤盈、盤虧、報廢等會計手續；按規定正確計算提取固定資產折舊等。

4. 工資核算工作崗位

工資核算工作崗位主要負責計算工資和獎金；審核發放工資和獎金；負責工資分配核算，編製工資分配表；計提職工福利費和工會經費。

5. 成本費用核算工作崗位

成本費用核算工作崗位主要負責擬訂成本核算辦法，制訂成本費用計劃，負責成本管理基礎工作，核算產品成本和期間費用，根據本單位管理制度的規定編製成本費用報表並進行分析和考核，協助管理在產品和自製半成品。

6. 財務成果核算工作崗位

財務成果核算工作崗位主要負責編製收入、利潤計劃並組織實施；預測銷售並督促銷售部門完成銷售計劃；組織銷售貨款的回收工作；正確計算並及時繳納有關稅費；負責收入、利潤等的明細核算；編製收入、利潤會計報表並進行分析。

7. 資金核算工作崗位

資金核算工作崗位主要負責資金的籌集、使用和調度；隨時瞭解、掌握資金市場的動態，為業籌集生產經營所需資金並滿足需要，同時應合理安排調度使用資金，本著節約的原則，用好資金，以盡可能低的資金耗費取得盡可能好的效果。

8. 往來結算工作崗位

往來結算工作崗位主要負責購銷業務及應收應付、費用等往來款項，建立必要的結算和管理制度，辦理往來款項的結算業務，負責往來款項的明細核算。

9. 總帳報表工作崗位

總帳報表工作崗位主要負責總帳的登記與核對，並與日記帳和明細帳相核對；

編製會計報表並進行財務狀況和經營成果的綜合分析，寫出綜合分析報告；制定或參與制定財務計劃；參與企業的生產經營決策等。

10. 檔案管理工作崗位

檔案管理工作崗位主要負責制定會計檔案的立卷、歸檔、保管、查閱和銷毀等管理制度，保證會計檔案的妥善保管、有序存放、方便查閱，嚴防毀損、散失和洩密。

11. 稽核工作崗位

稽核工作崗位主要負責企業管理體系及內部控制制度的制定與維護；制定年度稽核計劃書；負責編製稽核報告等。

以上各會計工作崗位，各企業可根據單位具體情況及工作的業務量，可以一人一崗、一人多崗或一崗多人，但出納人員不得兼管稽核、會計檔案保管及收入、費用、債權債務帳目的登記工作。企業在設置會計崗位時，應注意各崗位之間的相互銜接、配合和協調運轉。各單位會計崗位的設置及其職責的規定，可根據單位實際情況，作出適時、必要的調整。

(三) 會計工作的組織形式

會計工作的組織形式是由企業的規模和它所擔負的任務決定的，一般可分為集中核算和非集中核算。

1. 集中核算

集中核算又稱之為一級核算。它是指將企業所有會計工作都集中在會計部門進行核算的一種會計工作組織形式。在這一形式下，企業下屬各職能部門，包括生產部門及職能科室只對本部門成本科室發生的經濟業務編製原始憑證或原始憑證匯總表，定期地遞交會計部門，並據以填製記帳憑證登記總分類帳及所屬的明細分類帳，編製會計報表。這一核算方式便於減少核算的中間環節，提高工作效率。但如果企業職能部門機構龐大，生產複雜，則會計部門工作量就會增加，反而會降低工作效率。

2. 非集中核算

非集中核算也稱分散核算，是指由各部門和車間對所發生的經濟業務自行設置並登記帳簿，進行比較全面的核算。各部門和車間單獨計算盈虧，編製內部會計報表，並定期報送給企業會計部門。非集中核算組織形式可以使各部門和車間利用核算資料經常領導和檢查工作，但採用這種組織形式，不便於會計憑證的整理，會計人員的合理分工受到了一定的限制，核算工作量較大，核算成本較高。

二、會計人員

會計人員是從事會計工作、處理會計業務、完成會計任務的人員。企事業、行政機關等單位都應根據實際需要配備一定數量的會計人員，這是做好會計工作的決定性因素。從事會計工作的人員，必須拿到會計從業資格證書以取得會計從業資格。會計工作人員必須具備的基本條件就是要堅持原則、秉公辦事、具備良好的道德品

質，遵守國家法律、法規，有一定的會計專業知識和技能，身體健康、能夠勝任本職工作的需要等。

(一) 會計人員的主要職責

我國《會計法》第五條規定：「會計機構、會計人員依照本法規定進行會計核算，實行會計監督。」這是對會計機構、會計人員基本職責的規定。

1. 進行會計核算

會計人員要按照企業會計準則的規定，認真進行會計核算工作。要認真填製、審核會計憑證，登記各種帳簿，記錄各種財產、物資的增減變動及使用情況，正確地計算各種收入、支出、成本和費用，正確地計算財務成果；按期核對帳目，進行帳實比較，確實做到帳證相符、帳帳相符、帳實相符和帳表相符，保證會計數字真實、準確、完整；對外對內如實反應經濟活動情況。

2. 實行會計監督

通過會計核算工作，對本單位經濟業務、財務收支的合法性和合理性進行監督。會計監督的主要內容包括：對於不真實、不合法的原始憑證有權不予受理，並向單位負責人報告，請求查明原因，追究有關當事人的責任；對記載不正確、不完整的原始憑證予以退回，並要求經辦人員按照企業會計準則規定進行更正、補充。會計人員如果發現帳簿記錄與實物、款項不符，應當按照有關規定進行處理；無權進行處理的，會計人員應當及時報請單位負責人作出處理。會計人員有權拒絕辦理或糾正違法會計事項。

3. 擬定本單位辦理會計事務的具體辦法

會計人員要根據國家和上級主管部門制定的法規、制度，結合本單位的特點和需要，建立健全適合本單位具體情況的會計制度、經濟業務處理辦法、帳務處理程序等。

4. 編製業務計劃、財務預算，考核分析其執行情況

會計人員應根據會計資料和其他資料，按照國家的法律、政策的規定，認真編製財務計劃、預算並嚴格執行，定期進行檢查，分析計劃、預算的執行情況。

5. 辦理其他會計事項

經濟的發展離不開會計，經濟越發展，會計分工越細，會計事項也越豐富，人們對經濟管理的要求越高。凡是屬於會計事項的，會計人員都應進行處理。

(二) 會計人員的主要權限

為了保障會計人員能切實履行《會計法》賦予自己的職責，《會計法》同樣賦予他們相應的、必要的權限。歸納起來，主要有以下幾點：

1. 審核原始憑證

會計人員按照國家統一的會計制度的規定對原始憑證進行審核時，針對三種情況進行處理：

(1) 如發現不真實、不合法的原始憑證，有權不予受理，並向單位負責人

報告。

（2）如發現弄虛作假、嚴重違法的原始憑證，有權不予受理，同時應當予以扣留，並及時向單位領導人報告，請求查明原因，追究當事人的責任。

（3）如發現記載不準確、不完整的原始憑證，有權予以退回，並要求按照國家統一的會計制度的規定，更正、補充。

2. 處理帳實不符

會計人員如發現會計帳簿記錄與實物、款項及有關資料不相符的，按照國家統一的會計制度的規定有權自行處理的，應當及時處理；無權處理的，應當立即向單位負責人報告，請求查明原因，做出處理。

3. 處理違法收支

會計人員對違法的收支，有權不予辦理，並予以制止和糾正；制止和糾正無效的，有權向單位領導提出書面意見，要求處理。對嚴重違法損害國家和社會公眾利益的收支，會計人員有權向主管單位或者財政、審計、稅務機關報告。

4. 處理造假行為

會計人員對偽造、變造、故意毀滅會計帳簿或帳外設帳的行為，對指使、強令編造、篡改財務報告的行為，有權予以制止和糾正；制止和糾正無效的，有權向上級主管單位報告，請求做出處理。

5. 監督財務收支、資金使用等

會計人員有權監督、檢查本單位有關部門的財務收支、資金使用和財產保管、收入、計量、檢驗等情況。

（三）總會計師制度

總會計師是主管本單位財務會計工作的行政領導。總會計師協助單位行政領導人工作，直接對單位主要行政領導人負責。

1. 總會計師的設置

根據我國《會計法》的規定，國有的和國有資產占控股地位或者主導地位的大、中型企業必須設置總會計師。其他單位可以根據業務需要，自行決定是否設置總會計師。凡是設置總會計師的單位，不再設置與總會計師職責重疊的行政副職。

2. 總會計師的任職條件

根據《總會計師條例》的規定，擔任總會計師，應當具備以下條件：

（1）堅持社會主義方向，積極為社會主義建設和改革開放服務；

（2）堅持原則，廉潔奉公；

（3）取得會計師任職資格后，主管一個單位或者單位內一個重要方面的財務會計工作時間不少於三年；

（4）有較高的理論政策水平，熟悉國家財經法律、法規、方針、政策和制度，掌握現代化管理的有關知識；

（5）具備本行業的基本業務知識，熟悉行業情況，有較強的組織領導能力；

(6) 身體健康，能勝任本職工作。

3. 總會計師的職責

總會計師的職責主要有兩個：一是協助單位主要行政領導人對企業的生產經營、行政事業單位的業務發展以及基本建設投資等問題作出決策；二是參與新產品開發、技術改造、科技研究、商品（勞務）價格和工資獎金等方案的制訂；參與重大經濟合同和經濟協議的研究、審查。

4. 總會計師的權限

為保證總會計師履行自己的職責，有關法規賦予總會計師以下權限：

（1）對違反國家財經法律、法規、方針、政策、制度和有可能在經濟上造成損失、浪費的行為，有權制止或者糾正。制止或者糾正無效時，提請單位行政領導人處理。

（2）有權組織本單位各職能部門、直屬基層組織的經濟核算、財務會計和成本管理方面的工作。

（3）主管審批財務收支工作。除一般的財務收支可以由總會計師授權的財會機構負責人或者其他指定人員審批外，重大的財務收支，須經總會計師審批或者由總會計師報單位主要行政領導人批准。

（4）預算、財務收支計劃、成本和費用計劃、信貸計劃、財務專題報告、會計決算報表，須經總會計師簽署。涉及財務收支的重大業務計劃、經濟合同、經濟協議等，在單位內部須經總會計師會簽。

（5）會計人員的任用、晉升、調動、獎懲，應當事先徵求總會計師的意見。財會機構負責人或者會計主管人員的人選，應當由總會計師進行業務考核，依照有關規定審批。

（四）會計主管人員或會計機構負責人

《會計法》第三十八條對會計機構負責人（會計主管人員）的從業資格作了明確規定：「擔任單位會計機構負責人（會計主管人員）的，除取得會計從業人員資格證書外，還應當具備會計師以上專業技術職務資格或者擁有從事會計工作三年以上經歷。」具體說，其任職資格和條件包括：

（1）政治素質。會計機構負責人應遵紀守法、堅持原則、廉潔奉公，具備良好的職業道德。

（2）專業技術資格條件。擔任單位會計機構負責人的，除取得會計從業資格證書外，還應當具備會計師以上專業技術職務資格或從事會計工作3年以上經歷。

（3）政策業務水平。會計機構負責人要熟悉國家財經法律、法規、規章制度，掌握財務會計理論及本行業業務的管理知識。

（4）組織能力。作為會計機構的負責人，不僅要求自己是會計工作的行家里手，重要的是要領導和組織好本單位的會計工作，因此要求其必須備一定的領導才能和組織能力，包括協調能力、綜合分析能力等。

(五) 會計人員專業技術職務

會計人員專業技術職務反應了會計人員應該具備的專業知識水平、業務能力和可以勝任的工作崗位等。會計人員專業技術職務按從低到高排列，分為會計員、助理會計師、會計師、高級會計師。各類會計專業人員的任職條件為：

1. 會計員

作為一名會計員，應能初步掌握財務會計知識和技能；熟悉並正確執行有關會計法規和財務會計制度，能擔負一個崗位的財務會計工作。會計員應大學本科或中等專科學校畢業，在財務會計工作崗位上見習1年期滿，並通過會計員專業技術職務資格考試。

2. 助理會計師

作為一名助理會計師，應能掌握一般的財務會計的基礎理論和專業知識；熟悉並能正確執行有關的財經方針、政策和財務會計法規、制度；能擔負一個方面或某個重要崗位的財務會計工作；取得碩士學位，或取得第二學士學位或研究生班結業證書，具備履行助理會計師職責的能力。助理會計師應大學本科畢業，在財務會計工作崗位上見習1年期滿；大學專科畢業並擔任會計員職務2年以上；或中等專業學校畢業並擔任會計員職務4年以上，並通過助理會計師專業技術職務資格考試。

3. 會計師

作為一名會計師，應能系統地掌握財務會計的基礎理論和專業知識；掌握並能貫徹執行有關的財經方針、政策和財務會計法規、制度；具有一定的財務會計工作經驗；能負擔一個單位或管理一個地區、一個部門、一個系統某個方面的財會計工作；掌握一門外語；取得博士學位並具備履行會計師職責的能力；取得碩士學位並擔任助理會計師職務2年左右；或取得第二學士學位或研究生班結業證書並擔任助理會計師職務2～3年，或者大學本科或專科畢業並擔任助理會計師職務4年以上，並通過會計師專業技術職務資格考試。

4. 高級會計師

作為一名高級會計師，應能較系統地掌握經濟、財務會計理論和專業知識；具有較高的政策水平和豐富的財務會計工作經驗，能擔負一個地區、一個部門和一個系統的財務會計管理工作；較熟練地掌握一門外語；取得博士學位並擔任會計師職務2～3年，或者取得碩士學位、第二學士學位或研究生班結業證書，或者大學本科畢業並擔任會計師職務5年以上，並通過高級會計師專業技術職務資格考試。

第三節　會計法律規範

會計法律規範是指組織和從事會計工作必須遵循的行為規範，是會計法律、法令、條件、規則、章程、制度等規範性文件的總稱。為了使會計工作有組織、有秩

序地進行，為了實現為決策者提供有用的信息和幫助管理者報告其受託責任的會計目標，必須規定會計工作應當做什麼，不應當做什麼；應當怎麼做，不應當怎麼做。會計法律法規的制定和實施是實現會計核算標準化的必然要求。

我國現行的會計法律規範體系是由會計法律、會計行政法規、會計部門規章、地方政府和行業主管部門的會計規章四個部分組成。

一、會計法律

會計法律，是指由全國人民代表大會及其常務委員會經過一定立法程序制定的、調整我國經濟生活中會計行為關係的法律規範的總稱。目前，現行的《會計法》是我國唯一的一部會計法律。我國《會計法》於1985年1月21日第六屆全國人民代表大會常務委員會第九次會議通過，1985年5月1日起施行；1993年12月29日，第八屆全國人民代表大會常務委員會第五次會議通過了《關於修改〈中華人民共和國會計法〉的決定》；修訂後的《會計法》於1999年10月31日第九屆全國人民代表大會常務委員會第十二次會議通過，2000年7月1日起施行。

《會計法》主要規定了會計工作的基本目的、會計管理權限、會計責任主體、會計核算和會計監督的基本要求、會計人員和會計機構的職責權限，並對會計法律責任作出詳細的規定。《會計法》是會計法律規範體系中層次最高、最具有法律效力的法律規範，是會計工作的根本大法，是制定其他會計法律法規、會計規章制度的依據，也是指導我國會計工作的最高準則，其他任何會計法律法規都不得與之相違背。

二、會計行政法規

會計行政法規是指由國務院制定並發布，或者國務院有關部門擬訂並經國務院批准發布，調整經濟生活中某些方面會計關係的法律規範。它是根據《會計法》制定的，內容上多數是對會計法律的具體化或某個方面的補充。我國會計行政法規是由國務院制定並頒布的，其法律效力僅次於會計法律。在我國現行的屬於會計行政法規的有兩個：一是國務院於1990年12月31日發布的《總會計師條例》，該條例主要對總會計師的職責、權限、任免與獎懲等做出了明確規定；二是於2000年6月21日發布的《企業財務會計報告條例》，該條例主要規定了企業財務會計報告的構成、編製和對外提供的要求、法律責任等，它是對《會計法》中有關財務會計報告的規定的細化。

三、會計部門規章

會計部門規章，是指由國務院主管全國會計工作的行政部門——財政部，對會計工作制定的規範性文件。會計部門規章是由負責全國會計、審計、財務等工作的主管部門——財政部制定的，其法律效力處於第三層次。

屬於會計部門規章的主要有《企業會計準則》《企業會計制度》《金融企業會計制度》《小企業會計制度（準則）》（《小企業會計制度》將於 2013 年 1 月 1 日失效，開始施行《小企業會計準則》）、《民間非營利組織會計制度》《會計基礎工作規範》《內部會計控制規範》《會計檔案管理辦法》《會計從業資格管理辦法》等。由於該層次涉及的內容最多，法規數量所占比例最大，不可能在此一一詳細闡述，但基於《企業會計準則》是這個層次中最為重要的規章制度，它直接指導我國會計主體進行會計核算工作，因此，有必要對會計準則進行簡單介紹。

會計準則是會計核算的規範，也是對經濟業務的會計處理方法和程序所做的規定。我國現行的《企業會計準則》是由我國財政部經國務院批准，於 2006 年 2 月發布，自 2007 年 1 月 1 日起施行。會計準則是會計法律法規體系的重要組成部分，它包括基本準則、具體準則、會計準則應用指南三個層次。

（一）基本準則

基本會計準則，是進行會計核算工作必須共同遵循的基本規範。我國現行的《企業會計準則》共十一章五十條，主要就會計目標、會計核算的基本假設、會計信息質量要求、會計要素的確認條件和計量屬性、財務會計報告的內容體系作了規定。

（二）具體準則

具體會計準則，是以基本會計準則為依據，規定會計各要素確認、計量的基本原則和對會計處理及其程序所作出的基本規定。具體會計準則分為三大類：

（1）各行業共同經濟業務的準則，包括存貨、長期股權投資、固定資產、無形資產、非貨幣性資產交換、資產減值、職工薪酬、股份支付、債務重組、或有事項、收入、政府補助、借款費用、所得稅、外幣折算等。

（2）有關特殊經濟業務的準則，包括投資性房地產、生物資產、企業年金基金、建造合同、企業合併、租賃、金融工具確認和計量、金融資產轉移、套期保值、原保險合同、再保險合同、石油天然氣開採、會計政策、會計估計變更和差錯更正等。

（3）有關財務報表的準則，包括資產負債表日後事項、財務報表列報、現金流量表、中期財務報告、合併財務報表、每股收益、分部報告、關聯方披露、金融工具列報、首次執行企業會計準則等。

（三）會計準則應用指南

會計準則應用指南，是對具體會計準則的基本規定所做出的具體解釋和對會計的如何確認與計量、記錄和財務報表的編製作了具體規定。它是企業會計準則的補充，是對具體準則的操作指引。2006 年頒布的《企業會計準則——應用指南》，包括 22 項具體會計準則的應用指南、會計科目和主要帳務處理等內容。

四、地方政府和行業主管部門的會計規章

地方政府和行業主管部門的會計規章屬於我國會計法規體系的最后一個層次，

是各省、自治區、直轄市的人民代表大會及其常務委員會或行業主管部門在與會計法律、會計行政法規不相抵觸的前提下制定的地方性或行業性會計法規。該法規只在本轄區內或本行業內指導會計工作，但也是我國會計法規體系的重要組成部分。例如《廈門市會計人員條例》就屬於這個層次的法規，它是在2009年9月30日廈門市第十三屆人民代表大會常務委員會第十八次會議上通過的，於2009年11月26日福建省第十一屆人民代表大會常務委員會第十二次會議批准，並於2010年3月1日正式實施。該條例明確指出適用於廈門市行政區域內的國家機關、社會團體、企業、事業單位和其他組織從事會計工作的人員，從立法層面解決了廈門市會計人員管理過程中存在的問題，力圖達到規範會計人員行為和保護會計人員的合法權益。

第四節　會計職業道德

會計職業道德是指會計人員從事會計職業工作時所應遵循的基本道德規範。它是調整會計人員與國家、會計人員與不同利益和會計人員相互之間的社會關係及社會道德規範的總和，是基本道德規範在會計工作中的具體體現。它既是會計工作要遵守的行為規範和行為準則，也是衡量一個會計工作者工作好壞的標準。會計職業道德主要包括以下八個方面的內容：

一、愛崗敬業

愛崗敬業是指忠於職守的事業精神，這是會計職業道德的基礎。愛崗就是會計人員應該熱愛自己的本職工作，安心於本職崗位；敬業就是會計人員應該充分認識本職工作在社會經濟活動中的地位和作用，認識本職工作的社會意義和道德價值，具有會計職業的榮譽感和自豪感，在職業活動中具有高度的勞動熱情和創造性，以強烈的事業心、責任感，從事會計工作。愛崗敬業要求會計人員熱愛會計工作，安心本職崗位，忠於職守，盡心盡力，盡職盡責。

二、誠實守信

誠實守信是指言行和內心思想一致。誠實就是不弄虛作假，不欺上瞞下，做老實人，說老實話，辦老實事；守信就是遵守自己所作出的承諾，講信用、重信用，信守諾言，保守秘密。

三、廉潔自律

廉潔自律是中華民族的一種傳統美德，也是會計職業道德的重要內容。廉潔就是不貪污錢財，不收受賄賂，保持清白；自律是指自律主體按照一定的標準，自己約束自己、自己控制自己的言行和思想的過程。廉潔自律要求會計人員公私分明、

不貪不占、遵紀守法、清正廉潔。

四、客觀公正

對於會計職業活動而言，客觀主要包括兩層含義：一是真實性，即以實際發生的經濟活動為依據，對會計事項進行確認、計量、記錄和報告；二是可靠性，即會計核算要準確，記錄要可靠，憑證要合法。公正就是要求各企、事業單位管理層和會計人員不僅應當具備誠實的品質，而且應公正地開展會計核算和會計監督工作，即在履行會計職能時，摒棄單位、個人私利，公平公正，不偏不倚地對待相關利益各方。客觀公正要求會計人員端正態度，依法辦事，實事求是，不偏不倚，保持應有的獨立性。

五、堅持準則

堅持準則是指會計人員在處理業務過程中，要嚴格按照會計法律制度辦事，不為主觀或他人意志左右。這裡所說的「準則」不僅指會計準則，而且包括會計法律、法規、國家統一的會計制度以及與會計工作相關的法律制度。堅持準則要求會計人員熟悉國家法律、法規和國家統一的會計制度，始終堅持按法律、法規和國家統一的會計制度的要求進行會計核算，實施會計監督。

六、提高技能

會計工作是專業性和技術性很強的工作，只有具有一定的專業知識和技能，才能勝任會計工作。提高技能就是指會計人員通過學習、培訓和實踐等途徑，持續提高職業技能，以達到和維持足夠的專業勝任能力的活動。提高技能要求會計人員增強提高專業技能的自覺性和緊迫感，勤學苦練，刻苦鑽研，不斷進取，提高業務水平。

七、參與管理

參與管理簡單地講就是參加管理活動，為管理者當參謀，為管理活動服務。參與管理要求會計人員在做好本職工作的同時，努力鑽研相關業務，全面熟悉本單位經營活動和業務流程，主動提出合理化建議，協助領導決策，積極參與管理。

八、強化服務

強化服務就是要求會計人員具有文明的服務態度、強烈的服務意識和優良的服務質量。強化服務要求會計人員樹立服務意識，提高服務質量，努力維護和提升會計職業的良好社會形象。

第五節　會計檔案管理

一、會計檔案的概念及內容

（一）會計檔案的概念

會計檔案是指單位在進行會計核算等過程中接收或形成的，記錄和反應單位經濟業務事項的，具有保存價值的文字、圖表等各種形式的會計資料，包括通過計算機等電子設備形成、傳輸和存儲的電子會計檔案。會計檔案是國家經濟檔案的重要組成部分，是各單位的重要檔案之一。它是各單位會計事項的歷史記錄，是總結經驗、進行決策所需要的主要資料，也是進行會計財務檢查、審計檢查的重要資料。因此各單位的會計部門必須對會計檔案高度重視，嚴格保管。大中型單位應當建立會計檔案室，小型單位應有會計檔案櫃並指定專人負責保管。各單位對會計檔案應建立嚴密保管制度；妥善管理，不得丟失、損壞、抽換或者任意銷毀。

（二）會計檔案的內容

根據我國《會計檔案管理辦法》第五條的規定，會計檔案具體包括：

（1）會計憑證類。會計憑證類包括原始憑證、記帳憑證。

（2）會計帳簿類。會計帳簿類包括總帳、明細帳、日記帳、固定資產卡片及其他輔助性帳簿。

（3）財務報告類。財務報告類包括月度、季度、半年度、年度財務報告。

（4）其他類。其他類包括銀行存款餘額調節表、銀行對帳單、納稅申報表、會計檔案移交清冊、會計檔案保管清冊、會計檔案銷毀清冊、會計檔案鑒定意見書及其他具有保存價值的會計資料。

二、會計檔案的管理

為了加強我國會計檔案的科學管理，統一全國會計檔案工作制度，國家財政部、國家檔案局於2015年12月11日修訂發布了《會計檔案管理辦法》，統一規定了會計檔案的立卷、歸檔、保管、調閱、移交和銷毀等具體內容。

（一）會計檔案的立卷與歸檔

每年年度終了，各單位會計機構應按照歸檔要求，對當年的憑證、帳簿、財務報表等進行整理立卷，裝訂成冊，編製會計檔案保管清冊。

當年形成的會計檔案，在會計年度終了后，可暫由會計機構保管一年，期滿之後，由會計機構編製移交清冊，移交本單位檔案機構統一保管；未設立檔案機構的，應由會計機構內部指定專人保管。因工作需要確需推遲移交的，應當經單位檔案管理機構同意。單位會計管理機構臨時保管會計檔案最長不超過三年。臨時保管期間，會計檔案的保管應當符合國家檔案管理的有關規定，且出納人員不得兼管會計檔案。

移交本單位檔案機構保管的會計檔案，原則上應當保持原卷冊的封裝。個別需要拆封新整理的，檔案機構應當會同會計機構和經辦人員共同拆封整理，以分清責任。

（二）會計電子檔案

單位可以利用計算機、網路通信等信息技術手段管理會計檔案。同時滿足下列條件的，單位內部形成的屬於歸檔範圍的電子會計資料可僅以電子形式保存，形成電子會計檔案：

（1）形成的電子會計資料來源真實有效，由計算機等電子設備形成和傳輸；

（2）使用的會計核算系統能夠準確、完整、有效接收和讀取電子會計資料，能夠輸出符合國家標準歸檔格式的會計憑證、會計帳簿、財務會計報表等會計資料，設定了經辦、審核、審批等必要的審簽程序；

（3）使用的電子檔案管理系統能夠有效接收、管理、利用電子會計檔案，符合電子檔案的長期保管要求，並建立了電子會計檔案與相關聯的其他紙質會計檔案的檢索關係；

（4）採取有效措施，防止電子會計檔案被篡改；

（5）建立電子會計檔案備份制度，能夠有效防範自然災害、意外事故和人為破壞的影響；

（6）形成的電子會計資料不屬於具有永久保存價值或者其他重要保存價值的會計檔案；

（7）單位從外部接收的電子會計資料附有符合《中華人民共和國電子簽名法》規定的電子簽名的。

（三）會計檔案的保管

會計檔案應分類保存，並建立相應的分類目錄或卡片，隨時進行登記。會計檔案的保存期限，按《會計檔案管理辦法》分為永久保存和定期保存兩種。定期保管期限一般分為10年和30年。會計檔案的保管期限，從會計年度終了後的第一天算起。企業各種會計檔案具體保管期限如表11-1所示。

表11-1　　　　　　　　　企業會計檔案保管期限表

序號	檔案名稱	保管期限	備註
一	會計憑證		
1	原始憑證	30年	
2	記帳憑證	30年	
二	會計帳簿		
3	總帳	30年	
4	明細帳	30年	
5	日記帳	30年	

表11-1(續)

序號	檔案名稱	保管期限	備註
6	固定資產卡片		固定資產報廢清理后保管5年
7	其他輔助性帳簿	30年	
三	財務會計報告		
8	月度、季度、半年度財務會計報告	10年	
9	年度財務會計報告	永久	
四	其他會計資料		
10	銀行存款余額調節表	10年	
11	銀行對帳單	10年	
12	納稅申報表	10年	
13	會計檔案移交清冊	30年	
14	會計檔案保管清冊	永久	
15	會計檔案銷毀清冊	永久	
16	會計檔案鑒定意見書	永久	

(四) 會計檔案的調閱

各單位應妥善保管會計檔案，做到有序存放、方便查閱，嚴防毀損、散失和洩密。在進行會計檔案查閱、複製、借出時履行登記手續，嚴禁篡改和損壞。

單位保存的會計檔案一般不得對外借出。確因工作需要且根據國家有關規定必須借出的，應當嚴格按照規定辦理相關手續。

會計檔案借用單位應當妥善保管和利用借入的會計檔案，確保借入會計檔案的安全完整，並在規定時間內歸還。

(五) 會計檔案的移交

單位財務會計部門保管的會計檔案在保管期滿后應當移交本單位檔案部門保管。移交會計檔案的單位，應當編製會計檔案移交清冊，列明應當移交的會計檔案名稱、卷號、冊數、起止年度和檔案編號、應保管期限、已保管期限等內容。交接時，交接雙方應當按照會計檔案移交清冊所列的內容逐項交接，並且由交接雙方的負責人負責監交。交接完畢后，交接雙方的負責人應當在會計檔案移交清冊上簽名或蓋章。

紙質會計檔案移交時應當保持原卷的封裝。電子會計檔案移交時應當將電子會計檔案及其元數據一併移交，且文件格式應當符合國家檔案管理的有關規定。特殊格式的電子會計檔案應當與其讀取平臺一併移交。單位檔案管理機構接收電子會計檔案時，應當對電子會計檔案的準確性、完整性、可用性、安全性進行檢測，符合要求的才能接收。

(六) 會計檔案的銷毀

各種會計檔案保存期滿需要銷毀時，應當由單位檔案管理機構牽頭，組織單位

會計、審計、紀檢監察等機構或人員共同進行鑒定,並形成會計檔案鑒定意見書。經鑒定,仍需繼續保存的會計檔案,應當重新劃定保管期限;對保管期滿、確無保存價值的會計檔案,應該按照以下程序進行銷毀:

(1) 單位檔案管理機構編製會計檔案銷毀清冊,列明擬銷毀會計檔案的名稱、卷號、冊數、起止年度、檔案編號、應保管期限、已保管期限和銷毀時間等內容。

(2) 單位負責人、檔案管理機構負責人、會計管理機構負責人、檔案管理機構經辦人、會計管理機構經辦人在會計檔案銷毀清冊上簽署意見。

(3) 單位檔案管理機構負責組織會計檔案銷毀工作,並與會計管理機構共同派員監銷。監銷人在會計檔案銷毀前,應當按照會計檔案銷毀清冊所列內容進行清點核對;在會計檔案銷毀后,應當在會計檔案銷毀清冊上簽名或蓋章。

(4) 電子會計檔案的銷毀還應當符合國家有關電子檔案的規定,並由單位檔案管理機構、會計管理機構和信息系統管理機構共同派員監銷。

(5) 保管期滿但未結清的債權債務會計憑證和涉及其他未了事項的會計憑證不得銷毀,紙質會計檔案應當單獨抽出立卷,電子會計檔案單獨轉存,保管到未了事項完結時為止。單獨抽出立卷或轉存的會計檔案,應當在會計檔案鑒定意見書、會計檔案銷毀清冊和會計檔案保管清冊中列明。

單位因撤銷、解散、破產或其他原因而終止的,在終止或辦理註銷登記手續之前形成的會計檔案,按照國家檔案管理的有關規定處置。

複習思考題

一、名詞解釋

1. 會計工作組織
2. 會計法律規範
3. 會計職業道德
4. 會計檔案
5. 集中核算

二、單選題

1. 《中華人民共和國會計法》明確規定由(　　)管理全國的會計工作。
  A. 國務院　　　　　　　　　B. 財政部
  C. 全國人大　　　　　　　　D. 註冊會計師協會

2. 下列各項中,體現集中核算特點的是(　　)。
  A. 各職能部門的會計工作主要集中在會計部門進行
  B. 單位的部分會計工作主要集中在會計部門進行
  C. 各生產經營部門的會計工作主要集中在會計部門進行
  D. 整個單位的會計工作主要集中在會計部門進行

3. 我國《會計法》規定,國有的和國有資產占控股地位或主導地位的大中型企業必須設置(　　)。

　　A. 總經濟師　　　B. 總會計師　　　C. 財務總監　　　D. 審計人員

4. 在我國會計規範體系中,居於最高層次的規範是(　　)。

　　A.《會計法》　　　　　　　　　B.《企業會計準則》
　　C.《企業會計制度》　　　　　　D.《會計基礎工作規範》

5. 企業年度會計報表的保管期限為(　　)。

　　A. 5 年　　　　B. 15 年　　　　C. 25 年　　　　D. 永久

6. 下列說法中,正確的是(　　)。

　　A. 出納人員應負責會計檔案的保管
　　B. 出納人員應兼管現金總帳的登記
　　C. 出納人員不得兼管總帳的登記
　　D. 出納人員應負責債權債務帳目的總分類核算

7. 某公司為獲得一項工程合同,擬向工程發包方的有關人員支付好處費8萬元,公司市場部持公司的批示到財務部領取該筆款項。財務部經理謝某認為該項支出不符合有關規定,但考慮到公司主要領導已做了批示,遂同意撥付了款項。下列對謝某做法的認定中正確的是(　　)。

　　A. 謝某違反了愛崗敬業的會計職業道德要求
　　B. 謝某違反了堅持準則的會計職業道德要求
　　C. 謝某違反了參與管理的會計職業道德要求
　　D. 謝某違反了廉潔自律的會計職業道德要求

8. 在財務會計機構內部按照會計工作的內容和會計人員的配備情況進行合理的分工,就是(　　)。

　　A. 會計機構的設置　　　　　　B. 會計機構崗位的設置
　　C. 會計工作的組織形式　　　　D. 內部會計管理制度

9. 會計機構負責人或會計主管人員,是一個單位內具體負責會計工作的(　　)。

　　A. 基層領導人員　　　　　　　B. 高層領導人員
　　C. 中層領導人員　　　　　　　D. 行政領導成員

10. 會計人員的職責中不包括(　　)。

　　A. 進行會計核算　　　　　　　B. 實行會計監督
　　C. 編製預算　　　　　　　　　D. 決定經營方針

三、多選題

1. 會計工作的組織,主要包括(　　)。

　　A. 會計機構的設置　　　　　　B. 會計人員的配備

C. 會計法律規範的制定與執行　　D. 會計檔案的保管
E. 會計職業道德的制定與執行
2. 下列必須由具備會計從業資格的人員從事的工作崗位有（　　）。
   A. 出納　　　　　　　　　　B. 稽核
   C. 會計主管　　　　　　　　D. 財產物資的收發
   E. 財產物資的採購
3. 根據規定，會計工作崗位可以（　　）。
   A. 一人一崗　　　　　　　　B. 一人多崗
   C. 一崗多人　　　　　　　　D. 隨便設
   E. 上述都正確
4. 下列各項中屬於會計崗位的有（　　）。
   A. 出納崗位　　　　　　　　B. 商場收銀員崗位
   C. 內部審計崗位　　　　　　D. 稽核崗位
   E. 工資核算崗位
5. 會計工作的組織形式包括（　　）。
   A. 科目匯總表核算形式　　　B. 集中核算形式
   C. 匯總記帳憑證核算形式　　D. 非集中核算形式
   E. 記帳憑證核算形式
6. 我國會計專業技術職務分別規定為（　　）。
   A. 高級會計師　　　　　　　B. 會計師
   C. 註冊會計師　　　　　　　D. 助理會計師
   E. 會計員
7. 我國《會計法》規定的會計人員主要職責有（　　）。
   A. 進行會計核算
   B. 實行會計監督
   C. 擬定本單位辦理會計事務的具體方法
   D. 編製業務計劃、財務預算，考核分析其執行情況
   E. 辦理其他會計事項
8. 會計檔案的定期保管期限有（　　）。
   A. 3 年　　　　B. 5 年　　　　C. 10 年　　　　D. 15 年
   E. 30 年
9. 我國現行的會計法律規範體系由（　　）等四個層次構成。
   A. 會計法律　　　　　　　　B. 會計行政法規
   C. 會計原則　　　　　　　　D. 會計部門規章
   E. 地方政府和行業主管部門的會計規章
10. 我國會計職業道德包括（　　）。

A. 愛崗敬業、誠實守信　　　B. 廉潔自律、客觀公正
C. 認真核算、及時報送　　　D. 參與管理、強化服務
E. 堅持準則、提高技能

四、判斷題

1. 所有企事業單位，無論規模大小，經濟業務繁簡，都必須設置獨立的會計機構進行會計核算。（　　）
2. 在實際工作中，企業可以對某些業務採用集中核算，而對另外一些業務採用非集中核算。（　　）
3. 企業會計工作的組織形式是統一領導，分級管理。（　　）
4. 企業單位採用非集中核算，財會部門掌握的資料比較完整、詳細。（　　）
5. 《中華人民共和國會計法》明確規定，國務院直接管理全國的會計工作。（　　）
6. 我國《企業會計準則》制定的法律依據是《中華人民共和國會計法》。（　　）
7. 《中華人民共和國會計法》規定，應對本單位的會計工作和會計資料的真實性、完整性負責的是註冊會計師。（　　）
8. 各單位每年形成的會計檔案，應當由會計機構負責整理立卷，裝訂成冊，並編製會計檔案保管清冊。（　　）
9. 會計檔案保管期限屆滿后，會計人員便可銷毀會計檔案。（　　）
10. 會計檔案一律永久保存，不得私自銷毀。（　　）

五、案例分析題

資料：李先生拿出自己的積蓄20,000元在某大學校園食堂內申請辦了一個小吃窗口，其中用12,000元支付一年的房租，4,000元購置廚房用具和板凳桌椅，4,000元用於採購小吃原料。工作人員只有李先生夫妻兩個。該小吃店每天營業額約600元。

經批准，張先生也在該大學租用3,000平方米的鋪面開設了一家海華超市連鎖店鋪，每年向學校支付租金50萬元，商品品種規格多達7,000多種，均由海華超市統一配送。超市派了一名經理和兩名副經理，還雇用了25名售貨員和4名收銀員。每天營業額約5萬元。

請問：
(1) 你認為這兩家商戶需要會計嗎？為什麼？
(2) 你認為這兩家商戶哪一家需要設置專門的會計人員？為什麼？

第十二章
課程實驗指導

本章以廈門網中網軟件有限公司開發的「基礎會計實訓教學平臺」為案例，詳細介紹會計學原理課程的實驗內容和方法。通過本章的實訓，要求學生全面掌握原始憑證的填製與審核、記帳憑證的編製與審核、帳簿的登記、成本的計算、財產的清查、會計報表的編製等會計核算程序。其目的是實現理論教學與實踐教學相結合、課堂教學與網路教學相結合，提高學生實踐操作能力、更好地理解和掌握會計基本操作技能，適應並熟悉會計實務工作內容，增強對會計業務工作的感性認識。

一、會計學原理實訓流程

目前，我國會計教育的最大弊端在於教學活動側重於課堂內，教學過程以教師講授為主，學生實踐教學環節發展滯後，重數量不重質量，有限的教學資源與實踐環節的矛盾日益突出。國家在《國家中長期人才發展規劃綱要（2010—2020年)》《國家中長期教育改革和發展綱要（2010—2020年)》和《關於實施高等學校本科教學質量與教學改革工程的意見（教高〔2007〕1號)》中要求「大力加強實驗、實踐教學改革」「推進高校實驗教學內容、方法、手段、隊伍、管理及實驗教學模式的改革與創新」。作為課程建設和改革核心的實踐性教學是培養會計專業人才的重要教學環節，它與理論教學並重。會計學原理課程是經濟管理類專業學生的專業基礎課程，具有較強的操作性，按集美大學會計學專業教學大綱安排，本課程的課堂講授配套安排了16學時的實際操作訓練，以便學生理解和掌握會計循環過程的各種技能。

下面以廈門網中網軟件有限公司的「基礎會計實訓教學平臺」為藍本，介紹本課程的實驗過程和實訓內容。

1. 課程實訓帳號組織流程

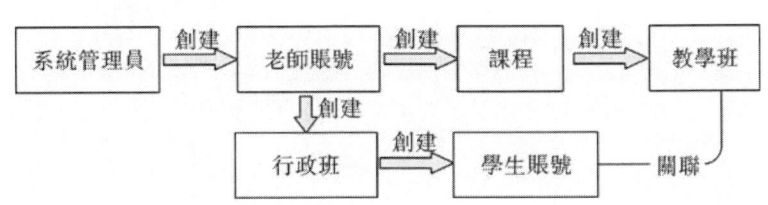

系統管理員 →創建→ 老師賬號 →創建→ 課程 →創建→ 教學班

老師賬號 →創建→ 行政班 →創建→ 學生賬號 →關聯→ 教學班

2. 登錄實訓教學平臺

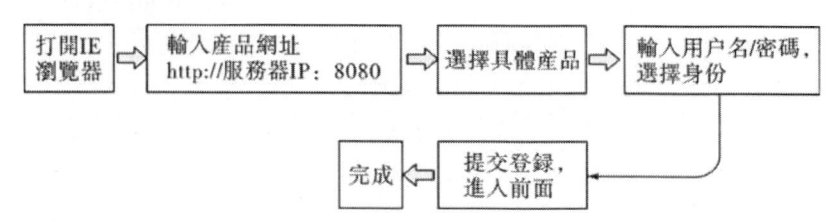

```
[打開IE瀏覽器] ⇒ [輸入產品網址 http://服務器IP：8080] ⇒ [選擇具體產品] ⇒ [輸入用戶名/密碼，選擇身份]
                                                                                    ⇓
                                           [完成] ⇐ [提交登錄，進入前面]
```

3. 管理員創建教師帳號

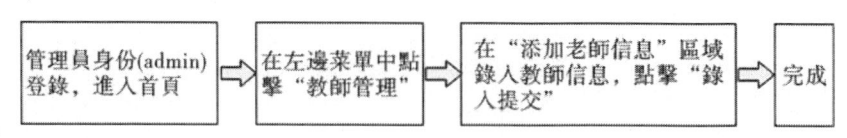

```
[管理員身份(admin)登錄，進入首頁] ⇒ [在左邊菜單中點擊"教師管理"] ⇒ [在"添加老師信息"區域錄入教師信息，點擊"錄入提交"] ⇒ [完成]
```

4. 教師開課

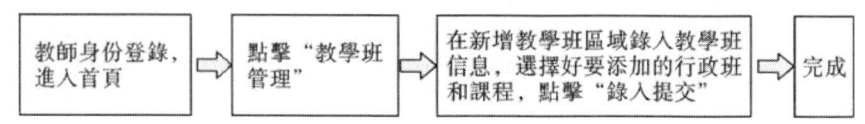

```
[教師身份登錄，進入首頁] ⇒ [點擊"教學班管理"] ⇒ [在新增教學班區域錄入教學班信息，選擇好要添加的行政班和課程，點擊"錄入提交"] ⇒ [完成]
```

5. 教師布置作業或考試

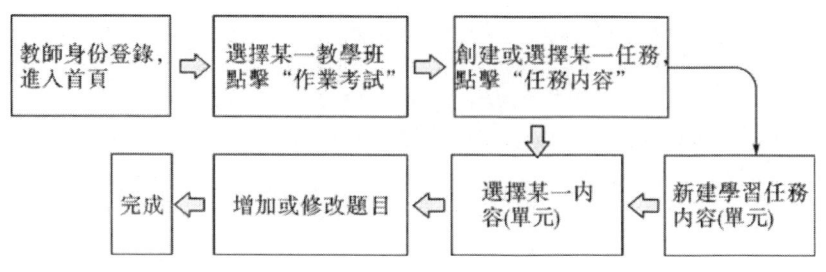

```
[教師身份登錄，進入首頁] ⇒ [選擇某一教學班點擊"作業考試"] ⇒ [創建或選擇某一任務，點擊"任務內容"]
                                                            ⇓                              ⇓
[完成] ⇐ [增加或修改題目] ⇐ [選擇某一內容(單元)] ⇐ [新建學習任務內容(單元)]
```

6. 教師查閱學生作業完成情況

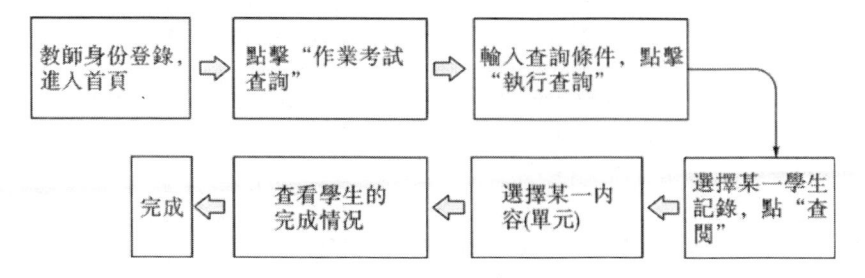

```
[教師身份登錄，進入首頁] ⇒ [點擊"作業考試查詢"] ⇒ [輸入查詢條件，點擊"執行查詢"]
                                                                        ⇓
                                                              [選擇某一學生記錄，點"查閱"]
                                                                        ⇓
[完成] ⇐ [查看學生的完成情況] ⇐ [選擇某一內容(單元)] ⇐
```

7. 教師按照教學需要重新組織章節

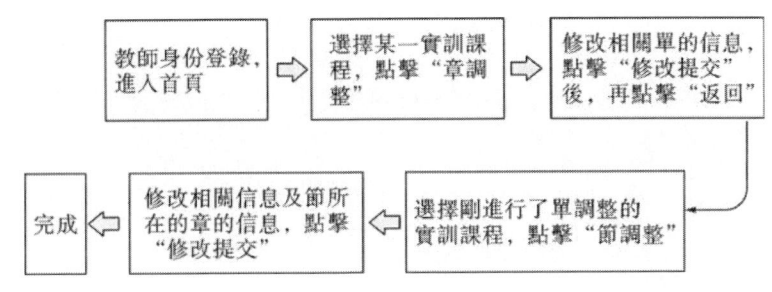

```
教師身份登錄，  →  選擇某一實訓課    →  修改相關單的信息，
進入首頁            程，點擊"章調           點擊"修改提交"
                    整"                    後，再點擊"返回"
                                                    ↓
完成  ←  修改相關信息及節所  ←  選擇剛進行了單調整的
          在的章的信息，點擊      實訓課程，點擊"節調整"
          "修改提交"
```

8. 學生實訓

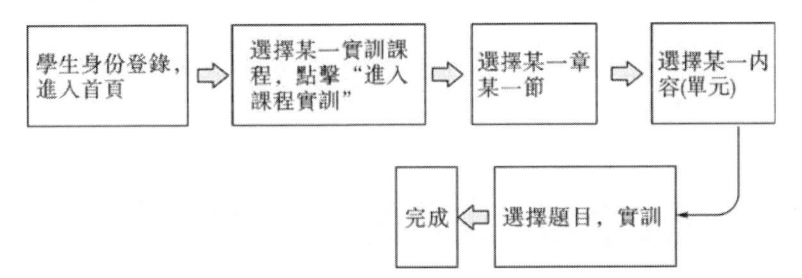

```
學生身份登錄，  →  選擇某一實訓課  →  選擇某一章  →  選擇某一內
進入首頁            程，點擊"進入      某一節          容(單元)
                    課程實訓"
                                                        ↓
                              完成  ←  選擇題目，實訓
```

9. 學生做作業或考試

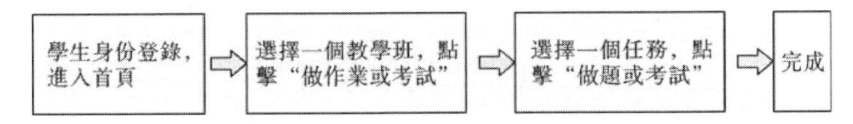

```
學生身份登錄，  →  選擇一個教學班，點  →  選擇一個任務，點  →  完成
進入首頁            擊"做作業或考試"       擊"做題或考試"
```

二、上機操作指導

(一) 以管理員身分登錄系統操作指導

1. 用 admin 管理員身分登錄

溫馨提醒：默認密碼為 netinnet。

2. 修改系統名稱，系統名稱將在登錄頁中顯示

點擊左側菜單欄「設置系統參數」，右側出現「設置系統參數」，在學校名稱、系統名稱等對話框中輸入相關信息，點擊「錄入提交」完成，該信息會在登錄頁中顯示。

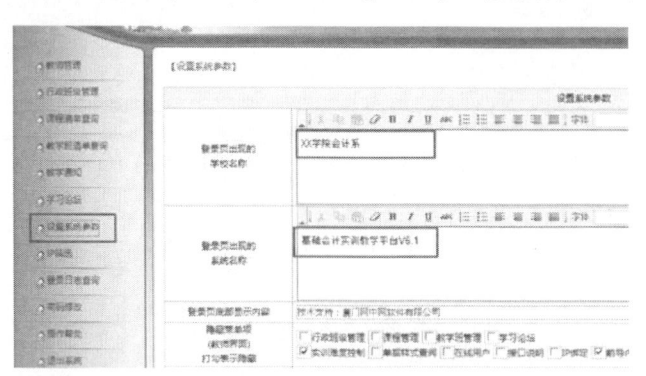

對應的學校名稱和系統名稱在登錄界面的顯示如下：

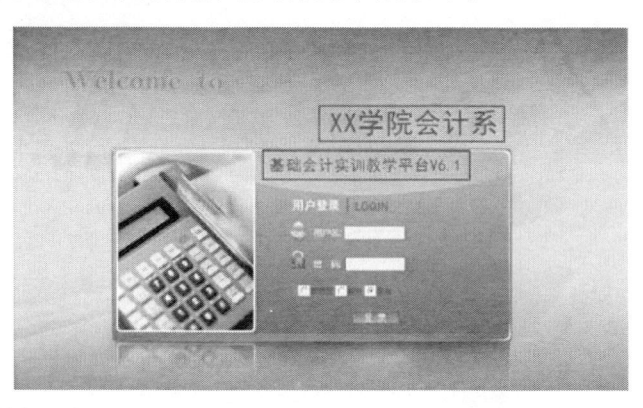

3. 安排教師

安排教師，使教師可以登錄系統開課。點擊左側菜單欄「教師管理」，右側出現「新增教師」，在教師編號、姓名等對話框中輸入教師信息，點擊「錄入提交」完成。

注意：教師編號為其登錄用戶名，默認密碼為123456。

4. 退出系統，點擊左側菜單欄的「退出系統」。

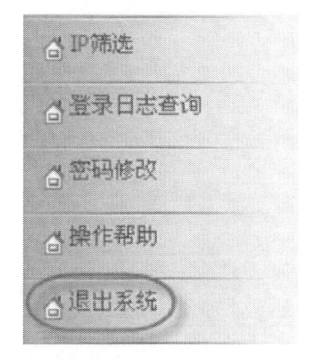

(二) 以教師身分登錄系統操作指導
1. 用剛才添加的 js01 教師身分登錄
溫馨提醒：默認密碼為 123456。

2. 增加行政班，教師可以從行政班中選擇教學班
點擊左側菜單欄「行政班管理」，右側出現「添加新的行政班級」，在班級名稱、班級備註等對話框中分別錄入班級信息，點擊「錄入提交」完成。

添加學生到行政班級，可選擇單個錄入、批量生成或 excel 導入學生三種方法中的任一種添加學生。

方法一：點擊「學生管理」，單個錄入學生信息。在「新增學生」中分別錄入學號、姓名等學生信息，點擊「錄入提交」完成。

溫馨提醒：學號是學生的登錄用戶名，學生默認密碼為123456。

方法二：點擊「批量生成學號」，批量生成學生到行政班。輸入學號前綴、起始學號、結束學號等信息，點擊「批量生成學號」完成。

方法三：點擊「excel 導入學生」，使用 excel 表格導入學生到行政班。點擊「瀏覽」從本機選擇 excel 文件上傳，再點擊「上傳導入」完成。

注意：excel 表格必須要有標題行！

【班級管理】

3. 設置課程

點擊左側菜單欄「課程管理」，出現右側「新增課程」，在課程名稱、排序號等對話框中分別輸入課程信息，點擊「錄入提交」完成。

4. 增加教學班

點擊左側菜單欄「教學班管理」，出現右側「新增教學班」，在教學班名稱、開始時間、結束時間、擁有課程、擁有班級等中分別輸入或選擇好教學班信息（其中課程因不同實訓軟件而不相同），點擊「錄入提交」完成。

5. 退出系統

點擊左側菜單欄的「退出系統」。

（三）學生登錄實訓平臺操作指導
1. 用剛才添加在教學班中的 xs01 學生身分登錄
溫馨提醒：登錄用戶名為學生學號，默認密碼為 123456。
操作前提示：學生已經添加到某個教學班中，所以學生界面首頁只顯示已經添加進的教學班課程！

「我的課程」顯示了課程列表，在每一個課程中，學生可以相應地選擇「進入課程集中實訓」「做作業或考試」進行學習、查看成績。

「我的教學通知」顯示了管理員和教師發布的最新通知，學生可以點擊查看。

首頁顯示的是系統預設的課程以及教師新增的課程。點擊首頁課程列表中的課程圖標或者「進入課程集中實訓」，進入實訓課程學習。

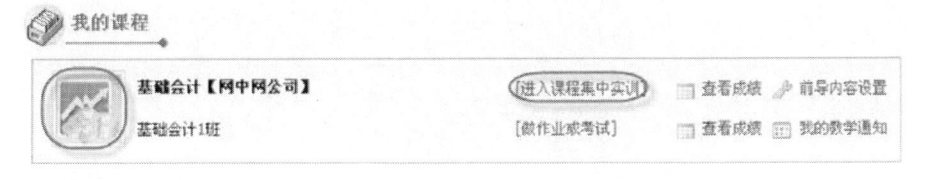

選擇其中的一章展開，點擊某一節，右側出現具體的操作題目。

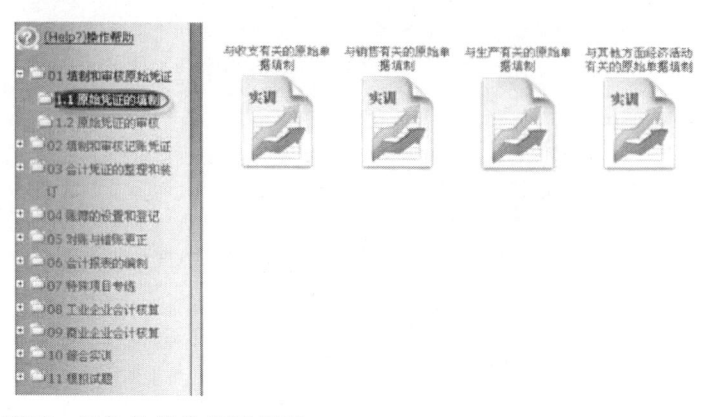

2. 實訓題、課件的操作步驟指導
（1）實訓題操作步驟
點擊實訓單元圖標進入實訓操作。

第一步，選擇實訓票據。
在下圖所示的列表中選擇一道實訓題目，點擊進入實訓操作。如：點擊「現金支票－提取備用金」。

注意：一些實訓題需要有多個角色進行操作，進入做題時要注意選擇正確的角色。此時，選擇好實訓題進入時，將會顯示「選擇角色」界面，只有正確選擇了角

色才可繼續操作！

第二步，查看背景材料。

完成實訓任務有時需要參考背景材料，如下圖所示，現金支票－提取備用金業務中填寫現金支票需要參考背景材料「預留簽章卡」和「密碼器（可操作型）」。如點擊「預留簽章卡」，下方顯示預留簽章卡的詳細內容。

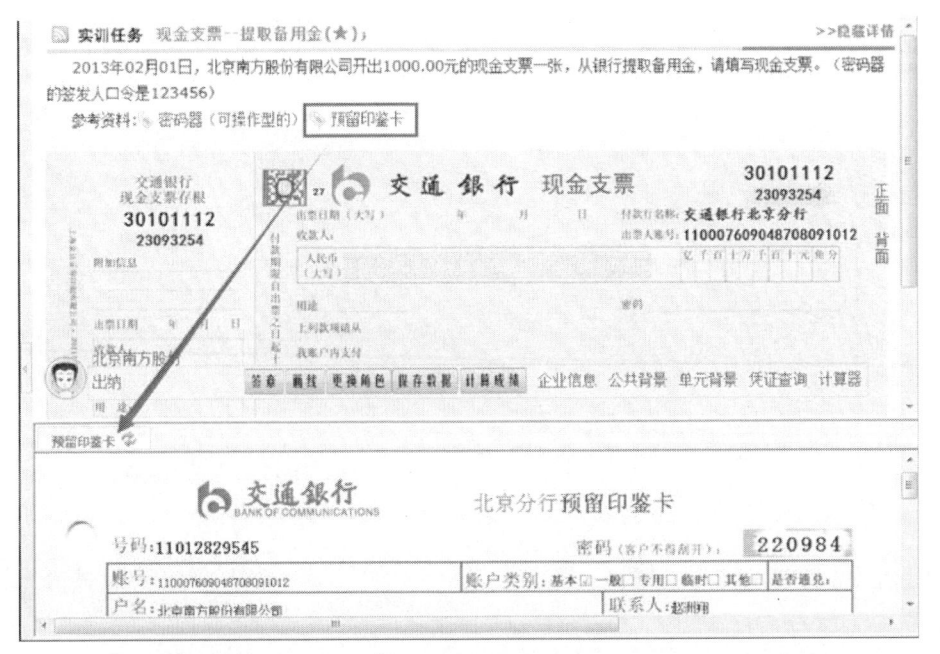

注意：有些單據可能需要多個背景材料（單據），有些可能並不需要，因此，該步驟可能需要反覆操作也可能省略，即不用進行背景材料查看！

第三步，數據分析並錄入結果。

根據實訓任務及背景材料提供的信息，提取有用的信息進行數據分析，並將分析結果填入相應的空格。

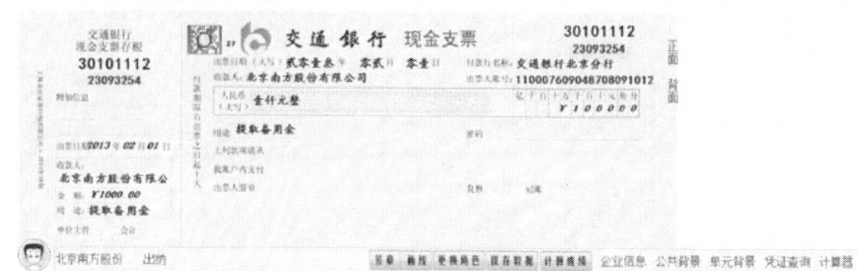

第四步，保存實訓操作數據。

完成票據中的數據錄入後，需要保存數據時，點擊「保存數據」完成。

溫馨提醒：保存數據後仍可進行票據數據的修改。

第五步，計算成績。

每一單據實訓完成後，點擊「計算成績」，顯示本單據的實訓成績。

相關操作1

操作名稱	功能說明
企業信息	顯示本實訓課程相關企業的資料，如銀行帳號等信息
公共背景	顯示本實訓課程中由教師提供的數據資料等
單元背景	顯示本實訓單元中由教師提供的背景材料
憑證查詢	顯示本實訓課程中涉及的憑證結果，即輸入總帳科目或者明細科目就可以查詢到所有包含所列科目的憑證
計算器	方便實訓操作時的運算
更換角色	選擇企業中不同的職務角色，操作相應的單據

相關操作 2

序	操作
1	現金支… 查看做題結果
2	現金支票… 查看標準答案
3	現金支票… 重新做題
4	收到轉賬… 復制上次答案
5	到銀行辦… 背景區域顯示

操作名稱	功能說明
查看做題結果	查看自己實訓的結果
查看標準答案	查看教師提供的標準答案。注意：當教師設置本教學班允許學員查看查閱答案時，此操作才可行
重新做題	重新填製票據。系統將自動清除學生所錄入的數據，並記錄重做次數
複製上次答案	重新做題時可以快速複製上一次簽章角色外的答案。注意：當教師設置本實訓課程允許學員複製上一次答案時，此操作才可行
背景區域顯示	將本單據轉換為背景單據形式，在右邊的背景單據欄顯示。此功能可滿足填製一張單據時，需要同時查看另一個單據的情況

（2）綜合判斷題操作步驟

學生作答綜合判斷題時，首先要對綜合判斷部分進行作答。點擊題目看到的界面如下圖所示：

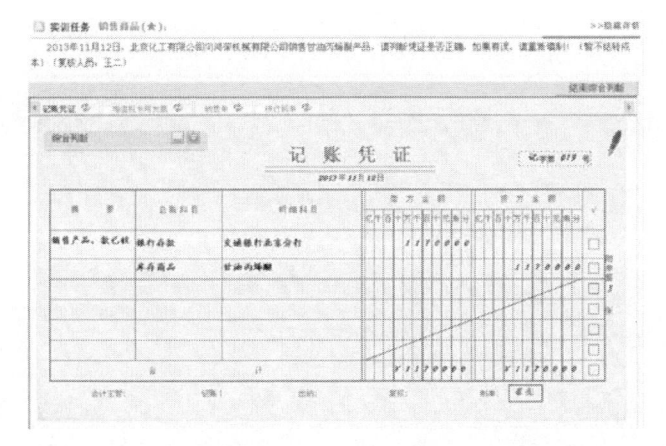

有多個單據時，要逐個點擊進行查閱。確定某張單據需要蓋章時，點擊綜合判

斷選項⊡，展開選項，然後將相應的章（如本題中的「錯誤」章）拖到要蓋章的地方。有子選項時，需要勾選複選框☑，子選項才會顯示出來。

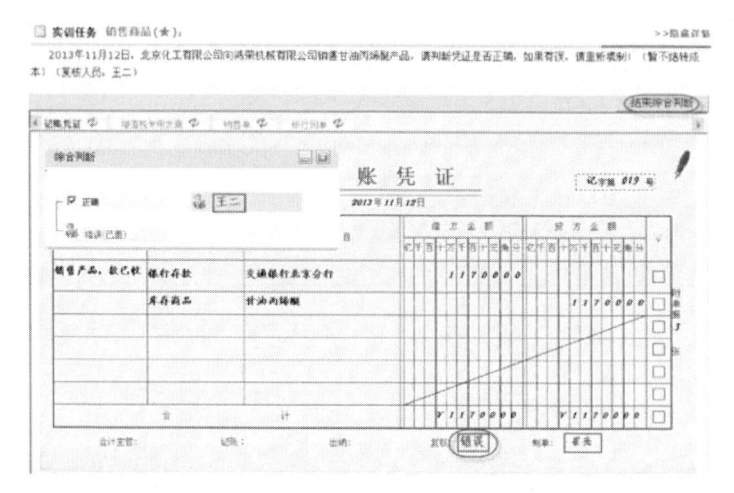

填寫完所有綜合判斷部分后，點擊「結束綜合判斷」按鈕，如果有涉及填寫下一步單據的選擇項，系統將會出現如下圖所示提示信息，點擊確定后，進入填寫下一步單據操作。

接下來的操作與非綜合判斷題類似。
注意：學生只能進行預覽查看操作！
（3）課件操作步驟
點擊左側章節名稱，右側出現課件圖標，點擊單元圖標，可打開課件查看。

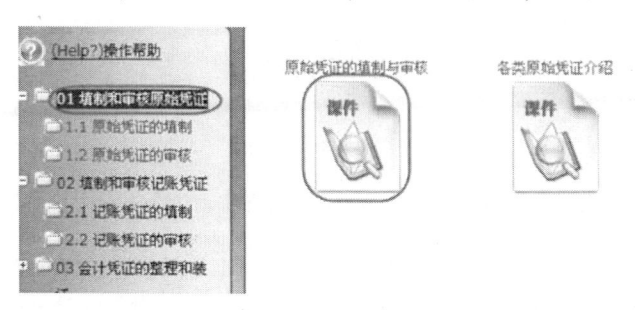

課件列表顯示如下圖示所示，點擊具體的課件名稱，下面出現課件正文，進行

查看。

3. 查看實訓成績

查看實訓成績。點擊首頁「查看成績」,顯示實訓的成績。

成績列表

點擊「成績明細」,將在新頁面出現該圖標的具體成績和完成情況,如下圖所示:

點擊「詳情」，將在新頁面顯示該圖標每道題的做題結果，如下圖所示：

4. 做作業或考試

點擊首頁上的「做作業或考試」，出現作業或考試列表。

學生可以選擇其中相應的內容進行操作，如下圖所示：

注意：只有處於發布狀態、未到截止日期、且未提交的作業（或未交卷的考試），才可做題，否則將只能查閱！

5. 查看作業或考試成績

點擊「查看成績」，在新頁面中顯示做作業或考試的成績。

成績列表（是否提交后就顯示成績要看教師在布置作業時設置）

6. 我的教學通知

首頁顯示當前登錄學員有權限查看的最新教學通知，如下圖所示。

溫馨提醒：最新教學通知最多顯示 5 條教學通知，更多教學通知可點擊左側菜單的「教學通知」查看。

點擊左側菜單欄「教學通知」，右側出現教學通知列表，顯示管理員或教師發布的針對全系統以及針對某一特定教學班的通知公告，點擊「詳情」查看。

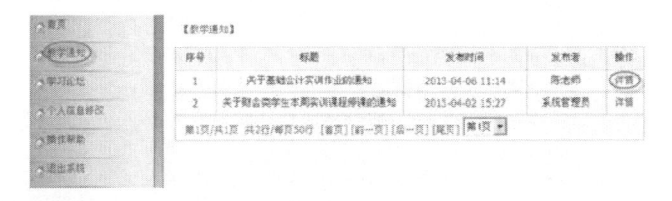

7. 退出系統

退出系統，點擊左側菜單欄的「退出系統」，返回到登錄界面。

複習思考題參考答案

第一章 總論

一、名詞解釋

1. 會計，是以貨幣為主要計量單位，以提高經濟效益為主要目標，運用專門方法對企業、機關、事業單位和其他組織的經濟活動進行全面、綜合、連續、系統地核算和監督，提供會計信息，並隨著社會經濟的日益發展，逐步開展預測、決策、控制和分析的一種經濟管理活動。

2. 會計核算職能，也稱會計反應職能。它是指會計以貨幣為主要計量單位，通過確認、計量、記錄、報告等環節，對特定對象（或稱特定主體）的經濟活動進行記帳、算帳、報帳，為各有關方面提供會計信息的功能。

3. 會計監督職能，是指會計具有按照一定的目的和要求，利用會計反應職能所提供的經濟信息，對企業和行政事業單位的經濟活動進行控制，使之達到預期目標的功能。

4. 相關性：要求企業提供的會計信息應當與投資者等財務報告使用者的經濟決策需要相關，有助於投資者等財務報告使用者對企業過去、現在或者未來的情況作出評價或者預測。

5. 實質重於形式：要求企業應當按照交易或者事項的經濟實質進行會計確認、計量和報告，不僅僅以交易或者事項的法律形式為依據。

二、單選題

| 1. B | 2. D | 3. C | 4. B | 5. A |
| 6. C | 7. A | 8. B | 9. C | 10. D |

三、多選題

1. BC 2. ABCDE 3. AB 4. ABCDE 5. ABD

6. ABCD　　7. ABCDE　　8. ABC　　9. ABD　　10. ABE

四、判斷題

1. √　　2. ×　　3. ×　　4. ×　　5. √
6. ×　　7. √　　8. ×　　9. ×　　10. ×

五、案例分析題

案例提示：

（1）從經營過程看，甲顯然比乙要好，在其他因素相同的情況下，甲比乙取得了更多的收入，但從收益計算的結果看，甲與乙是一樣的。可見，收益結果未能客觀地反應經營過程，原因就在於對廣告費採用了不同的處理方法。正是由於收益計算的基礎或依據不一樣，使得甲、乙二者的收益結果不具有可比性，也就是說，我們不能因為他們各自計算出的收益一樣就斷定兩者的經營效益相同。可以想像，如果每一個企業都利用各自不同的會計處理方法，那麼就無法用他們提供的信息來判斷哪家企業的生產經營活動與效益更好。這就是會計核算中要使不同企業採用相同的核算方法以便使提供的會計信息具有可比性的原因。

（2）通過此案例可深入理解可比性原則在披露信息環節的重要性。可比性原則要求不同企業都要按照國家統一規定的會計核算方法與程序進行，以便會計信息使用者進行企業間的比較。仍以上述案例，如果規定廣告費必須全部計入當月費用，則甲的收益仍為 5,000 元，而乙的收益則為 2,500 元（17,500－10,000－5,000）。此時，由於他們是採用相同的處理方法，因而結果具有可比性，即我們可以據此結果得出結論：本月甲的經營效益要比乙好。

第二章　會計核算的基礎理論

一、名詞解釋

1. 會計假設，是指會計人員對會計核算所處的變化不定的環境作出的合理判斷，是會計核算的前提條件。

2. 會計對象，是指會計核算和監督的內容，即企事業單位在日常經營活動或業務活動中所表現出的資金運動。

3. 會計要素，是指對會計對象的具體分類，是會計對象按照經濟特徵所作的最基本分類，也是會計核算對象的具體化。

4. 權責發生制，也稱應收應付制，是指企業按收入的權利和支出的義務是否歸屬於本期來確認收入、費用的標準，而不是按款項的實際收支是否在本期發生，也就是以應收應付為標準。

5. 收付實現制，也稱現收現付制或現金收付制。它是以是否實際收到或付出貨幣資金作為確定本期收入和費用的標準。

6. 會計確認，是指依據一定的標準，確認某經濟業務事項，能否記入會計信息系統，並列入會計報告的過程。

二、單選題

| 1. C | 2. C | 3. A | 4. A | 5. A |
| 6. D | 7. B | 8. B | 9. D | 10. A |

三、多選題

| 1. BDE | 2. ABCE | 3. ABC | 4. ABCD | 5. ABCDE |
| 6. ABE | 7. BDE | 8. BCD | 9. ABD | 10. CDE |

四、判斷題

| 1. √ | 2. √ | 3. √ | 4. √ | 5. × |
| 6. × | 7. × | 8. √ | 9. × | 10. × |

五、業務題

(一) 參考答案

期初權益 = 800,000 − 200,000 = 600,000（元）

期末權益 = 900,000 − 100,000 = 800,000（元）

1. 本年度利潤 = 期末權益 − 期初權益

   = 800,000 − 600,000

   = 200,000（元）

收入 = 利潤 + 費用 = 200,000 + 160,000

   = 360,000（元）

2. 200,000 − 20,000 = 180,000（元）

3. 200,000 + 30,000 − 10,000 = 220,000（元）

(二) 參考答案

權責發生制：

收入 = 72,000 + 84,000 = 156,000（元）

費用 = 30,000 + 12,000 = 42,000（元）

淨收益 = 156,000 − 42,000 = 114,000（元）

收付實現制：

收入 = 24,000 + 72,000 = 96,000（元）

費用 = 10,800 + 30,000 = 40,800（元）

淨收益 = 96,000 - 40,800 = 55,200（元）

（三）參考答案

資產負債表　　　　　　　　　　　單位：元

項目序號	金額		
	資產	負債	所有者權益
1	1,700		
2	2,939,300		
3			13,130,000
4		500,000	
5		300,000	
6	417,000		
7	584,000		
8	520,000		
9	43,000		
10		45,000	
11	60,000		
12	5,700,000		
13	4,200,000		
14	530,000		
15			960,000
16			440,000
17		200,000	
18	650,000		
19			70,000
合計	15,645,000	1,045,000	14,600,000

六、案例分析題

案例提示：

1. 甲從公司取錢用於私人開支，不屬於公司的業務，不能作為公司的辦公費支出。違背了會計主體假設。

2. 3月15日，編製3月1日～15日的財務報表是臨時性的。我國會計分期假設規定的會計期間為年度、半年度、季度和月份。違背了會計分期假設。

3. 計提折舊，前後期採用不同的計算方法，違背了會計上的可比性原則。

4. 預收的管理諮詢費用不能作為當期的收入，應先記入負債，等為對方提供了管理諮詢服務後再結轉，違背了權責發生制原則。

5. 預付報刊費，應在受益期間內攤銷，不能記入支付當期的費用，違背了權責發生制原則。

第三章　會計科目與帳戶

一、名詞解釋

1. 會計科目，是對會計要素所作的進一步分類，是對每一會計要素所包括的具體內容再按其一定的特點和管理要求進行分類所形成的項目或名稱。

2. 總分類科目，也稱為一級科目或總帳科目，它是對會計要素的具體內容進行總括分類，提供總括核算指標信息的會計科目。

3. 明細分類科目，簡稱明細科目，是對總分類科目進一步分類的科目，以便提供更詳細、更具體的會計信息。

4. 帳戶，是指根據會計科目開設的，具有一定格式和結構，用來連續地分類記錄和反應會計要素增減變動情況及其結果的一種工具。

5. 實帳戶，又稱為永久性帳戶，通常是指期末結帳後有余額的帳戶，包括資產類、負債類、所有者權益類和共同類帳戶。

6. 虛帳戶，又稱為臨時性帳戶，通常是指期末結帳後無余額的帳戶，通常利潤表帳戶都是虛帳戶。

二、單選題

1. B	2. A	3. B	4. C	5. C
6. D	7. D	8. A	9. A.	10. D

三、多選題

1. AD	2. AB	3. AC	4. ABCD	5. ABCDE
6. ABCDE	7. ABCDE	8. AD	9. AC	10. AB

四、判斷題

1. √	2. ×	3. √	4. ×	5. ×
6. √	7. ×	8. √	9. ×	10. √

五、業務題

(1) 庫存現金（資產類，實帳戶）
(2) 銀行存款（資產類，實帳戶）
(3) 固定資產（資產類，實帳戶）
(4) 短期借款（負債類，實帳戶）
(5) 長期借款（負債類，實帳戶）
(6) 應付帳款（負債類，實帳戶）
(7) 實收資本（所有者權益類，實帳戶）
(8) 應收帳款（資產類，實帳戶）
(9) 應付職工薪酬（負債類，實帳戶）
(10) 財務費用（損益類，虛帳戶）
(11) 利潤分配（所有者權益類，實帳戶）
(12) 管理費用（損益類，虛帳戶）
(13) 主營業務收入（損益類，虛帳戶）
(14) 其他業務收入（損益類，虛帳戶）
(15) 庫存商品（資產類，實帳戶）
(16) 生產成本（成本類，實帳戶）
(17) 銷售費用（損益類，虛帳戶）
(18) 原材料（資產類，實帳戶）
(19) 預付帳款（資產類，實帳戶）
(20) 預收帳款（負債類，實帳戶）

六、案例分析題

案例提示：

(1) 剩餘現金 = 500 + 1,000 - 300 = 1,200（元）

(2) 庫存現金帳戶。

(3) 月初的 500 元為 9 月的期初餘額，15 日收到的 1,000 元為本期增加發生額，20 日支出的 300 元為本期減少發生額。月底剩餘現金 = 500 + 1,000 - 300 = 1,200（元）。這個數字就是 9 月的期末餘額，又是 10 月的期初餘額。帳戶的四個指標以及它們之間的關係是常用的概念和公式，可以幫助我們正確填寫帳戶並計算出它們的期末餘額。期末餘額 = 期初餘額 + 本期增加發生額 - 本期減少發生額。

第四章 複式記帳

一、名詞解釋

1. 複式記帳法，是指對每一筆經濟業務所引起的資金增減變動，都要以相等的金額同時在兩個或兩個以上相互聯繫的帳戶中進行登記的方法。

2. 借貸記帳法，就是以「借」「貸」作為記帳符號，按照「有借必有貸、借貸必相等」的記帳規則，在兩個或兩個以上的帳戶中全面的、相互聯繫的記錄每筆經濟業務的一種複式記帳方法。

3. 對應帳戶：採用借貸記帳法，在每項經濟業務發生后，都會在相關帳戶中形成一種相互對立又相互依存的關係，這種借方帳戶與貸方帳戶之間的相互依存的關係，稱為帳戶的對應關係，具有對應關係的帳戶稱為對應帳戶。

4. 會計分錄：按照借貸記帳法記帳規則的要求，標明某項經濟業務應借應貸帳戶名稱及金額的一種記錄。

5. 試算平衡：依據會計恒等式的平衡關係和借貸記帳法的記帳規則確立的，用於檢查和驗證帳戶記錄正確性的方法，在會計上稱之為試算平衡。

6. 平行登記：對於需要進行明細核算的每一項經濟業務，過帳時，在記入有關的總分類帳戶同時，也要記入該總分類帳戶所屬的明細分類帳戶，而且登記的方向相同，金額相等，這種登記總分類帳戶和明細分類帳戶的方法稱為平行登記。

二、單選題

| 1. A | 2. B | 3. A | 4. C | 5. B |
| 6. A | 7. C | 8. B | 9. C. | 10. A |

三、多選題

| 1. AB | 2. ABCD | 3. ABC | 4. AB | 5. AC |
| 6. ADE | 7. CD | 8. DE | 9. ABCD | 10. ACD |

四、判斷題

| 1. √ | 2. √ | 3. × | 4. √ | 5. √ |
| 6. √ | 7. × | 8. × | 9. × | 10. × |

五、業務題

（一）練習借貸記帳下帳戶的結構

附表 4-1　　　　　　　　　　　帳戶結構

帳戶名稱	增加	減少	余額
庫存商品	借方	貸方	借方
應收帳款	借方	貸方	借方
預收帳款	貸方	借方	貸方
在建工程	借方	貸方	借方
生產成本	借方	貸方	借方
製造費用	借方	貸方	無余額
累計折舊	貸方	借方	貸方
實收資本	貸方	借方	貸方
財務費用	借方	貸方	無余額
主營業務收入	貸方	借方	無余額
銷售費用	借方	貸方	無余額

（二）練習帳戶的結構及帳戶金額計算方法

附表 4-2　　　　　　　　　帳戶金額計算表　　　　　　　　單位：元

帳戶名稱	期初余額 借方	期初余額 貸方	本期發生額 借方	本期發生額 貸方	期末余額 借方	期末余額 貸方
原材料	10,000		5,000	(3,000)	12,000	
累計折舊		5,000	(1,000)	2,000		6,000
預收帳款		(4,000)	500	1,000		4,500
應付帳款		12,000	6,000	2,000		(8,000)
生產成本	60,000		8,000	(15,000)	53,000	
製造費用	0		2,000	(2,000)	0	
實收資本		100,000	0	20,000		(120,000)
利潤分配		(5,000)	30,000	80,000		55,000
主營業務收入		(0)	60,000	60,000		0
銷售費用	0		3,000	(3,000)	0	

(三) 練習借貸記帳法

1. 會計分錄

(1) 借：固定資產　　　　　　　　　　10,000
　　　貸：銀行存款　　　　　　　　　　　　　10,000
(2) 借：銀行存款　　　　　　　　　　60,000
　　　貸：應收帳款　　　　　　　　　　　　　60,000
(3) 借：生產成本　　　　　　　　　　45,000
　　　貸：原材料　　　　　　　　　　　　　　45,000
(4) 借：庫存現金　　　　　　　　　　21,000
　　　貸：銀行存款　　　　　　　　　　　　　21,000
(5) 借：庫存商品　　　　　　　　　　35,000
　　　貸：生產成本　　　　　　　　　　　　　35,000
(6) 借：銀行存款　　　　　　　　　　200,000
　　　貸：短期借款　　　　　　　　　　　　　200,000
(7) 借：原材料　　　　　　　　　　　10,000
　　　貸：應付帳款　　　　　　　　　　　　　10,000
(8) 借：應付帳款　　　　　　　　　　10,000
　　　貸：銀行存款　　　　　　　　　　　　　10,000
(9) 借：銀行存款　　　　　　　　　　120,000
　　　貸：實收資本　　　　　　　　　　　　　120,000
(10) 借：銀行存款　　　　　　　　　　2,000
　　　貸：主營業務收入　　　　　　　　　　　2,000

2. 總分類帳戶發生額試算平衡表

總分類帳戶發生額試算平衡表

2014 年 1 月 31 日　　　　　　　　　　　　單位：元

帳戶名稱	本期發生額	
	借方	貸方
銀行存款	382,000	41,000
庫存現金	21,000	
庫存商品	35,000	
固定資產	10,000	
短期借款		200,000
應付帳款	10,000	10,000
實收資本		120,000

表(續)

帳戶名稱	本期發生額 借方	本期發生額 貸方
生產成本	45,000	35,000
主營業務收入		2,000
原材料	10,000	45,000
應收帳款		60,000
合計	513,000	513,000

(四) 練習平行登記

(1) 6日車間領用材料時：

借：生產成本　　　　　　　　　　　　　　20,000
　貸：原材料——甲材料　　　　　　　　　10,000
　　　　　　——乙材料　　　　　　　　　10,000

(2) 11日

借：原材料——甲材料　　　　　　　　　　30,000
　貸：應付帳款——樂豐公司　　　　　　　30,000

(3) 25日

借：應付帳款——融合公司　　　　　　　　5,000
　貸：銀行存款　　　　　　　　　　　　　5,000

借　原材料　貸		借　應付帳款　貸	
期初餘額：35,000			期初餘額：36,000
(2) 30,000	(1) 20,000	(3) 5,000	(2) 30,000
本期發生額30,000	本期發生額20,000	本期發生額5,000	本期發生額30,000
期末餘額45,000			期末餘額61,000

借　　原材料——甲材料　　貸		借　　原材料——乙材料　　貸	
期初餘額：15,000 （2）30,000	（1）10,000	期初餘額：20,000	（1）10,000
本期發生額30,000	本期發生額10,000	本期發生額0	本期發生額10,000
期末餘額35,000		期末餘額10,000	

借　　應付帳款——樂豐公司　　貸		借　　應付帳款——融合公司　　貸	
	期初餘額：30,000 （2）30,000	（3）5,000	期初餘額：6,000
本期發生額0	本期發生額30,000	本期發生額5,000	本期發生額0
	期末餘額60,000		期末餘額1,000

六、案例分析題

案例提示：

資料1：2014年12月31日該小商鋪的資產、負債、所有者權益分別是9,300元、5,500元、3,800元。開業以來的收入、費用、利潤各是9,000元、6,200元、2,800元。

資料2：小李妻子的說法是錯誤的，複式記帳法的優點就是可以進行試算平衡，試算平衡表不平說明本期帳務記錄肯定存在錯誤。相反，試算平衡表平衡了，也還可能有錯帳。因為試算平衡表也不是萬能的，如在帳戶中把有些業務漏記了，借貸金額記帳方向彼此顛倒了，還有記帳方向正確但記錯了帳戶，這些都不會影響試算表的平衡。所以試算表平衡了，並不能說明沒有錯帳。

第五章　企業主要經濟業務的核算

一、名詞解釋

1. 實收資本，是指投資者按照企業章程或合同、協議的約定，實際投入企業的資本金以及按照有關規定由資本公積金、盈余公積金轉為資本的資金。股份有限公司對股東投入的資本稱為「股本」，其余企業一般稱為「實收資本」。

2. 資本（或股本）溢價，是指所有者投入資本大於其在註冊資本（或股本）中所占份額的差額。在不同類型的企業中，所有者投入資本大於其在註冊資本（或股本）中所占份額的表現形式有所不同，在股份有限公司，表現為超面值繳入股本，即實際出資額大於股票面值的差額，稱為股本溢價。在其他企業，則表現為資本溢價。

3. 原材料按實際成本法核算，是指原材料日常收發及結存，無論是總分類核算還是明細分類核算，均按照實際成本進行計價的方法。

4. 期間費用，是指企業在生產經營過程中發生的與特定產品生產沒有直接關係，不能直接歸屬於某種產品成本，而應直接計入當期損益的各種費用，包括管理費用、銷售費用和財務費用。

5. 成本項目，是指生產費用按其經濟用途所進行分類的項目，企業一般設置直接材料、直接人工和製造費用三個成本項目。

6. 製造費用，是指企業各個生產車間為組織和管理生產所發生的各項間接費用，它包括生產車間管理人員的工資和福利費、生產車間固定資產的折舊費和修理費、機物料消耗、水電費、辦公費、保險費、勞動保護費、季節性和修理期間的停工損失等。

二、單選題

| 1. B | 2. C | 3. B | 4. D | 5. C |
| 6. D | 7. C | 8. A | 9. B | 10. D |

三、多選題

| 1. ABC | 2. BDE | 3. AD | 4. ACD | 5. BC |
| 6. ABCD | 7. ABC | 8. AC | 9. ABC | 10. ABE |

四、判斷題

| 1. √ | 2. √ | 3. × | 4. × | 5. × |
| 6. × | 7. × | 8. × | 9. √ | 10. √ |

五、業務題

(一) 資金籌集業務的核算
(1) 借：銀行存款　　　　　　　　　　　　　　　　　　　　80,000
　　　貸：實收資本——法人資本金——南方公司　　　　　　80,000
(2) 借：無形資產——專利權　　　　　　　　　　　　　　300,000
　　　貸：實收資本——法人資本金——A公司　　　　　　200,000
　　　　　資本公積——資本溢價　　　　　　　　　　　　100,000
(3) 借：固定資產——機器設備　　　　　　　　　　　　　180,000
　　　貸：實收資本——法人資本金——B公司　　　　　　180,000
(4) 借：銀行存款　　　　　　　　　　　　　　　　　　　　20,000
　　　貸：短期借款　　　　　　　　　　　　　　　　　　　20,000
(5) 借：短期借款　　　　　　　　　　　　　　　　　　　　20,000
　　　　財務費用　　　　　　　　　　　　　　　　　　　　　　150
　　　貸：銀行存款　　　　　　　　　　　　　　　　　　　20,150
(6) 借：銀行存款　　　　　　　　　　　　　　　　　　　200,000
　　　貸：長期借款　　　　　　　　　　　　　　　　　　200,000

(二) 練習供應過程業務的核算
(1) 借：固定資產——機器設備　　　　　　　　　　　　　250,000
　　　　應交稅費——應交增值稅（進項稅額）　　　　　　42,500
　　　貸：應付帳款　　　　　　　　　　　　　　　　　　292,500
(2) 借：在建工程——設備安裝工程　　　　　　　　　　　70,000
　　　　應交稅費——應交增值稅（進項稅）　　　　　　　11,900
　　　貸：銀行存款　　　　　　　　　　　　　　　　　　　81,900
(3) 借：在建工程——設備安裝工程　　　　　　　　　　　　1,500
　　　貸：原材料　　　　　　　　　　　　　　　　　　　　　　500
　　　　　銀行存款　　　　　　　　　　　　　　　　　　　　1,000
(4) 借：固定資產——機器設備　　　　　　　　　　　　　　71,500
　　　貸：在建工程——設備安裝工程　　　　　　　　　　　71,500
(5) 借：在途物資——A材料　　　　　　　　　　　　　　　80,000
　　　　應交稅費——應交增值稅（進項稅額）　　　　　　13,600
　　　貸：銀行存款　　　　　　　　　　　　　　　　　　　93,600
(6) 借：在途物資——A材料　　　　　　　　　　　　　　　　2,000
　　　貸：銀行存款　　　　　　　　　　　　　　　　　　　　2,000
材料驗收入庫，結轉採購成本
　　借：原材料——A材料　　　　　　　　　　　　　　　　82,000

貸：在途物資——A 材料	82,000
（7）借：在途物資——B 材料	2,000
——C 材料	1,500
應交稅費——應交增值稅（進項稅額）	595
貸：應付帳款	4,095
（8）借：在途物資——B 材料	400
——C 材料	100
貸：銀行存款	500

入庫結轉成本：

借：原材料——B 材料	2,400
——C 材料	1,600
貸：在途物資——B 材料	2,400
——C 材料	1,600
（9）借：預付帳款——A 工廠	18,720
貸：銀行存款	18,720
（10）借：原材料——D 材料	16,000
應交稅費——應交增值稅（進項稅額）	2,720
貸：預付帳款——A 工廠	18,720

（三）練習產品生產業務的核算

（1）借：生產成本——甲產品	6,000
——乙產品	8,500
貸：原材料——A 材料	7,500
——B 材料	7,000
（2）借：生產成本——甲產品	7,000
——乙產品	6,000
製造費用	2,500
管理費用	1,000
貸：應付職工薪酬——工資	16,500
（3）借：預付帳款	3,000
貸：銀行存款	3,000
借：製造費用	1,000
貸：預付帳款	1,000
（4）借：製造費用	200
管理費用	300
貸：庫存現金	500
（5）借：製造費用	1,600

	貸：原材料——C材料	1,600
(6) 借：管理費用		1,500
	貸：其他應付款	1,500
(7) 借：製造費用		4,500
管理費用		500
	貸：累計折舊	5,000

(8) 製造費用總額為9,800元（2,500元＋1,000元＋200元＋1,600元＋4,500元）。製造費用分配率＝9,800／（7000＋6000）＝0.75

甲產品負擔的製造費用：7,000×0.75＝5,250（元）

乙產品負擔的製造費用：9,800－5,250＝4,550（元）

借：生產成本——甲產品		5,250
——乙產品		4,550
	貸：製造費用	9,800

(9) 甲產品的總成本為18,250元（6,000元＋7,000元＋5,250元），單位成本為91.25元（18,250/200）；乙產品的總成本為19050元（8,500元＋6,000元＋4,550元），單位成本為254元（19,050/75）。

借：庫存商品——甲產品		18,250
——乙產品		19,050
貸：生產成本——甲產品		18,250
——乙產品		19,050

(四) 練習銷售業務的核算

(1) 借：應收帳款——華都公司		15,795
貸：主營業務收入——甲產品		6,500
——乙產品		7,000
應交稅費——應交增值稅（銷項稅額）		2,295
(2) 借：銷售費用		1,500
貸：銀行存款		1,500
(3) 借：銀行存款		15,210
貸：預收帳款——豐遠公司		15,210
(4) 借：預收帳款——豐遠公司		15,210
應收帳款——豐遠公司		180
貸：主營業務收入——甲產品		13,000
應交稅費——應交增值稅（銷項稅額）		2,210
銀行存款		180
(5) 借：營業稅金及附加		2,000
貸：應交稅費——應交消費稅		2,000

(6) 借：銷售費用 600
　　　貸：銀行存款 600
(7) 借：應收票據——遠山公司 16,380
　　　貸：其他業務收入——A材料 14,000
　　　　　應交稅費——應交增值稅（銷項稅額） 2,380
(8) 借：主營業務成本——甲產品 10,500
　　　　　　　　　　——乙產品 3,200
　　　貸：庫存商品——甲產品 10,500
　　　　　　　　　——乙產品 3,200
(9) 借：其他業務成本 8,200
　　　貸：原材料——A材料 8,200
(五) 練習利潤形成及分配業務的核算
(1) 借：銀行存款 7,000
　　　貸：營業外收入 7,000
(2) 借：營業外支出 2,250
　　　貸：庫存現金 2,250
(3) 借：銀行存款 3,000
　　　貸：其他應付款 3,000
(4) 借：主營業務收入 30,000
　　　其他業務收入 4,000
　　　營業外收入 7,000
　　　貸：本年利潤 41,000
　　借：本年利潤 24,290
　　　貸：主營業務成本 15,000
　　　　　其他業務成本 2,000
　　　　　營業稅金及附加 1,500
　　　　　管理費用 2,340
　　　　　銷售費用 1,000
　　　　　財務費用 200
　　　　　營業外支出 2,250
(5) 所得稅 =（41,000 - 24,290）× 25% = 4,177.50
　　借：所得稅費用 4,177.50
　　　貸：應交稅費——應交所得稅 4,177.50
　　借：本年利潤 4,177.50
　　　貸：所得稅費用 4,177.50
(6) 本年利潤貸方余額 150,000 + 41,000 - 24,290 - 4,177.50 = 162,532.50

(元)

借：本年利潤	162,532.50
貸：利潤分配——未分配利潤	162,532.50

(7) 借：利潤分配——提取法定盈余公積   16,253.25
    貸：盈余公積——法定盈余公積   16,253.25
(8) 借：利潤分配——應付利潤   40,000
    貸：應付利潤   40,000
(9) 借：利潤分配——未分配利潤   56,253.25
    貸：利潤分配——提取法定盈余公積   16,253.25
        利潤分配——應付利潤   40,000.00

(六) 綜合業務練習

1. 編製會計分錄

(1) 借：銀行存款   250,000
    貸：實收資本   250,000
(2) 借：固定資產   110,000
    貸：實收資本   110,000
(3) 借：銀行存款   200,000
    貸：短期借款   200,000
(4) 借：在途物資——A材料   11,000
        應交稅費——應交增值稅（進項稅額）   1,700
    貸：銀行存款   12,700
(5) 借：原材料——A材料   11,000
    貸：在途物資——A材料   11,000
(6) 借：在途物資——A材料   10,000
        ——B材料   28,000
        ——C材料   36,000
    應交稅費——應交增值稅（進項稅額）   12,580
    貸：應付帳款   86,580

(7) 運費及裝卸費分配率 = 3,500/（10+20+20）= 70（元/千克）

A材料應分配運費及裝卸費：10×70 = 700（元）
B材料應分配運費及裝卸費：20×70 = 1,400（元）
C材料應分配運費及裝卸費：20×70 = 1,400（元）

借：在途物資——A材料   700
    ——B材料   1,400
    ——C材料   1,400
  貸：銀行存款   3,500

(8) 借：原材料——A材料　　　　　　　　　　　10,700
　　　　　　——B材料　　　　　　　　　　　29,400
　　　　　　——C材料　　　　　　　　　　　37,400
　　　貸：在途物資——A材料　　　　　　　　　10,700
　　　　　　　　——B材料　　　　　　　　　29,400
　　　　　　　　——C材料　　　　　　　　　37,400
(9) 借：生產成本——甲產品　　　　　　　　　　22,800
　　　　　　——乙產品　　　　　　　　　　24,000
　　　製造費用　　　　　　　　　　　　　　　10,000
　　　管理費用　　　　　　　　　　　　　　　 6,000
　　　貸：原材料——A材料　　　　　　　　　　35,000
　　　　　　　——B材料　　　　　　　　　　16,500
　　　　　　　——C材料廠　　　　　　　　　11,300
(10) 借：生產成本——甲產品　　　　　　　　　20,000
　　　　　　　——乙產品　　　　　　　　　16,000
　　　製造費用　　　　　　　　　　　　　　　 7,000
　　　管理費用　　　　　　　　　　　　　　　 3,000
　　　貸：應付職工薪酬——工資　　　　　　　　46,000
(11) 借：庫存現金　　　　　　　　　　　　　　50,000
　　　貸：銀行存款　　　　　　　　　　　　　50,000
(12) 借：應付職工薪酬——工資　　　　　　　　50,000
　　　貸：庫存現金　　　　　　　　　　　　　50,000
(13) 借：應付帳款　　　　　　　　　　　　　　86,580
　　　貸：銀行存款　　　　　　　　　　　　　86,580
(14) 借：庫存現金　　　　　　　　　　　　　　 150
　　　貸：應收帳款　　　　　　　　　　　　　 150
(15) 借：管理費用　　　　　　　　　　　　　　 120
　　　貸：銀行存款　　　　　　　　　　　　　 120
(16) 借：管理費用　　　　　　　　　　　　　　 4,400
　　　貸：庫存現金　　　　　　　　　　　　　 4,400
(17) 借：銀行存款　　　　　　　　　　　　　　18,000
　　　貸：應收帳款　　　　　　　　　　　　　18,000
(18) 借：應收帳款　　　　　　　　　　　　　　48,000
　　　貸：主營業務收入　　　　　　　　　　　40,000
　　　　　應交稅費——應交增值稅（銷項稅額）　 6,800
　　　　　銀行存款　　　　　　　　　　　　　 1,200

(19) 借：銷售費用　　　　　　　　　　　　　　　　1,500
　　　　貸：銀行存款　　　　　　　　　　　　　　　　　　1,500
(20) 借：應收票據　　　　　　　　　　　　　　　　58,500
　　　　貸：主營業務收入　　　　　　　　　　　　　　　50,000
　　　　　　應交稅費——應交增值稅（銷項稅額）　　　8,500
(21) 借：製造費用　　　　　　　　　　　　　　　　1,000
　　　　管理費用　　　　　　　　　　　　　　　　　850
　　　　貸：預付帳款　　　　　　　　　　　　　　　　　1,850
(22) 借：製造費用　　　　　　　　　　　　　　　　5,200
　　　　管理費用　　　　　　　　　　　　　　　　2,000
　　　　貸：累計折舊　　　　　　　　　　　　　　　　　7,200
(23) 本月發生的製造費用為23,200元（10,000元+7,000元+1,000元+5,200元）
製造費用分配率＝23,200／（6000+4000）＝2.32（元/工時）
甲產品應負擔的製造費用＝2.32×6000＝13,920（元）
乙產品應負擔的製造費用＝2.32×4000＝9,280（元）
借：生產成本——甲產品　　　　　　　　　　　　13,920
　　　　　　——乙產品　　　　　　　　　　　　9,280
　　貸：製造費用　　　　　　　　　　　　　　　　　23,200
(24) 甲產品的生產成本為56,720元（22,800元+20,000元+13,920元）
借：庫存商品——甲產品　　　　　　　　　　　　56,720
　　貸：生產成本——甲產品　　　　　　　　　　　　56,720
(25) 借：主營業務成本　　　　　　　　　　　　　　40,000
　　　　貸：庫存商品　　　　　　　　　　　　　　　　40,000
(26) 借：營業稅金及附加　　　　　　　　　　　　　7,000
　　　　貸：應交稅費　　　　　　　　　　　　　　　　7,000
(27) 借：財務費用　　　　　　　　　　　　　　　　4,600
　　　　貸：應付利息　　　　　　　　　　　　　　　　4,600
(28) 借：本年利潤　　　　　　　　　　　　　　　　69,470
　　　　貸：主營業務成本　　　　　　　　　　　　　40,000
　　　　　　銷售費用　　　　　　　　　　　　　　　1,500
　　　　　　營業稅金及附加　　　　　　　　　　　　7,000
　　　　　　管理費用　　　　　　　　　　　　　　16,370
　　　　　　財務費用　　　　　　　　　　　　　　　4,600
(29) 借：主營業務收入　　　　　　　　　　　　　　90,000
　　　　貸：本年利潤　　　　　　　　　　　　　　　90,000
本期利潤總額＝90,000－69,470＝20,530（元）

(30) 借：所得稅費用　　　　　　　　　　　　5,132.50
　　　貸：應交稅費——應交所得稅　　　　　　　5,132.50
(31) 借：本年利潤　　　　　　　　　　　　　5,132.50
　　　貸：所得稅費用　　　　　　　　　　　　　5,132.50
(32) 借：本年利潤　　　　　　　　　　　　　15,397.50
　　　貸：利潤分配——未分配利潤　　　　　　　15,397.50

本期淨利潤 = 20,530 - 5,132.50 = 15,397.50

(33) 借：利潤分配——提取法定盈余公積　　　　1,539.75
　　　貸：盈余公積　　　　　　　　　　　　　　1,539.75
(34) 借：利潤分配——應付普通股股利　　　　　769.88
　　　貸：應付利潤　　　　　　　　　　　　　　769.88
(35) 借：利潤分配——未分配利潤　　　　　　　2,309.63
　　　貸：利潤分配——提取法定盈余公積　　　　1,539.75
　　　　　利潤分配——應付普通股股利　　　　　769.88

2. 登記 T 型帳戶

借	庫存現金	貸
（餘）6,000		
(11) 5,0000	(2) 50,000	
(14) 150	(16) 4,400	
50,150	54,400	
1,750		

借	銀行存款	貸
（餘）240,000	(4) 12,700	
(1) 250,000	(7) 3,500	
(3) 200,000	(11) 50,000	
(17) 18,000	(13) 86,580	
	(15) 120	
	(18) 1,200	
	(19) 1,500	
468,000	155,600	
552,400		

借	應收帳款	貸
（餘）43,150	(14) 150	
(18) 48,000	(17) 18,000	
48,000	18,150	
73,000		

借	應收票據	貸
(20) 58,500		
58,500		
58,500		

借	在途物資	貸		借	原材料	貸
（4）11,000				（餘）85,000		
（6）74,000	（5）11,000			（15）11,000	（9）62,800	
（7）3,500	（8）77,500			（8）77,500		
88,500	88,500			88,500	62,800	
0				110,700		

借	固定資產	貸		借	庫存商品	貸
（餘）304,000				（餘）150,000		
（2）110,000				（24）56,720	（25）40,000	
110,000				56,720	40,000	
414,000				166,720		

借	製造費用	貸		借	生產成本	貸
（9）10,000				（9）46,800		
（10）7,000	（3）23,200			（10）36,000	（24）56,720	
（21）1,000				（23）23,200		
（22）5,200						
23,200	23,200			106,000	56,720	
0				49,280		

借	預付帳款	貸		借	應付帳款	貸
（餘）1,850		（21）1,850		（13）86,580		（6）86,580
	1,850	1,850			86,580	86,580
0				0		

借	應付利息	貸		借	累計折舊	貸
		（27）4,600				（22）7,200
		4,600				7,200
		4,600				7,200

借	應付職工薪酬	貸		借	應付利潤	貸
（12）50,000		（餘）50,000 （11）46,000				（34）769.88
	50,000	46,000				769.88
		46,000				769.88

借	銷售費用	貸		借	財務費用	貸
（19）1,500		（28）1,500		（27）4,600		（28）4,600
	1,500	1,500			4,600	4,600
0				0		

借 主營業務成本 貸	借 營業稅金及附加 貸
（25）40,000 ｜（28）40,000	（26）7,000 ｜（28）7,000
40,000 ｜ 40,000	7,000 ｜ 7,000
0 ｜ 0	0 ｜

借 所得稅費用 貸	借 盈餘公積 貸
（30）5,132.50 ｜（31）5,132.50	｜（33）1,539.75
5,132.50 ｜ 5,132.50	｜ 1,539.75
0 ｜	｜ 1,539.75

借 主營業務收入 貸	借 管理費用 貸
（29）90,000 ｜（18）40,000 ｜（20）50,000	（9）6,000 ｜（29）16,370 （10）3,000 （15）120 （16）4,400 （21）850 （22）2,000
90,000 ｜ 90,000	16,370 ｜ 16,370
｜ 0	0 ｜

借 短期借款 貸	借 實收資本 貸
｜（餘）255,000 ｜（3）200,000	｜（餘）500,000 ｜（1）250,000 ｜（2）110,000
200,000 ｜	｜ 360,000
455,000 ｜	｜ 860,000

借	本年利潤	貸		借	應交稅費	貸
（28）69,470				(4)1,700		(餘)25,000
（31）5,132.50	（29）90,000			(6)12,580		（18）6,800
（32）15,397.50						（20）8,500
						(26)7,000
						(30)5,132.50
90,000	90,000			14,280		27,432.50
	0					38,152.50

借	利潤分配	貸
（33）1,539.75	（32）15,397.5	
（34）769.88	（35）2,309.63	
（23）2,309.63		
4,619.26	17,707.13	
	13,087.87	

3. 發生額及余額試算平衡表

帳戶名稱	期初余額 借方	期初余額 貸方	發生額 借方	發生額 貸方	期末余額 借方	期末余額 貸方
庫存現金	6,000		50,150	54,400	1,750	
銀行存款	240,000		468,000	155,600	552,400	
應收帳款	43,150		48,000	18,150	73,000	
原材料	85,000		88,500	62,800	110,700	
庫存商品	150,000		56,720	40,000	166,720	
固定資產	304,000		110,000		414,000	
預付帳款	1,850			1,850		
應收票據			58,500		58,500	
在途物資			88,500	88,500		

表(續)

帳戶名稱	期初余額 借方	期初余額 貸方	發生額 借方	發生額 貸方	期末余額 借方	期末余額 貸方
生產成本			106,000	56,720	49,280	
累計折舊				7,200		7,200
製造費用			23,200	23,200		
短期借款		255,000		200,000		455,000
應付職工薪酬		50,000	50,000	46,000		46,000
應交稅費		25,000	14,280	27,432.50		38,152.5
應付利息				4,600		4,600
應付帳款			86,580	86,580		
應付利潤				769.88		769.88
主營業務收入			90,000	90,000		
主營業務成本			40,000	40,000		
營業稅金及附加			7,000	7,000		
銷售費用			1,500	1,500		
管理費用			16,370	16,370		
財務費用			4,600	4,600		
所得稅費用			5,132.50	5132.50		
本年利潤			90,000	90,000		
利潤分配			4,619.26	17,707.13		13087.87
盈余公積				1,539.75		1,539.75
實收資本		500000		360000		860,000
合計	830,000	830,000	1507651.76	1507651.76	1426350	1,426,350

六、案例分析題

案例提示：

小王的帳務處理是正確的。一般說來，應收帳款、預付帳款屬於資產類帳戶，期末余額應該就在借方，應付帳款、預收帳款屬於負債類帳戶，期末余額就應該在貸方。但在借貸記帳法下，企業可以根據需要設置雙重性質帳戶，該帳戶的期末余額可能在借方，也可能在貸方。如為了確保對某一項經濟業務實施全過程的管理和監督，確保信息的連貫，企業可以只設置一個帳戶來核算同其他單位或個人之間發

生的債權債務業務，上題中的「預收帳款」就扮演了雙重帳戶的性質，「預收帳款」屬於負債類帳戶是用來核算企業因銷售產品或提供勞務等按照合同規定預收購貨單位的貨款所形成的債務以及供貨後進行結算的帳戶。該帳戶的貸方登記企業根據合同規定預收購貨單位的款項，借方登記企業提供產品或勞務與購貨單位結算時，衝銷預收購貨單位的款項。期末余額在貸方，反應企業向購貨單位預收的款項。期末余額在借方，反應企業應向購貨單位收取的款項，其實質是應收帳款。

第六章　會計憑證

一、名詞解釋

1. 原始憑證，是指在經濟業務發生時填製或取得的，用以證明經濟業務的發生或完成情況，並作為記帳依據的書面證明。

2. 記帳憑證，是指由會計人員根據審核無誤的原始憑證，根據複式記帳原理編製的用來履行記帳手續的會計分錄憑證，它是登記帳簿的直接依據。

3. 收款憑證，是用來反應貨幣資金增加的經濟業務而編製的記帳憑證，也就是記錄庫存現金和銀行存款等收款業務的憑證。

4. 付款憑證，是用來反應貨幣資金減少的經濟業務而編製的記帳憑證，也就是記錄庫存現金和銀行存款等付款業務的憑證。

5. 轉帳憑證，是用來反應不涉及貨幣資金增減變動的經濟業務（即轉帳業務）而編製的記帳憑證，也就是記錄與庫存現金、銀行存款的收付款業務沒有關係的轉帳業務的憑證。

6. 通用記帳憑證，是採用一種通用格式記錄各種經濟業務的記帳憑證，這種通用記帳憑證既可以反應收、付款業務，也可以反應轉帳業務。

二、單選題

| 1. C | 2. C | 3. C | 4. D | 5. B |
| 6. C | 7. A | 8. D | 9. D | 10. A |

三、多選題

| 1. ABCD | 2. ABC | 3. ABCDE | 4. ABCD | 5. BC |
| 6. ABCDE | 7. ABC | 8. ABE | 9. ACE | 10. ABC |

四、判斷題

| 1. √ | 2. × | 3. √ | 4. × | 5. √ |
| 6. × | 7. √ | 8. × | 9. × | 10. √ |

五、案例分析題

案例提示：

黃先生的做法並不是小題大做。小林丟的三張記帳憑證問題不是很嚴重，因為記帳憑證是會計人員根據審核后的原始憑證進行歸類、整理，按照會計準則和記帳規則確定會計分錄而編製的憑證，是登記帳簿的依據。如果記帳憑證丟了，還可以根據原始憑證重新編製記帳憑證，不至於對會計工作造成太大影響。而小陳弄丟的20萬元的現金支票存根屬於原始憑證，並且是外來原始憑證，是證明經濟業務發生的初始文件，與記帳憑證相比較，具有較強的法律效力，是證明經濟業務發生的重要依據。一旦丟失，補償原始憑證（尤其是外來原始憑證）的成本較高，同時也令記帳憑證和會計分錄缺乏依據。此外，現金付款憑證所附原始憑證與憑證所註張數不符，說明原始憑證有丟失，或者是所註張數出錯，這些都是較為嚴重的問題。

第七章　會計帳簿

一、名詞解釋

1. 序時帳簿，也稱日記帳，是指按照經濟業務發生時間的先後順序逐日、逐筆登記的帳簿。

2. 分類帳簿，是指對全部經濟業務按照總分類帳戶和明細分類帳戶進行分類登記的帳簿。

3. 備查帳簿，也稱輔助帳簿，是指對某些在序時帳和分類帳中未能記載或記載不全的事項進行補充登記的帳簿，亦被稱為補充登記簿。

4. 三欄式，是指帳頁格式採用的是借、貸、余（或收、付、存）三欄形式的帳簿。

5. 數量金額式，是指在帳頁中既反應數量，又反應單價和金額的帳簿，一般用於登記財產物資明細帳。

6. 多欄式，是指帳頁格式按經濟業務的特點採用多欄形式的帳簿。

7. 紅字更正法，是錯帳更正的方法之一，具體方法是先用紅字（只是金額用紅字）填製一張與錯誤記帳憑證內容完全相同的記帳憑證，並據以紅字登記入帳，衝銷原有錯誤的帳簿記錄；然后，再用藍字或黑字填製一張正確的記帳憑證，據以用藍字或黑字登記入帳。

8. 補充登記法，是錯帳更正的方法之一，具體方法是按少記的金額用藍字填製一張應借、應貸會計科目與原錯誤記帳憑證相同的記帳憑證，並據以登記入帳，以補充少記的金額。

9. 劃線更正法，是錯帳更正的方法之一，具體方法是先將帳頁上錯誤的文字或

數字劃一條紅線，以表示予以註銷，然后，將正確的文字或數字用藍字寫在被註銷的文字或數字的上方，並由記帳人員在更正處蓋章。

二、單選題

1. B　　　　2. A　　　　3. A　　　　4. A　　　　5. C
6. C　　　　7. C　　　　8. B　　　　9. B　　　　10. A

三、多選題

1. ACE　　　2. AD　　　 3. CD　　　 4. CD　　　 5. BCD
6. ABDE　　 7. BCD　　　8. ABCD　　 9. AE　　　 10. BDE

四、判斷題

1. √　　　　2. ×　　　　3. √　　　　4. √　　　　5. √
6. ×　　　　7. ×　　　　8. √　　　　9. ×　　　　10. ×

五、業務題

錯帳更正

(1) 會計憑證無錯誤，錯誤原因是登帳出錯，採用劃線更正法

　　　　　　　20,000（同時簽名）

製造費用帳簿記錄為 200,000。

(2) 錯誤原因是會計科目、方向沒錯，金額少記，採用補充登記法

借：生產成本　　　　　　　　　　　　9,000
　貸：原材料　　　　　　　　　　　　　　9,000

(3) 錯誤原因是會計科目、方向沒錯，金額多記，採用紅字更正法

借：應付職工薪酬　　　　　　　　　　8,000
　貸：庫存現金　　　　　　　　　　　　　8,000

(4) 錯誤原因是借貸方向錯誤，或稱借貸方科目錯誤，採用紅字更正法。

先衝銷錯帳：

借：應收帳款　　　　　　　　　　　100,000
　貸：銀行存款　　　　　　　　　　　　100,000

再編製正確分錄：

借：銀行存款　　　　　　　　　　　100,000
　貸：應收帳款　　　　　　　　　　　　100,000

(5) 錯誤原因是科目錯誤，採用紅字更正法。

先衝銷錯帳：

借：製造費用　　　　　　　　　　　　　　　　　1,000
　　貸：原材料　　　　　　　　　　　　　　　　　　　1,000
再編製正確分錄：
借：管理費用　　　　　　　　　　　　　　　　　1,000
　　貸：原材料　　　　　　　　　　　　　　　　　　　1,000

六、案例分析題

案例提示：

（1）現金、銀行存款日記帳必須要採用訂本式帳簿，而記錄內容比較複雜的財產明細帳，如固定資產卡片則需使用卡片式帳簿，除此之外的明細帳可以使用活頁式帳簿，該公司所有帳簿都採用活頁帳顯然不夠規範。

（2）會計帳簿具有重要意義，記錄在會計憑證上的信息是分散、不系統的。為了把分散在會計憑證中的大量核算資料加以集中歸類反應，為經營管理提供系統、完整的核算資料，並為編報會計報表提供依據，就必須設置和登記帳簿。設置和登記帳簿是會計核算的專門方法之一。所以，對於會計憑證必須要登記入帳，不可單憑會計憑證控制。

（3）如果發現帳簿記錄有錯誤，應按規定的方法進行更正，不得塗改、挖補或用塗改液消除字跡。更正錯誤的方法有劃線更正法、紅字更正法及補充登記法。顯然，案例中的公司允許使用塗改液的做法是錯誤的。

（4）由於現金和銀行存款是企業重要的資產，同時又容易出現錯誤和舞弊行為，所以為了加強內部控制必須堅持內部牽制原則，實行錢、帳分管，出納人員不得負責登記現金日記帳和銀行存款日記帳以外的任何帳簿。出納人員登記現金日記帳和銀行存款日記帳后，應將各種收付款憑證交由會計人員據以登記總分類帳及有關的明細分類帳。

綜上所述，該公司的會計內部制度明顯存在一系列問題，鄭先生對此將面臨比較大的職業風險，如果處在該職位應該選擇辭職。

第八章　編製報表前的準備工作

一、名詞解釋

1. 期末帳項調整，是指期末按照權責發生制的要求對部分會計事項予以調整，編製會計分錄的行為。

2. 財產清查，是指通過盤點或核對的方法，確定各項財產物資、貨幣資金及債權、債務的實存數，查明實存數與帳存數是否相符的一種專門方法。

3. 實地盤存制，又稱定期盤存制，是指對各種財產物資，平時在帳簿上只登記增加數，不登記減少數，月末根據實地盤點的盤存數，倒擠減少數並據以登記有關帳簿的一種盤存制度。

4. 永續盤存制，又稱帳面盤存制，是指平時對各項財產物資的增加數和減少數都要根據會計憑證連續記入有關帳簿，並隨時結出帳面餘額的存貨盤存制度。

5. 未達帳項，是指在開戶銀行和本單位之間，對於同一款項的收付業務，由於憑證傳遞時間和記帳時間的不同，發生一方已經入帳而另一方尚未入帳的會計事項。

6. 對帳，就是核對帳目，是指在會計核算中，為保證帳簿記錄正確可靠，對帳簿中的有關數據進行檢查和核對的工作。

7. 結帳，就是結算各種帳簿記錄，即按規定把一定時期（月份、季度、年度）內所發生的應記入帳簿的經濟業務全部登記入帳，並計算出本期發生額及期末餘額，據以編製會計報表並將餘額結轉下期或新的帳簿。

二、單選題

| 1. A | 2. D | 3. B | 4. C | 5. A |
| 6. C | 7. C | 8. A | 9. C | 10. C |

三、多選題

| 1. AD | 2. ABE | 3. AB | 4. AC | 5. ACE |
| 6. ADE | 7. BE | 8. ABD | 9. ABD | 10. ACE |

四、判斷題

| 1. × | 2. × | 3. × | 4. √ | 5. √ |
| 6. × | 7. × | 8. × | 9. √ | 10. × |

五、業務題

（一）參考答案

1. 借：待處理財產損溢　　　　　　　　　　　　　　300
　　　貸：原材料——甲材料　　　　　　　　　　　　　　300
　　借：管理費用　　　　　　　　　　　　　　　　　300
　　　貸：待處理財產損溢　　　　　　　　　　　　　　　300

2. 借：待處理財產損溢　　　　　　　　　　　　　22,500
　　　貸：原材料——乙材料　　　　　　　　　　　　 22,500
　　借：管理費用　　　　　　　　　　　　　　　　3,000
　　　其他應收款——管理人員　　　　　　　　　　1,500
　　　　　　　　　——保險公司　　　　　　　　　5,000

    原材料   1,000
    營業外支出   12,000
      貸：待處理財產損溢   22,500
 3. 借：其他應收款——張三   18,000
      貸：庫存現金   18,000
 4. 借：累計折舊   14,000
      待處理財產損溢   51,000
      貸：固定資產   65,000
    借：營業外支出   51,000
      貸：待處理財產損溢   51,000
 5. 借：原材料——丙材料   500
      貸：待處理財產損溢   500
    借：待處理財產損溢   500
      貸：管理費用   500
 6. 借：管理費用   6,000
      貸：其他應收款——張三   6,000
 7. 借：應付帳款   10,000
      貸：營業外收入   10,000
 8. 借：管理費用   12,000
      貸：其他應收款——張三   12,000
 (二) 參考答案

華聯有限責任公司銀行存款余額調節表

2014 年 12 月 31 日   單位：元

項目	金額	項目	金額
企業銀行存款日記帳余額	52,373	銀行對帳單余額	57,080
加：	8,800	加：	7,000
加：	27		
減：	3,000	減：	580
		減：	5,300
調節后余額	58,200	調節后余額	58,200

 (三) 參考答案
 1. 借：製造費用   30,000
      管理費用   20,000
      貸：累計折舊   50,000

2. 借：管理費用　　　　　　　　　　　　　3,000
　　貸：其他應付款　　　　　　　　　　　　　　3,000
3. 借：預付帳款　　　　　　　　　　　　　6,000
　　貸：銀行存款　　　　　　　　　　　　　　　6,000
4. 借：銀行存款　　　　　　　　　　　　　2,900
　　貸：其他應收款　　　　　　　　　　　　　　2,000
　　　　財務費用　　　　　　　　　　　　　　　　900

（四）參考答案

品名：甲材料　　　　**材料明細帳（先進先出法）**　　　計量單位：千克

2014年		憑證字號	摘要	收入			發出			結余		
月	日			數量	單價	金額	數量	單價	金額	數量	單價	金額
7	1	略	期初							1,000	10	10,000
	8		購進	2,000	11	22,000				1,000	10	10,000
										2000	11	22,000
	15		發出				1,000	10	10,000	1,000	11	11,000
							1,000	11	11,000			
	20		購進	1,000	12	12,000				1,000	11	11,000
										1,000	12	12,000
	26		發出				1,000	11	11,000	500	12	6,000
							500	12	6,000			
	31		本期發生額及余額	3,000		34,000	3,500		38,000	500	12	6,000

品名：甲材料　　　　**材料明細帳（加權平均法）**　　　計量單位：千克

2014年		憑證字號	摘要	收入			發出			結余		
月	日			數量	單價	金額	數量	單價	金額	數量	單價	金額
7	1	略	期初							1,000	10	10,000
	8		購進	2,000	11	22,000				3,000		
	15		發出				2,000			1,000		
	20		購進	1,000	12	12,000				2,000		
	26		發出				1,500			500		
	31		本期發生額及余額	3,000		34,000	3,500	11	38,500	500	11	5,500

品名：甲材料　　　　　材料明細帳（移動加權平均法）　　　計量單位：千克

2014年		憑證字號	摘要	收入			發出			結餘		
月	日			數量	單價	金額	數量	單價	金額	數量	單價	金額
7	1	略	期初							1,000	10	10,000
	8		購進	2,000	11	22,000				3,000	10.67	32,000
	15		發出				2,000	10.67	21,340	1,000	10.67	10,660
	20		購進	1,000	12	12,000				2,000	11.33	22,660
	26		發出				1,500	11.33	16,995	500	11.33	5,665
	31		本期發生額及余額	3,000		34,000	3,500		38,335	500	11.33	5,665

六、案例分析題

案例提示：

對於11月30日發現的重複記帳進行更正是正確的，因為該差額屬於會計差錯，所以必須更正。但是12月31日未達帳項，是開戶銀行和本單位之間，對於同一款項的收付業務，由於憑證傳遞時間和記帳時間的不同，發生一方已經入帳而另一方尚未入帳的會計事項，並非會計差錯，所以不應更正。

編製銀行存款餘額調節表的目的，只是為了檢查帳簿記錄的正確性，並不是要更改帳簿記錄，對於銀行已經入帳而本單位尚未入帳的業務和本單位已經入帳而銀行尚未入帳的業務，均不進行帳務處理，待以后業務憑證到達后，再做帳務處理。對於長期懸置的未達帳項，應及時查閱憑證、帳簿及有關資料，查明原因，及時和銀行聯繫，查明情況，予以解決。

第九章　財務會計報告

一、名詞解釋

1. 財務會計報告，是指企業對外提供的反應企業某一特定日期財務狀況和某一會計期間經營成果、現金流量、所有者權益等會計信息的書面文件。

2. 會計報表附註，是對在會計報表中列示項目所作的進一步說明，以及對未能在會計報表中列示項目的說明等。

3. 資產負債表，是反應企業在某一特定日期財務狀況的報表。

4. 利潤表，又稱損益表，是反應企業在一定會計期間的經營成果的會計報表。

5. 其他相關信息，是指企業除了披露以上規定的會計報表外，還應披露其他相

關信息。即應根據法律法規的規定和外部信息使用者的信息需求而定。如社會責任、對社區的貢獻和可持續發展能力等。

二、單選題

1. B   2. C   3. B   4. B   5. D
6. A   7. B   8. A   9. D   10. C

三、多選題

1. CDE   2. CD   3. ACDE   4. BE   5. ABDE
6. ABCD   7. ACD   8. BC   9. CD   10. ABC

四、判斷題

1. ×   2. ×   3. √   4. ×   5. ×
6. ×   7. √   8. √   9. ×   10. ×

五、業務題

(一) 參考答案

1. 貨幣資金 （ 91,000 ）
2. 應收帳款 （ 12,000 ）
3. 應交稅費 （ -7,500 ）
4. 未分配利潤（ 84,200 ）
5. 存貨 （ 20,000 ）

(二) 參考答案

利潤表

編製單位：華聯有限責任公司　　2014年10月　　　　　　　　　單位：元

項目	本期金額	上期金額
營業收入	1,150,000	略
減：營業成本	580,000	
營業稅金及附加	80,000	
銷售費用	30,000	
管理費用	90,000	
財務費用	20,000	
二、營業利潤	350,000	
加：營業外收入	40,000	
減：營業外支出	50,000	
三、利潤總額	340,000	
減：所得稅費用	85,000	
四、淨利潤	255,000	

六、案例分析題

案例提示：

（1）按照權責發生制原則計算，該雜貨商一年來的經營業績是較好的。其淨收益＝110,820－3,744－（6,000－4,800）－70,440－15,600－10,500＝9,336（元）。

（2）該雜貨商年末的財務狀況如下：

資產：4,800＋60,000＋2,100＝66,900（元）

負債：2,400元

投資人權益：66,900－2,400＝64,500（元）

（3）如果不計算折舊，該雜貨商的淨收益應為9,336＋1,200＝10,536（元）。

第十章　會計核算組織程序

一、名詞解釋

1. 會計核算組織程序，又稱帳務處理程序，是指在會計循環中，會計主體採用的會計憑證、會計帳簿、會計報表的種類和格式與記帳程序有機結合的方法和步驟。

2. 記帳憑證核算組織程序，是指根據經濟業務發生以後所填製的各種記帳憑證直接逐筆登記總分類帳簿，並定期編製會計報表的一種帳務處理程序，它是一種最基本的核算組織程序。

3. 匯總記帳憑證核算組織程序，是指根據各種專用記帳憑證定期匯總編製匯總記帳憑證，然后根據匯總記帳憑證登記總分類帳簿，並定期編製會計報表的一種帳務處理程序。

4. 科目匯總表核算組織程序，是指根據各種記帳憑證先定期（或月末一次）按會計科目匯總編製科目匯總表，然后根據科目匯總表登記總分類帳，並定期編製會計報表的帳務處理程序。

5. 分錄日記帳核算組織程序，是指將所有的經濟業務按所涉及的會計科目，以分錄的形式記入日記帳，再根據日記帳的記錄過入科目匯總文件，並定期編製會計報表的帳務處理程序。

二、單選題

1. A　　2. C　　3. A　　4. A　　5. C
6. D　　7. A　　8. D　　9. B　　10. D

三、多選題

1. ABCD　　2. ABD　　3. ACD　　4. BCE　　5. BCDE

6. ABCD   7. ACD   8. ABC   9. ABCDE   10. BCDE

四、判斷題

1. ×   2. ×   3. √   4. √   5. √
6. √   7. ×   8. ×   9. ×   10. ×

五、業務題

科目匯總表

科匯字第　號

編製單位：　　　　　2014年12月1日~31日　　　　　單位：元

會計科目	借方	貸方	會計科目	借方	貸方
庫存現金	50,150	54,400	應付利息		4,600
銀行存款	468,000	155,600	應付帳款	86,580	86,580
應收帳款	48,000	18,150	應付利潤		769.88
應收票據	58,500		主營業務收入	90,000	90,000
原材料	88,500	62,800	主營業務成本	40,000	40,000
庫存商品	56,720	40,000	營業稅金及附加	7,000	7,000
預付帳款		1,850	銷售費用	1,500	1,500
在途物資	88,500	88,500	管理費用	16,370	16,370
固定資產	110,000		財務費用	4,600	4,600
累計折舊		7,200	所得稅費用	5,132.5	5,132.5
生產成本	106,000	56,720	本年利潤	90,000	90,000
製造費用	23,200	23,200	利潤分配	4,619.26	17,707.13
短期借款		200,000	實收資本		360,000
應付職工薪酬	50,000	46,000	盈余公積		1,539.75
應交稅費	14,280	27,432.5	合計	1,507,651.76	1,507,651.76

六、案例分析題

案例提示：

（1）可以採用匯總記帳憑證核算組織程序。該程序可以將日常發生的大量記帳憑證分散在平時整理，通過匯總歸類，月末時一次登入總分類帳，減輕登記總帳的工作量，為及時編製會計報表提供方便。匯總記帳憑證是按照科目對應關係歸類、匯總編製的，能夠明確地反應帳戶之間的對應關係，便於經常分析檢查經濟活動的

發生情況。但是，匯總記帳憑證按每一貸方或借方科目設置並按其對應的貸方或貸方科目歸類匯總，不考慮經濟業務的性質，不利於會計核算工作的分工，而且編製匯總記帳憑證的工作量也較大。

公司也可以採用科目匯總表核算組織程序。

(2) 分錄日記帳核算組織程序只適用於採用計算機操作的企事業單位，由於公司採用電子計算機記帳，因此可以考慮採用分錄日記帳核算組織程序。同時，科目匯總表核算組織程序也可以採用電子計算機記帳。

第十一章　會計工作組織與管理

一、名詞解釋

1. 會計工作組織，是指如何安排、協調和管理好企業的會計工作。科學地組織會計工作對於完成會計職能、實現會計的目標，發揮會計在經濟管理中的作用，具有十分重要的意義。

2. 會計法律規範，是指組織和從事會計工作必須遵循的行為規範，是會計法律、法令、條件、規則、章程、制度等規範性文件的總稱。

3. 會計職業道德，是指會計人員從事會計職業工作時所應遵循的基本道德規範。它是調整會計人員與國家、會計人員與不同利益和會計人員相互之間的社會關係及社會道德規範的總和，是基本道德規範在會計工作中的具體體現。

4. 會計檔案，是指單位在進行會計核算等過程中接收或形成的，記錄和反應單位經濟業務事項的，具有保存價值的文字、圖表等各種形式的會計資料，包括通過計算機等電子設備形成、傳輸和存儲的電子會計檔案。

5. 集中核算，又稱之為一級核算。它是指將企業所有會計工作都集中在會計部門進行核算的一種會計工作組織形式。

二、單選題

| 1. B | 2. D | 3. B | 4. A | 5. D |
| 6. C | 7. B | 8. B | 9. C | 10. D |

三、多選題

| 1. ABCDE | 2. ABC | 3. ABC | 4. ADE | 5. BD |
| 6. ABDE | 7. ABCDE | 8. CE | 9. ABDE | 10. ABDE |

四、判斷題

| 1. × | 2. √ | 3. × | 4. × | 5. × |

6. √   7. ×   8. √   9. ×   10. ×

五、案例分析題

案例提示：

對於這兩家商戶，小吃店的業務相對來說比較少，不需要很複雜的會計帳目處理，老板自己可以記錄每天的收入，以及成本支出，只需要簡單的流水記帳便可以弄清楚資金流向、余款以及是否有賺錢。

另一家商戶是超市，人員比較多，帳目涉及員工的工資，商品的成本等等，比較複雜，所以需要會計且需要專職的會計人員來處理帳目業務，以方便老板對超市當前的狀況有清楚的瞭解。

參考文獻

1. 財政部會計司編寫組. 企業會計準則講解2010［M］. 北京：人民出版社，2010.
2. 中華人民共和國財政部. 企業會計準則——應用指南［M］. 北京：中國時代經濟出版社，2007.
3. 陳國輝. 基礎會計［M］. 北京：清華大學出版社，2010.
4. 朱小平. 初級會計學［M］. 北京：中國人民大學出版社，2009.
5. 葛家澍. 會計學原理［M］. 3版. 瀋陽：遼寧人民出版社，2008.
6. 劉峰. 會計學基礎［M］. 北京：高等教育出版社，2009.
7. 倪明輝. 會計學基礎［M］. 北京：機械工業出版社，2011.
8. 許拯聲. 會計基礎教程［M］. 北京：清華大學出版社，2010.
9. 李瑞芬. 會計學基礎［M］. 大連：東北財經大學出版社，2010.
10. 唐國平. 會計學原理［M］. 大連：東北財經大學出版社，2010.
11. 王金玲. 會計學［M］. 北京：機械工業出版社，2011.
12. 鐘鳴. 會計學基礎［M］. 天津：天津科學技術出版社，2008.
13. 樊寶玉. 會計學原理［M］. 北京：對外經濟貿易大學出版社，2008.

國家圖書館出版品預行編目(CIP)資料

會計學原理 / 王竹萍、詹毅美 主編. -- 第二版.
-- 臺北市：崧燁文化，2018.08
　面；　公分
ISBN 978-957-681-483-9(平裝)
1.會計學
495.1　　　107012838

書　名：會計學原理
作　者：王竹萍、詹毅美 主編
發行人：黃振庭
出版者：崧燁文化事業有限公司
發行者：崧燁文化事業有限公司
E-mail：sonbookservice@gmail.com
粉絲頁　　　　　網　址：
地　址：台北市中正區重慶南路一段六十一號八樓 815 室
8F.-815, No.61, Sec. 1, Chongqing S. Rd., Zhongzheng Dist., Taipei City 100, Taiwan (R.O.C.)
電　話：(02)2370-3310　傳　真：(02) 2370-3210
總經銷：紅螞蟻圖書有限公司
地　址：台北市內湖區舊宗路二段 121 巷 19 號
電　話：02-2795-3656　　傳真：02-2795-4100　網址：
印　刷：京峯彩色印刷有限公司（京峰數位）

　　本書版權為西南財經大學出版社所有授權崧博出版事業股份有限公司獨家發行電子書繁體字版。若有其他相關權利及授權需求請與本公司聯繫。

定價：600 元
發行日期：2018 年 8 月第二版
◎ 本書以POD印製發行

國家圖書館出版品預行編目(CIP)資料

會計學原理 / 王竹萍、詹毅美 主編. -- 第二版.
-- 臺北市：崧燁文化，2018.08

　面；　公分

ISBN 978-957-681-483-9(平裝)

1.會計學

495.1　　　　107012838

書　名：會計學原理
作　者：王竹萍、詹毅美 主編
發行人：黃振庭
出版者：崧燁文化事業有限公司
發行者：崧燁文化事業有限公司
E-mail：sonbookservice@gmail.com
粉絲頁　　　　　　網　址：
地　址：台北市中正區重慶南路一段六十一號八樓815室
8F.-815, No.61, Sec. 1, Chongqing S. Rd., Zhongzheng Dist., Taipei City 100, Taiwan (R.O.C.)
電　話：(02)2370-3310　傳　真：(02) 2370-3210
總經銷：紅螞蟻圖書有限公司
地　址：台北市內湖區舊宗路二段121巷19號
電　話：02-2795-3656　　傳真：02-2795-4100　網址：
印　刷：京峯彩色印刷有限公司（京峰數位）

　　　本書版權為西南財經大學出版社所有授權崧博出版事業股份有限公司獨家發行電子書繁體字版。若有其他相關權利及授權需求請與本公司聯繫。

定價：600 元

發行日期：2018 年 8 月第二版

◎ 本書以POD印製發行